阿克苏地区耕地质量

雷春军　赖　宁　主编

中国农业科学技术出版社

图书在版编目(CIP)数据

阿克苏地区耕地质量 / 雷春军,赖宁主编. --北京：中国农业科学技术出版社，2022. 1

ISBN 978-7-5116-5486-1

Ⅰ. ①阿… Ⅱ. ①雷…②赖… Ⅲ. ①耕地资源-资源评价-阿克苏地区 Ⅳ. ①F323. 211

中国版本图书馆 CIP 数据核字(2021)第 181911 号

责任编辑 张国锋
责任校对 李向荣
责任校对 姜义伟 王思文

出 版 者 中国农业科学技术出版社
北京市中关村南大街 12 号 邮编：100081
电 话 (010) 82106625 (编辑室) (010) 82109702 (发行部)
(010) 82109709 (读者服务部)
传 真 (010) 82106625
网 址 http://www.castp.cn
经 销 者 各地新华书店
印 刷 者 北京建宏印刷有限公司
开 本 185 mm×260 mm 1/16
印 张 13. 25 彩插 2 面
字 数 352 千字
版 次 2022 年 1 月第 1 版 2022 年 1 月第 1 次印刷
定 价 120. 00 元

《阿克苏地区耕地质量》

编　委　会

主　　编： 雷春军　赖　宁

副 主 编： 张永霞　徐占伟　陈　娟　毛尼亚孜·依马木　李　娜

编写人员： 汤明尧　宋鹏飞　闫翠侠　艾麦尔艾力·吐合提

龙再俊　付永强　冉　辉　艾热提·托合提

袁新琳　祁永春　魏玉强　龙朝宇　赵玉萍　蒋丽煌

李　佼　李贺平　张良文　王同仁　赵红霞　赵友伟

麦麦提·木萨　杨世平　马忠强　郑冬梅　明　东

饶翠婷　玉苏甫江·牙生　杨忠群　希仁古丽·库迪热提

曾　雄　张　宏　蒋守军　杨　丽　艾斯卡尔·吐地

阿布力克木·吐尔逊　李　静　李新华　韩叶青

彭冠初　曹玉珍　郭卫华　于洪波　朱丽华　冯　姝

买买提·艾拜都拉　阿斯艳·沙依提　坎拜尼沙·艾沙

马热亚木·卡地尔　张学荣　秦国峰　张志军

祁东文　陈署晃　任　静　王金鑫　耿庆龙　信会男

李永福　段婧婧　马晓东　吕彩霞

前　言

为落实“藏粮于地、藏粮于技”战略，按照耕地质量等级调查评价总体工作安排部署，全面掌握阿克苏地区耕地质量状况，查清影响耕地生产的主要障碍因素，提出加强耕地质量保护与提升的对策措施与建议，阿克苏地区农业技术推广中心首次依据《耕地质量调查监测与评价办法》，应用《耕地质量等级》国家标准，组织开展了阿克苏地区耕地质量评价工作。

在总结前期阿克苏地区9个县域耕地地力评价工作基础上，阿克苏地区农业技术推广中心组织编写了《阿克苏地区耕地质量》一书。全书分为六章：第一章阿克苏地区概况。介绍了区域地理位置、行政区划、气候条件、地形地貌、植被分布、水文情况、成土母质等自然环境条件，区域种植结构、产量水平、施肥情况、灌溉情况、机械化应用等农业生产情况。第二章耕地土壤类型。对阿克苏地区面积较大的半水成土、人为土等土纲的灌淤土、潮土、草甸土等3个土类、11个亚类进行了重点描述。第三章耕地质量评价方法与步骤。系统地对区域耕地质量评价的每个技术环节进行了详细介绍，具体包括资料收集与整理、评价指标体系建立、数据库建立、耕地质量等级评价方法、评价指标权重确定、专题图件编制方法等内容。第四章耕地质量等级分析。详细阐述了阿克苏地区各等级耕地面积及分布、主要属性及存在的障碍因素，提出了有针对性的对策与建议。第五章耕地土壤有机质及主要营养元素。重点分析了土壤有机质、全氮、碱解氮、有效磷、速效钾、缓效钾、有效铜、有效锌、有效铁、有效锰、有效硼、有效钼、有效硫、有效硅等14个耕地质量主要性状及变化趋势。第六章其他指标。详细阐述了土壤pH、灌溉排水能力、有效土层厚度、质地构型、耕层质地、障碍因素、林网化程度、盐渍化程度等其他耕地指标分布情况。

本书编写过程中得到了新疆维吾尔自治区土壤肥料工作站、阿克苏地区农业农村局、地区水利局、地区林业与草原局领导的大力支持。阿克苏地区农业技术推广中心、新疆农业科学院拜城试验站、阿克苏地区9个县（市）的农业技术推广中心（站）参与了数据资料收集与整理分析工作，新疆农业科学院土壤肥料和节水农业研究所承担了数据汇总、专题图件制作工作，在此一并表示感谢！

由于编者水平有限，书中不足之处在所难免，敬请广大读者批评指正。

编　者

2020年9月

目　　录

第一章　阿克苏地区概况

第一节　地理位置与行政区划

一、地理位置

阿克苏地区是新疆下辖地级行政区，地理坐标介于东经78°03′~84°07′和北纬39°30′~42°41′，地处新疆维吾尔自治区中部，天山山脉中段南麓、塔里木盆地北缘，东邻巴音郭楞蒙古自治州，西接克孜勒苏柯尔克孜自治州，西南与喀什地区接壤，南与和田地区相望，北与伊犁自治州毗邻，西北以天山山脉中梁与吉尔吉斯斯坦、哈萨克斯坦交界，边境线长235km。总面积13.25万km^2，占新疆面积的8%。

二、行政区划

阿克苏地区共辖9个县级行政区，包括2个县级市、7个县，分别是阿克苏市、库车市、新和县、沙雅县、拜城县、温宿县、阿瓦提县、乌什县、柯坪县（表1-1）。设有45个地方农林牧场，共有84个乡镇。

表1-1　区划详情

县（市）名称	面积（km^2）	下辖区域
阿克苏市	14 450	喀勒塔勒镇、阿依库勒镇、依干其乡、拜什吐格曼乡、托普鲁克乡、库木巴希乡、栏杆街道、英巴扎街道、红桥街道、新城街道、南城街道、柯柯牙街道
温宿县	14 376	温宿镇、吐木秀克镇、克孜勒镇、阿热勒镇、托乎拉乡、恰格拉克乡、佳木乡、依希来木其乡、古勒阿瓦提乡、博孜墩柯尔克孜族乡
库车市	14 529	乌恰镇、伊西哈拉镇、玉奇吾斯塘乡、阿拉哈格镇、比西巴格乡、齐满镇、哈尼喀塔木乡、墩阔坦镇、牙哈镇、乌尊镇、雅克拉镇、阿克吾斯塘乡、阿格乡、塔里木乡、新城街道、东城街道、热斯坦街道、萨克萨克街道
新和县	5 831	新和镇、尤鲁都斯巴格镇、依其艾日克乡、排先拜巴扎乡、塔什艾日克乡、渭干乡、玉奇喀特乡、塔木托格拉克乡
沙雅县	31 887	沙雅镇、托依堡勒迪镇、红旗镇、英买里镇、古勒巴格乡、海楼乡、努尔巴格乡、塔里木乡
拜城县	15 917	拜城镇、铁热克镇、察尔齐镇、赛里木镇、黑英山乡、克孜尔乡、托克逊乡、亚吐尔乡、康其乡、布隆乡、米吉克乡、温巴什乡、大桥乡、老虎台乡

（续表）

县（市）名称	面积（km^2）	下辖区域
乌什县	9 065	乌什镇、阿克托海依乡、亚科瑞克乡、阿恰塔格乡、阿合亚乡、依麻木乡、英阿瓦提乡、亚曼苏柯尔克孜族乡、奥特贝希乡
阿瓦提县	13 067	阿瓦提镇、乌鲁却勒镇、拜什艾日克镇、阿依巴格乡、塔木托格拉克乡、英艾日克乡、多浪乡、巴格托格拉克乡
柯坪县	8 977	柯坪镇、玉尔其乡、阿恰勒乡、盖孜力克乡

第二节　自然环境概况

一、气候条件

（一）气候特点

阿克苏地区位于亚欧大陆深处，远离海洋，为暖温带干旱型气候，具有大陆性气候的显著特征：气候干燥，蒸发量大，降水稀少，且年、季变化大；晴天多，日照时间长，热量资源丰富；气候变化剧烈，寒冬酷暑，昼夜温差大，年均风速很小。北部、西部山区湿润多雨，夏季凉爽，冬季寒冷，高山带四季降雪；平原区除拜城盆地、乌什谷地以外都比较干燥，夏季炎热，冬季寒冷；拜城盆地、乌什谷地则夏季略短，冬季略长，降水稍多；南部沙漠区干燥少雨，多风沙，夏季酷热，冬季干冷。

（二）年均气温

阿克苏地区光照时间长、昼夜温差大，年日照时数为 2 497～3 187h，太阳总幅射量为 5 340～6 220MJ/m^2，是全国太阳幅射量较多的地区之一，年平均气温在 8.6～12℃，年降水量 41.4～161.8mm，具有冬季干冷和夏季干热的气候特点。全年无霜期 213～237d（表 1-2）。

表 1-2　阿克苏地区各县市的气候特点

县（市）名称	年平均气温（℃）	无霜期（d）	≥10℃积温（℃）	日照时数（h）	降水量（mm）
阿克苏市	11.6	214	4 234	2 989.9	101.6
温宿县	11.5	215	4 178	3 187.9	95.1
库车市	10.6	233	4 231	3 008.6	97.0
沙雅县	12.0	231	4 105	3 022.6	47.0
新和县	10.5	231	4 100	2 773.1	41.4
拜城县	8.6	181	4 219	3 073.5	92.9
乌什县	9.0	157	4 125	2 901.5	161.8
阿瓦提县	10.7	213	4 228	2 902.7	72.7
柯坪县	10.9	237	4 033	2 497.1	148.7

二、地形地貌

阿克苏地区境内地势北高南低，由西北向东南倾斜。最高点为西北部的托木尔峰，海拔7 435.29m，最低处为塔里木河两岸，海拔945~1 020m。境内地形有山地、平原、谷地、盆地、沙漠、绿洲6类。

（一）山地

天山山区在阿克苏地区总面积为38 666.67km^2，占全区总面积29.21%。天山山系从西北向东横亘于西北部和北部，由托木尔峰和汗腾格里峰为天山主峰延伸出；哈雷克套山、柯克沙尔山、帖尔斯克山等支脉，自北向南、西南、东南伸出，山体庞大深厚，形成无数绝壁沟谷地带。南天山山势高峻，雪线在海拔4 100m左右，高寒冰冻作用强烈，形成冰川雪崩地貌。

（二）平原

1. 前洪积冲积倾斜平原

阿克苏地区境内北部山区，冰川多，降水多，在不同季节内河水流量差异较大。当河水流出山口以后，由于坡度减缓，河谷断面增宽。水流发生分散，因流速降低，导致机械沉积，把所携带的物质堆积于山前而形成洪积冲积倾斜平原。河流离山口愈近，所携带的物质愈粗，离山口愈远，所携带的物质也愈细。洪积冲积倾斜平原地势由北至南缓降，海拔一般940~1 225m，最高点2 212m。洪积冲积倾斜平原分为上部、中部、下部及冲积三角洲4个部分。冲积三角洲东有渭干河冲积三角洲，西有阿克苏河冲积三角洲。库车市、新和县、温宿县、阿克苏市由东到西分布在洪积冲积倾斜平原上。耕地主要分布在洪积平原的中、下部及扇缘地带。沙雅县和阿瓦提县分布在洪积冲积平原的扇缘地带及渭干河、阿克苏河、塔里木河的冲积平原上。洪积冲积倾斜平原上部分布于乌喀公路以北，多为砾质戈壁覆盖，坡降为1/50~1/100（库车），1/100~1/200（新和），1.2/100~1.3/100（温宿）。由于洪水的冲刷和侵蚀，形成了大小不一的高地、槽地、干河床，地势起伏不平。剖面中部为沙壤或壤质组成，底层常有砾质。下部土质较细，多为轻、中壤，甚至夹有重壤。洪积、冲积平原中下部地势平坦，水量丰富，土壤肥沃，是阿克苏地区的老绿洲所在地。下部扇缘地带土壤质地细，多为重壤，甚至黏壤，地下水位浅，有地下水溢出，矿化度高，土壤盐碱化重，对发展农业生产极为不利。

2. 塔里木河冲积平原

塔里木河源于阿克苏河、叶尔羌河、和田河和喀什噶尔河，在农一师七团、十六团处汇合，由西向东流去。阿瓦提县、阿克苏市、农一师、沙雅县、库车市的耕地大部或部分分布在塔里木河冲积平原上。塔里木河冲积平原包括大面积的河漫滩、三角洲以及游荡性河流所形成的冲积平原，地形平坦，坡降0.3‰~0.5‰。因河流及风力作用，到处是起伏的砂丘土包。沿河两岸，地下水位较高，分布着茂密的胡杨木和红柳等灌木丛，为该区的重要平原林牧区，农一师大部分农垦团场在此冲积平原上。平原以南为塔克拉玛干大沙漠，因风力作用，多为半固定或流动沙丘。塔里木河上游沿途截流及人类对植被的滥砍滥伐，使平原上的胡杨林、灌木丛遭到严重破坏，出现严重沙化现象。

（三）谷地

中低山丘陵间分布许多谷地。拜城境内有老虎台谷地、铁热克谷地、索汗谷地、萨喀特喀谷地、喀拉苏谷地。谷地一般降水较多，年均降水量在 250mm 以上。乌什境内有乌什谷地，其北部和南部分别为西南及东北走向的山脉盘踞，中部为自西向东倾斜的喇叭河谷平原，东西长约 113km，南北宽约 109km，其中河谷平原南北宽约 30km，东西长约 70km。海拔 1 200~1 600m。

（四）盆地

1. 拜城盆地

地处哈雷克套山与却勒塔格山间，地形由西北向东南倾斜。源于哈雷克套山的喀普斯浪河、台勒维丘克河、喀拉苏河、克孜尔河由此向南穿过盆地，注入木扎提河，出却勒塔格山后称渭干河，流经库车、沙雅、新和 3 县市。

2. 黑英山盆地

地处科克铁克山南坡，海拔 1 500~1 800m，地势由北向南倾斜。盆地南端山口地貌风蚀特征鲜明，残丘千姿百态。盆地年平均气温 5.2℃，年降水量 250mm，是拜城县良好的冬牧场。

3. 阿克塔什盆地

地处哈雷克套山南麓，东西走向斜构造盆地。南以克孜尔套山脉与拜城盆地相隔。盆地基岩属中生界和第三系砂岩。海拔 1 500~1 600m，高出拜城盆地 200~300m。盆地地下水丰富，人称为“明布拉克”（千泉），由泉水补给众多小河，汇成大河切穿前山，南入拜城盆地。

4. 柯坪盆地

北、西、南三面环山，东面开口。北为卡拉塔克山，西为依干木山，南为柯坪山。盆地面积为 3 325km^2。地下水埋藏较深（60~70m），矿化度高，水源缺乏，限制农牧业生产发展。

（五）沙漠

阿克苏地区沙漠主要分布在塔里木河中下游及塔克拉玛干沙漠北部地区。塔里木河位于天山地槽与塔里木地台之间的山前拗陷区。据资料显示，第四纪沉积厚度达 400~500m，在百米以内，全部都是灰白色细砂土互层，质地较轻。塔里木河是著名的游荡性河流，北到却勒塔格山麓，向南伸入塔克拉玛干沙漠，摆幅达 80~130km。北部受前山褶皱构造影响而使冲积洪积扇形平原向南延伸，迫使河流南移；南部冲积平原受冲积物和风成沙的堆高，又迫使河流北返。如此往返，便形成了广阔而土层深厚的平坦平原。古平原上主要沙漠类型有固定沙丘、新月形沙丘、新月形沙链、巨型新月形沙链等四种类型。

阿克苏东南冲积扇上，分布有新月形沙丘和沙城，沙垅成北、北西一南、南东走向，高 4~7m，扎木台以东国道 314 线以北的沙漠，主要在台兰河冲积扇的边缘，沿山口吹来的西北风，把山麓平原的细粒物质，搬运到北处形成沙漠，由于水分条件较好，发育成半固定沙丘，一般高 5m 左右，也有 10~15m。近年来由于沙丘上的植被遭人为砍伐，使沙丘向流动性发展，由西北向东南移动。温宿县西北现代河漫滩与耕地的西北边缘，分布有新月形沙丘，高 5~10m。在木扎提河土格别里齐附近，谷地中也分布有大片半固定沙垅和新月形沙丘。组成沙丘的沙子为白色，为上游大理石风化的物质，经风力搬运而成。

（六）绿洲

绿洲指在大尺度荒漠背景基质上，以小尺度范围，但具有相当规模的生物群落为基础，构成能够相对稳定维持的、具有明显小气候效应的异质生态景观，今天成为工农业生产的重要基地。绿洲主要分布在河流的低阶地和中下游一些地势平坦，引水方便的地段。根据绿洲所在的位置，可以分为2种类型。

1. 洪积–冲积扇形地绿洲

主要分布在温宿县佳木乡及农一师五团场等处，耕地主要分布在扇形地的中部和下部，位处地表水渗漏带，地下水位深、矿化度低、径流通畅。特别是在扇形地中部的土壤改良状况最好，没有次生盐渍化的威胁，土地利用率高，成连片的灌溉土地。但在扇形地下部，由于地势平缓，冲积物质变细，地下水位逐渐上升，矿化度开始增高，因此有盐渍化的威胁，土地利用率降低。

2. 大河冲积平原绿洲

主要分布在阿克苏市和温宿县、库车市、新和县沿河绿洲，耕地主要分布在冲积平原的上中部。从冲积平原顶部开始即有细土物质的覆盖，绿洲可以一直延伸到三角洲的顶部。在冲积平原上部的绿洲，虽然地下水位不深，但在不厚的细土物质下即具有良好排泄条件的沙砾层，土地利用率高，耕地连片，无盐渍化现象。在冲积平原中部的绿洲，灌溉土地盐渍化的地段逐渐有所扩展，耕地不连片。在冲积平原下部的绿洲，灌溉土地普遍盐渍化的特征更突出，耕地主要分布在渠道两旁，耕地之间有沼泽及积盐地出现，土地利用率低。

三、植被分布

植被和土壤的关系极为密切，其生长与分布同自然环境有着直接的关系。该地区植被复杂多样，分为2个山地植被类型和5个平原植被类型。

（一）山地植被

1. 高山植被

分布在海拔2 200m以上地带，种类较多，主要植物有：云杉、桦木、侧柏、飞蓬、龙胆、棘豆、苔草、大麦、狐茅、针茅、紫苑、锦鸡儿、早熟禾、野燕麦、马先蒿、鹅冠草、野蔷薇、播娘蒿、羽叶委陵菜、天山大黄等。海拔在2 200~2 400m为草原带，主要以针茅、扁穗、冰草、蒿子、苔草、棘豆为主，再生性强，覆盖度好，是主要放牧草场。海拔2 400m以上，为高山草甸，主要有毛茛科、景天科、龙胆科、报春花科等植被。

2. 低山植被

为极旱生的灌木和灌丛，植被稀少，种类贫乏，分布着各种沙生、盐生等荒漠植被，主要有麻黄、红柳、甘草、芦苇、碱蓬、琵琶柴、假木贼、盐爪爪、芨芨草等。

（二）平原植被

1. 农区植被

主要为农作物及瓜、菜，种类有小麦、水稻、玉米、棉花、油菜、胡麻等。果树及农田防护植物种类有：核桃、红枣、苹果等。农区人工林主要树种有新疆杨、银白杨、箭杆杨、大叶杨、柳、榆、沙枣、白柳、小叶白蜡、白榆等。农区杂草种类，一年生杂草：菊科的苍耳、顶玉菊，禾本科狗尾草；藜科的灰藜、滨藜，地肤、猪毛菜、碱蓬；十字花科的独行菜、葶苈、播娘蒿；蓼科的扁蓄、水蓼；茄科的龙葵、曼陀罗、马齿苋、王不留行、蒺藜；锦葵科的苘麻、野西瓜苗；旋花科的田旋花、列当、菟丝子，此外还有三叶草、野苋菜等。二年及多年生杂草：菊科的蒲公英、大蓟、小蓟、苦苦菜；豆类的苦豆子、苦马豆、醉马草、铃铛刺、酸模、马兰（鸢尾科）、薄荷、车前、木贼、冰草、节节草等。

2. 天然胡杨林植被

主要分布在塔里木河沿岸等地，其中天然胡杨林自然保护区位于沙雅县境内塔里木河两岸，距离沙雅县城35km。是保存最完好的、世界最大的胡杨林——国家自然保护区，面积200余万亩（1亩≈667m^2）。

3. 荒漠植被

农区以外的戈壁荒漠区，地下水位低，土壤干旱贫瘠，严重荒漠化和盐化，植物种类少，植被异常稀疏，植物多为耐旱盐碱，抗生能力强的小灌木和灌木，主要种类有梭梭、红柳、盐穗木、冰藜、勾刺、芦苇、碱蓬、盐蒿、骆驼蓬、骆驼刺、盐爪爪等。

4. 沼泽和水生植被

主要有三棱草、稗草、水葱、荆三棱草、球茎三棱草、泽泻、角藻、香蒲、小香蒲、芦苇、水苣买、眼子草、酸棱、水蓼等。

四、水文条件

阿克苏地区水资源比较丰富，有大小河流16条，大小渠流60条。主要水系有阿克苏河水系、渭干河水系、塔里木河水系，较小的水系有库车河、台兰河及柯坪泉流。全地区水域总面积56.16万hm^2，可利用4.02万hm^2。地表水年径流量129.42亿m^3，占全疆地表水年径流量的15.7%。水能资源390.2万kW。

（一）阿克苏河

阿克苏河是新疆3大国际河流之一，发源于吉尔吉斯斯坦。清代称浑巴什河。流经地区4个县市（乌什、温宿、阿克苏、阿瓦提）。

阿克苏河由库木艾日克河与托什干河流汇而成。阿克苏河流域共有地表水76.36×10^8m^3。其中库木艾日克河为45.6×10^8m^3，占59.7%；托什干河为27.2×10^8m^3（含沙里桂兰克站以上引水1.6×10^8m^3），占35.6%；其他小河、泉为3.56×10^8m^3，占4.7%。两河入境的平均年水量为49.7×10^8m^3，其中库木艾日克河占72.0%，托什干河占28.0%。两河的入境水量占总水量的65.1%。

（二）渭干河

渭干河古称西川水，主流是木扎提河。渭干河河水为多种补给型，水源结构是冰川、积雪融水、降雨水、地下水。冰川和融雪水占30.8%，降雨占16%，地下水占53.2%。年际径流变化不大，年均径流量21.73亿m^3。按现行分水比例，库车市占39.5%，沙雅县占31.7%，新和占28.8%。季节分布不均。春季分水只占全年用水的14.5%，导致春水紧缺，夏季分水占全年分水的48.3%，又较为集中。河床浅，高出地面，淤积严重；两岸堤防低，高温暴雨季节的6—8月易成洪灾。

（三）塔里木河

塔里木河是国内最长的内陆河，上游源流为阿克苏河、叶尔羌河和和田河，在肖夹克附近汇合后自西北向东南流下，经阿瓦提、阿克苏、沙雅、库车等县市，最后注入若羌县的台特马湖。塔里木河全长 1 100 余 km，地区境内 430 余 km，年径流量 49. 8 亿 m^3。

五、成土母质

（一）洪积物

广泛分布于北部山麓地带，于河谷下游出口处形成洪积堆或广阔的洪积平原，堆积厚度 2～10m，甚至更厚。堆积物的成分随地而异，大多为疏松砂、砾石、小碎石、盐渍化的泥、亚沙土及淤泥组成。

（二）冲积–洪积物

分布于拜城向斜中部及库车河、迪纳尔河等地，多呈 6～8m 或 10～12m 产出。堆积物为浅黄灰色、浅褐灰色砂质土壤夹砂、小砾石的透镜体或夹层。

（三）冲积物

分布于木扎提河及喀拉苏河等流域，多呈河漫滩阶地产出。阶地比高 6～8m 或 10～15m，阶地上部为 1～3 部厚的浅黄灰色土壤及砂质土壤组成，下部为砾、沙砾及砂屑。

（四）冰水积物

围绕着木扎提河口听克孜勒布拉克村，冰碛层为棕灰色砂质土壤，含岩块、漂砾、碎石及砂岩的透镜体。其成分有花岗片麻岩、片岩、大理岩和喷发岩。

（五）全新统地层

分为洪积层、冲积层、风积层和湖积洪积层。洪积层分布在山间盆地，戈壁平原及山区较大沟谷中，由暂时性洪流所形成，岩性以卵砾石为主。冲积层分布在塔里木河流域，组成宽阔的冲积平原，岩性以细颗粒的河滩相粉细砂及亚黏土、黏土为主，部分地区的上半部有 2～5cm 灰色薄层淤泥；风积层主要分布在塔里木河两侧和柯坪山北坡至柯坪盆地边缘，由黄褐色粉细砂组成；湖积洪积积层分布于盆地边缘，出露于阿恰勒西南硫黄矿一带和柯坪盆地萨尔干井周围，为季节性积水形成，表层由淤泥、黏土和砂土组成。

第三节　人口与经济发展

阿克苏地区总人口数为 2 561 674 人，城镇人口为 878 349 人，乡村人口 1 683 325 人，乡村人口占总人口比重为 65. 7%。2018 年，阿克苏地区实现地区生产总值（GDP）1 027. 4 亿元（含农一师），按可比价计算，比上年增长 6. 6%。其中，第一产业增加值 259. 4 亿元，增长 6. 7%；第二产业增加值 388. 2 亿元，增长 5. 0%；第三产业增加值 379. 9 亿元，增长 7. 9%。第一产业增加值占阿克苏地区国内生产总值的比重为 25. 2%，第二产业增加值比重为 37. 8%，第三产业增加值比重为 37. 0%。

第四节 农业生产概况

一、耕地利用情况

据《新疆统计年鉴 2018年》阿克苏地区现有耕地面积660 648.51hm^2，其中水浇地641 731.37hm^2，旱地54.25hm^2，各县市耕地情况见表1-3。

表1-3 阿克苏地区各县市的耕地分布 (hm^2)

县市名称	面积	水浇地	旱地
阿克苏市	102 960.57	100 169.54	/
温宿县	93 967.13	82 367.31	54.25
库车市	95 939.91	95 939.91	/
沙雅县	82 392.84	82 392.84	/
新和县	44 900.85	44 900.85	/
拜城县	83 106.77	80 997.65	/
乌什县	52 237.44	50 042.43	/
阿瓦提县	95 933.04	95 710.88	/
柯坪县	9 209.96	9 209.96	/
总计	660 648.51	641 731.37	/

二、区域主要农作物播种面积及产量

阿克苏地区2018年农作物播种面积88.4万hm^2，占全疆播种面积的14.5%。主要种植作物为棉花、小麦、玉米、蔬菜、水稻、甜菜和苜蓿，种植面积分别为52.73万hm^2、14.07万hm^2、6.92万hm^2、2.63万hm^2、1.31万hm^2、1.04万hm^{2}和0.89万hm^2，占全疆的比例分别为23.78%、11.78%、7.58%、8.26%、21.19%、14.25%和3.57%。棉花、小麦、玉米、蔬菜、水稻、甜菜和苜蓿种植面积占阿克苏地区农作物种植面积的59.64%、15.91%、7.82%、2.98%、1.48%、1.17%和1%。各县市的农作物种植面积见表1-4。

表1-4 阿克苏地区2018年各县市的农作物种植面积 (万hm^2)

县市	播种面积	棉	小麦	玉米	蔬菜	水稻	甜菜	苜蓿
阿克苏市	9.33	6.50	1.02	0.36	0.49	0.18	0.37	0.10
温宿县	9.59	3.99	1.88	0.64	0.45	0.85	0.28	0.14
库车市	18.16	11.96	2.93	0.57	0.31		0.03	0.13
沙雅县	16.55	12.53	1.90	0.33	0.22		0.04	0.05
新和县	9.29	6.80	1.13	0.33	0.16		0.02	0.06

（续表）

县市	播种面积	棉	小麦	玉米	蔬菜	水稻	甜菜	苜蓿
拜城县	7.36	0.00	1.94	3.00	0.50	0.06	0.17	0.23
乌什县	4.27	0.01	1.82	1.20	0.28	0.23	0.04	0.09
阿瓦提县	12.61	10.16	1.22	0.36	0.14		0.09	0.07
柯坪县	1.24	0.78	0.23	0.14	0.07			0.02
阿克苏地区	88.40	52.73	14.07	6.92	2.63	1.31	1.04	0.89
占全疆比例（%）	14.58	23.78	11.78	7.58	8.26	21.19	14.26	3.57

阿克苏地区2018年棉花、小麦、玉米、蔬菜、水稻、甜菜和苜蓿的产量分别为100.44万t、96.09万t、75.23万t、106.67万t、13.89万t、53.06万t和21.35万t，占全疆的比例分别为22%、14.79%、10.88%、5.41%、25.50%、10.0%和7.18%。2018年各县市的农作物产量见表1-5。

表1-5　2018年阿克苏地区各县市的农作物产量　（万t）

县（市）名称	棉花	小麦	玉米	蔬菜	水稻	甜菜	苜蓿
阿克苏市	12.17	7.02	2.99	33.36	1.95	21.13	1.67
温宿县	8.06	12.79	6.83	12.76	9.02	9.39	3.78
库车市	22.68	20.11	4.74	8.65		0.87	3.82
沙雅县	24.44	13.31	2.49	6.76		0.80	
新和县	13.36	7.77	3.34	6.85		1.11	1.61
拜城县		13.29	37.13	15.52	0.56	16.18	7.20
乌什县	0.02	12.03	13.10	17.03	2.37	2.41	2.79
阿瓦提县	18.16	8.36	3.39	4.75		1.17	0.49
柯坪县	1.56	1.41	1.22	1.00			
阿克苏地区	100.44	96.09	75.23	106.67	13.89	53.06	21.35
占全疆比例（%）	22.00	14.79	10.88	5.41	25.50	10.00	7.18

三、农作物施肥品种和用量情况

从表1-6可以看出，阿克苏地区的化肥总用量（折纯）为365 321t，农作物使用的化肥主要为氮肥、磷肥、钾肥和复合肥，用量（折纯）分别为147 675t、139 833t、22 561t和55 252t，占总用量的比例分别为13.44%、21.47%、10.82%和9.35%。阿克苏地区氮磷肥用量大，而钾肥和复合肥用量较小。

表1-6　阿克苏地区各县市的化肥折纯用量　（t）

县（市）名称	氮肥	磷肥	钾肥	复合肥	总用量
阿克苏市	26 664	29 136	7 414	4 118	67 332
温宿县	13 972	13 346	3 650	12 166	43 134
库车市	18 070	12 947	1 538	13 272	45 827

（续表）

县（市）名称	氮肥	磷肥	钾肥	复合肥	总用量
沙雅县	23 348	21 743	2 775	6 476	54 342
新和县	20 304	19 625	2 967	1 223	44 119
拜城县	11 184	12 429	2 984	5 997	32 594
乌什县	14 300	5 800		2 900	23 000
阿瓦提县	18 083	23 249	1 233	9 100	51 665
柯坪县	1 750	1 558			3 308
阿克苏地区	147 675	139 833	22 561	55 252	365 321
占全疆比例（%）	13.44	21.47	10.82	9.35	14.33

四、农作物灌溉情况

阿克苏地区降水量少，蒸发强，属于典型的干旱荒漠生态环境，在灌区用水中农业灌溉用水占社会总用水量的98%左右，灌区灌溉方式落后，调查点漫灌和沟灌占比66.89%，水分利用率低，因此应大力推广高效节水灌溉技术，降低农业用水损失，提高水分利用率（表1-7）。

表1-7　阿克苏地区农田灌溉方式

项目	滴灌	沟灌	漫灌	无灌溉条件
调查点数（个）	319	138	527	10
比例（%）	34.10	13.87	53.02	1.01

五、农作物机械化应用情况

阿克苏地区农业机械总动力为3 156 922.14kW，其中农业大中型拖拉机58 157台，动力为1 872 318.62kW，占农业机械总动力的59.30%；小型拖拉机66 470台，动力为1 026 701.61kW，占农业机械总动力的32.52%；农用排灌柴油机2 339台，大中型拖拉机配套农具51 676套，小型拖拉机配套农具225 678套。各县市的农业机械情况见表1-8。

表1-8　阿克苏地区各县市的农业机械情况

县（市）名称	总动力（kW）	大中型拖拉机		小型拖拉机		大中型拖拉机	小型拖拉机	农用排灌柴油机
		数量（台）	动力（kW）	数量（台）	动力（kW）	配套农具（部）	配套农具（部）	数量（台）
阿克苏市	286 634.00	2 816	133 041.00	7 859	117 946.00	1 056	31 284	330
温宿县	492 362.12	11 184	356 720.30	7 458	126 486.40	5 640	24 330	203

（续表）

县（市）名称	总动力（kW）	大中型拖拉机		小型拖拉机		大中型拖拉机	小型拖拉机	农用排灌柴油机
		数量（台）	动力（kW）	数量（台）	动力（kW）	配套农具（部）	配套农具（部）	数量（台）
库车市	435 277.89	11 890	320 002.00	6 899	85 605.60	24 524	17 850	290
沙雅县	396 620.46	8 050	292 446.20	7 765	93 259.41	2 015	36 101	295
新和县	259 425.97	5 194	158 177.02	4 514	81 210.00	12 290	9 340	910
拜城县	464 686.50	12 003	375 152.10	6 491	90 877.30	4 066	33 388	36
乌什县	316 254.20	1 371	61 155.60	11 936	243 708.60		25 295	79
阿瓦提县	444 608.00	4 752	139 480.40	12 332	167 198.30	326	47 107	128
柯坪县	61 053.00	897	36 144.00	1 216	20 410.00	1 759	983	68
总计	3 156 922.14	58 157	1 872 318.62	66 470	1 026 701.61	51 676	225 678	2 339

第二章　耕地土壤类型

阿克苏地区耕地总面积为 660.65khm²。耕地土壤类型分 11 个土类、33 个亚类。本次仅针对面积较大的潮土、灌淤土、草甸土 3 个土类进行重点描述。阿克苏地区耕地土壤分类系统见表 2-1。

表 2-1　阿克苏地区耕地土壤分类系统

土纲	亚纲	土类	亚类
半水成土	暗半水成土	草甸土	石灰性草甸土
			盐化草甸土
	淡半水成土	潮土	典型潮土
			灌淤潮土
			黄潮土
			灰潮土
			退潮土
			盐化潮土
		林灌草甸土	典型林灌草甸土
			盐化林灌草甸土
初育土	土质初育土	风沙土	荒漠风沙土
			盐化灌耕风沙土
人为土	灌耕土	灌淤土	潮灌淤土
			典型灌淤土
			盐化灌淤土
	人为水成土	水稻土	潜育水稻土
			盐化潜育水稻土
			潴育水稻土
初育土	土质初育土	龟裂土	龟裂土
			盐化龟裂土
钙层土	半干温钙层土	栗钙土	淡栗钙土
			灌耕栗钙土
			盐化灌耕栗钙土
水成土	矿质水成土	沼泽土	草甸沼泽土
			灌耕沼泽土
			盐化沼泽土
干旱土	干温干旱土	棕钙土	淡棕钙土
			灌耕棕钙土
			盐化棕钙土

（续表）

土纲	亚纲	土类	亚类
漠土	干暖温漠土	棕漠土	典型棕漠土 灌耕棕漠土 石膏棕漠土 盐化棕漠土

第一节　潮土

一、潮土分布

潮土是阿克苏地区主要耕种土壤，面积237.27khm^2，占总耕地面积35.92%。在地貌部位上主要分布在冲积扇下部和三角洲的中下部，大河两岸的低阶地和地下水溢出带的上部。

二、潮土剖面形态

潮土剖面分化一般都较明显，耕层下部有明显的氧化还原层，部分县市地下水在1.5m左右，干湿交替频繁，一般不会在剖面上找到铁锈斑纹。

三、潮土养分

从表2-2可以看出，有机质最小值为2.85g/kg，最大值为46.2g/kg，平均含量为14.8g/kg，变异系数为41.34%，表明潮土有机质区域间差异较大。全氮最小值为0.16g/kg，最大值为2.53g/kg，平均含量为0.81g/kg，变异系数为40.41%，表明潮土全氮区域间差异较大。碱解氮最小值为7.0mg/kg，最大值为284.0mg/kg，平均含量为65.4mg/kg，变异系数为55.86%，表明潮土碱解氮区域间有较大的差异。有效磷最小值为0.2mg/kg，最大值为136.9mg/kg，平均含量为24.2mg/kg，变异系数为77.82%，表明潮土有效磷区域间差异很大。速效钾最小值为28mg/kg，最大值为615mg/kg，平均含量为158mg/kg，变异系数为53.02%，表明潮土速效钾区域间差异大。

表2-2　阿克苏地区潮土养分状况

项目	有机质（g/kg）	全氮（g/kg）	碱解氮（mg/kg）	有效磷（mg/kg）	速效钾（mg/kg）
最小值	2.85	0.16	7.0	0.2	28
最大值	46.2	2.53	284.0	136.9	615
平均值	14.8	0.81	65.4	24.2	158
变异系数（%）	41.34	40.41	55.86	77.82	53.02

四、潮土的分类

潮土按其熟化程度，盐渍化情况和灌溉淤积过程，划分为典型潮土、灌淤潮土、黄潮土、灰潮土、退潮土、盐化潮土、盐化灌淤潮土、盐化黄潮土和盐化灰潮土 9 个亚类。

（一）典型潮土

主要分布在阿克苏市、阿瓦提县、温宿县、乌什县、新和县 5 个县市，面积 43.57khm^2，占总耕地面积 6.60%。潮土的成土母质一般为河流冲积物，潮土形成的特点是受地下水浸润和人为耕种熟化的影响，部分潮土伴有盐化过程。

（二）灌淤潮土

主要分布在沙雅县、库车市、温宿县、乌什县、新和县 5 个县，面积 33.03khm^2，占总耕地面积 5.00%，一般发育在潮化土壤区域地下水 2~3m 的老绿洲中部，冲积平原一级、二级阶地上，以及垄岗地的背脊部位，以居民点为园心的内核区。地貌部位是决定其成土方向的重要条件之一。灌淤潮土是潮土区农田的一级耕地，农民对它的投资比较多，土壤熟化过程加快，潮化过程减退，并出现了 30cm 以上的灌淤层，从灌淤层厚度和耕作历史上讲，它与灌淤土较接近，但终因地下潜水没有降到农业要求的范围以下，土壤剖面自地表以下 40cm 左右仍受地下水浸润，并轻度影响耕层。灌淤潮土成土过程就受地下水影响，亦归水成型土壤。

（三）黄潮土

主要分布在沙雅县、库车市两个县，面积 14.27khm^2，占总耕地面积 2.16%。黄潮土是草甸土、草甸盐土等经耕种后，向潮土过渡的初级阶段。一般情况下，草甸土开垦初期土壤自然肥力较高，特别是有机质含量较高，而当时施肥量是很少的，甚至不施肥，自然肥力消耗较大。所以，黄潮土的肥力较低，土色较浅，虽属非盐渍化土壤却有发生次生盐渍化的可能性。部分黄潮土的母质来源是洪积物或洪积冲积物，剖面性状常因所处部位而表现出差别，土壤潮化，有一定熟化度，肥力仍较低，所以农业性状和基本改良方向一致。

（四）灰潮土

主要分布在库车市、沙雅县和拜城县 3 个县，面积 24.13khm^2，占总耕地面积 3.65%。本区各河流域都存在大片冲积平原，河流两侧分布着较窄的古河床、河漫滩以及由于河流下切形成的低阶地，基本终断了河流的现代侵蚀，成为本区重要的土地资源而被农用，所以灰潮土的成土过程主要是冲积母质的分选堆积与生物积累的自然成土过程，以及长期耕作施肥的人为成土过程并伴随着较轻的盐化过程。

（五）退潮土

主要分布在库车市，面积 1.60khm^2，占总耕地面积 0.24%。退潮土的形成条件是地下水因某些原因造成较大幅度下降，在 2.5~3m 间，结果使潮化土壤的物理化学性状有较明显的改善。一般情况下，退潮土的形成有自然和人为的两大因素，如因河流下切，而形成退潮土。但更多的是农村的建设，部分地区土壤潮化问题得到了相当程度的治理，土壤退潮，人为改土培肥措施加强，形成为退潮土。

（六）盐化潮土

盐化潮土除乌什县、沙雅县以外，其他阿克苏地区县市都有大面积的分布，盐化潮土面积 120.67hm^2，占总耕地面积 18.27%。主要成土过程是潮化、熟化过程和相伴随的盐化附加过程。阿克苏地区的天山南麓中段和其他支脉，岩石含盐量较高，洪积、冲积物带盐，随水进入农田，这些盐类主要以硫酸盐-氯化物和氯化物-硫酸盐为主，由于耕作，盐类经过灌溉水淋洗，氯化物易被洗掉，故阿克苏地区大部分农田盐化土壤中，硫酸盐的残留量较多。阿克苏地区盐分的再分配具有一定的规律性，为此，把盐分的离子组成不同作为盐化潮土土属的划分依据。阿克苏地区的地下水矿化度随径流条件而异，河流上游径流条件良好的，一般地下水矿化度在 1~3g/L（乌什县还不足 1g/L）；下游和冲积扇边缘地势平缓，又受河水顶托而具有扇缘性质，如塔里木的几个农垦团场，地下水矿化度一般在 3~4g/L。也有一些地方受到古老洪积平原高矿化水的影响，地下水矿化度更高，台兰河和卡拉玉尔滚洪积扇带，矿化度竟达 20~50g/L，还有渭干河三角洲的下部，沙雅一带，库车河下部干三角洲部分，地下水矿化度均高，给农业生产带来危害。

第二节　草甸土

一、草甸土的分布

草甸土多发育在较年轻的河流冲积沉积物和洪积、冲积母质上，在农区的耕地面积为 139.48khm^2，占耕地总面积 21.10%。地区的几条大河如阿克苏河、渭干河、塔里木河、库车河、托什干河、库木艾日克河、木扎提河等河漫滩低阶地、三角洲下部和扇缘带都有分布，且常与沼泽土和草甸盐土等组成复区。

各类草甸土的分布规律与河系、地形关系很大，河流上游多淡色草甸土，下游多盐化草甸土和林灌草甸土；沿河两侧阶地多淡色草甸土，距河道远的多盐化草甸土；洪积冲积倾斜平原下部和多数槽形地多盐化草甸土；阿克苏河流域多淡色草甸土，渭干河流域多盐化草甸土。

草甸土的形成过程，主要是地下水的季节性浸润，有利于草甸植被的生长。由于有机质积细过程（生草过程）和地下水周期性干湿交替，形成土壤中锈色胶膜与结核等铁锰化合物的氧化还原过程，此外，还有盐化和荒漠化等附加过程。

地区地域辽阔，气温、水文地质等土壤环境的差异性很大，致使不同地貌部位的草甸过程、盐化过程有强弱之分。如拜城盆地、乌什谷地具有垂直生物气候带性质，这里的草甸土一般有机质含量比平原各县高。由于冻融作用，形成临时滞水产生的返浆和片状结构等特点也较明显。山前倾斜平原的草甸土积盐高，而塔里木河冲积平原的草甸土含盐量相对为轻，苏打盐渍化也没有前者明显。

二、草甸土剖面形态

在不同地貌部位由于沉积物的差异，草甸土的质地有很大差异。河滩地、河阶地以沙壤为主，常埋藏有沙层；老河滩地的低阶地，在剖面中土壤质地以壤质、砂壤质与黏质相间分布；冲积平原的河间低地沉积物细，多为中壤、重壤；大河三角洲下部和扇缘地带沉积物也较强，以中壤、轻壤为主，底部多砂层和砾质层。

三、草甸土养分

从表 2-3 可以看出，草甸土有机质最小值为 4. 21g/kg，最大值为 56. 7g/kg，平均含量为 15. 8g/kg，变异系数为 43. 90%，表明草甸土有机质区域间差异较大。全氮最小值为 0. 20g/kg，最大值为 1. 71g/kg，平均含量为 0. 81g/kg，变异系数为 32. 72%，表明草甸土全氮区域间有一定差异。碱解氮最小值为 13. 0mg/kg，最大值为 264. 0mg/kg，平均含量为 65. 4mg/kg，变异系数为 51. 60%，表明草甸土碱解氮区域间有较大的差异。有效磷最小值为 2. 3mg/kg，最大值为 104. 6mg/kg，平均含量为 26. 8mg/kg，变异系数为 60. 45%，表明草甸土有效磷区域间差异大。速效钾最小值为 32mg/kg，最大值为 386mg/kg，平均含量为 127mg/kg，变异系数为 47. 27%，表明草甸土速效钾区域间有较大的差异。

表 2-3　阿克苏地区草甸土养分状况

项目	有机质（g/kg）	全氮（g/kg）	碱解氮（mg/kg）	有效磷（mg/kg）	速效钾（mg/kg）
最小值	4. 21	0. 20	13. 00	2. 30	32
最大值	56. 70	1. 71	264. 00	104. 60	386
平均值	15. 80	0. 81	65. 40	26. 80	127
变异系数（%）	43. 90	32. 72	51. 60	60. 45	47. 27

四、草甸土的分类

（一）石灰性草甸土

主要分布在阿克苏市、阿瓦提县、温宿县、乌什县和新和县，面积 22. 47khm^2，占总耕地面积 3. 40%。地下水以重碳酸盐为主，矿化度较高，土壤毛管水上下移动过程中进行钙积作用。大部分从表层起即有石灰反应，土体内除锈斑外，常见石灰菌丝或结核，pH 值 8. 0~8. 5。土壤有机质含量较普通草甸土低，为 15~30g/kg。其中灌耕草甸土土属主要分布在沙雅县、库车市和拜城县，面积 3. 81khm^2，占总耕地面积 0. 58%。在现代成土过程中，由于人类活动的参与，草甸土的草甸化过程终止，耕种熟化过程逐趋强烈，耕作层有机质矿化过程加快，C/N 比值变窄，供氮强度相对提高。

（二）盐化草甸土

主要分布在阿克苏市、阿瓦提县、库车市、柯坪县、温宿县、乌什县和新和县，面积 64. 51khm^2，占总耕地面积 9. 76%，地下水埋深 1~3m，矿化度 0. 5~10g/L。土壤除进行草甸过程外，伴有盐渍化过程，表层为盐化层，常见盐霜或盐结皮，经改良后可栽培农作物。氯化物硫酸盐化灌耕草甸土按盐分含量的轻、中、重作为土种的划分依据。此外，在土体构型上分底黏、漏沙、腰沙、腰黏等类型，在土种命名上还考虑到不同的土体构型，这样在改良利用上更有参考价值，例如底沙土和漏沙土便于洗盐。腰黏土、底黏土压盐和洗盐均较困难。土体构型不同，在改良的措施和方法上均应不同。该土的主要特征是地表有盐霜，重盐化土壤春天返浆冬麦地需要人工扫盐。土体阴潮，水、气、热条件差，宜种耐盐耐湿的作物，主要障碍因素是地下水位高与盐害，改良的主要措施是降低地下水位和洗盐。

第三节　灌淤土

一、灌淤土分布

灌淤土是阿克苏地区主要耕作土壤之一，面积 100.26khm^2，占耕地总面积 15.18%。主要分布在洪积-冲积扇中部，冲积平原的上、中部以及河阶地、垄岗地、地下水位在 3m 以下的地区，柯坪盆地灌淤土在地下水深 40m 以下的地区。农区长期引灌携带大量泥沙的河水，灌溉量每公顷多过 22 500~27 000m^3，通过耕翻搅动，年复一年的逐渐增厚土层。在耕种过程中，农民群众通过施用大量的土杂肥和防冻防盐碱危害而给冬麦压沙盖土。每年增厚的土层平均 0.2~0.4cm。在利用和培肥土壤的过程中，动、植物残体归还土壤，特别是绿色植物的残根烂叶归还土壤，对土壤的熟化起了重要作用。农民群众通过平整土地、增施肥料、种植绿肥和轮作倒茬等各项农业措施，对改善土壤结构、熟化土壤起到了积极的作用。

二、灌淤土剖面形态

具有比较深厚的灌淤层和熟化层，灌淤层一般大于 50cm，有的地区灌淤层更深厚，例如库车、乌什和柯坪三县的灌淤土灌淤层厚 1~2m，把原来的自然土壤（棕漠土）深埋在底层而成为异源母质层，灌淤层的土壤结构、理化和生物特性与母土比较发生了很大变化。从剖面自然层次看，一般都具有 4 个较明显的层次，即表层、耕作层，老淤积层和底土层（异源母质层）。表层是新淤积层，很薄，不足 1cm，干燥后龟裂呈片状和层理片状结构，但在人为划分土层时，均划人耕作层内。耕作层一般厚 15~18cm，块状或碎块状结构，以壤质为主。耕作层下为较老的灌淤层，厚度 30~100cm 不等。颜色略较耕作层浅，但质地相似，并可看见炭屑、瓦片、骨头等侵入体。灌淤土耕层较蔬松，土壤容重在 1.20~1.30g/cm^3，孔隙度较高，持水性比较好，有利于土壤微生物的活动和发展。

三、灌淤土养分

从表 2-4 可以看出，灌淤土有机质最小值为 3.05g/kg，最大值为 50.6g/kg，平均含量为 17.3g/kg，变异系数为 39.46%，表明灌淤土有机质区域间有一定差异。全氮最小值为 0.17g/kg，最大值为 2.66g/kg，平均含量为 0.91g/kg，变异系数为 34.97%，表明灌淤土全氮区域间有一定差异。碱解氮最小值为 12.0mg/kg，最大值为 169.0mg/kg，平均含量为 65.9mg/kg，变异系数为 42.83%，表明灌淤土碱解氮区域间有较大的差异。有效磷最小值为 2.2mg/kg，最大值为 125.0mg/kg，平均含量为 25.1mg/kg，变异系数为 69.36%，表明灌淤土有效磷区域间差异大。速效钾最小值为 31mg/kg，最大值为

479mg/kg，平均含量为144mg/kg，变异系数为44.79%，表明灌淤土速效钾区域间有较大的差异。

表2-4 阿克苏地区灌淤土养分状况

项目	有机质（g/kg）	全氮（g/kg）	碱解氮（mg/kg）	有效磷（mg/kg）	速效钾（mg/kg）
最小值	3.05	0.17	12.0	2.2	31
最大值	50.6	2.66	169.0	125.0	479
平均值	17.3	0.91	65.9	25.1	144
变异系数（%）	39.46	34.97	42.83	69.36	44.79

四、灌淤土的分类

（一）潮灌淤土

主要分布在阿克苏市、温宿县、乌什县、新和县、拜城县5个县，面积15.79khm²，占总耕地面积2.39%。潮灌淤土在土壤剖面下部仍遗留有部分潮土的特征，对于乌什县境内的水旱轮作地，我们把它也列入潮灌淤土中。潮灌淤土剖面分化不太明显，结构以块状为主，壤质土剖面中、上部有较多的植物根系和蚯蚓洞穴，并有碳屑，瓦片等侵入体，部分剖面下部有少量锈斑出现。潮灌淤土熟化程度较高，多为阿克苏的高产农田，但值得提出的是，潮灌淤土因地下水位较高，若不注意合理使用管理，则很容易引起土壤次生盐渍化的产生。

（二）典型灌淤土

主要分布在库车市和拜城县，面积68.92khm²，占总耕地面积10.43%。成土母质主要是淡黄色和棕灰色的河流淤积物，极少部分棕红色淤积物。由于耕作历史较长，土壤熟化程度较高。普通灌淤土的地下水位3m以下，整个剖面比较干燥。土壤颜色以棕色为主，但耕作层颜色略暗一些，多块状结构。质地以壤质为主。犁底层不甚明显，剖面中、上部植物根系较多，常见到碳屑、瓦片等侵入体，耕层土壤容重在1.20~1.35g/cm³。

（三）盐化灌淤土

主要分布在沙雅和拜城县，面积15.55khm²，占总耕地面积2.35%。有深厚的淤积层，土质较好，但土体较潮湿，地表有轻微盐霜。盐化灌淤土在本区分布面积很少。盐化灌淤土土层比较厚，适于种植棉花、玉米等耐盐性比较强的作物，只要灌好播前水，不会影响作物生长，利用过程中要注意农田基本建设，挖渠排水，降低地下水位，增施有机肥料，合理灌溉。

第四节 其他土类

除潮土、灌淤土和草甸土外，风沙土、龟裂土、水稻土等其他土类面积共计236.14khm²，占阿克苏地区耕地总面积的35.74%。

第三章　耕地质量评价方法与步骤

本次耕地质量调查评价根据《耕地质量调查监测与评价办法》（农业部令 2016 第 2 号）和《耕地质量等级》国家标准（GB/T 33469—2016）进行，本次评价的数据主要来源于 2018 年耕地质量调查评价监测样点野外调查及室内分析数据。在评价过程中，应用 GIS 空间分析、层次分析、特尔斐等方法，划分评价单元、确定指标隶属度、建立评价指标体系、构建评价数据库、计算耕地质量综合指数、评价耕地质量等级、编制耕地质量等级及养分等相关图件。

第一节　资料收集与整理

耕地质量评价资料主要包括耕地化学性状、物理性状、立地条件、土壤管理、障碍因素等。通过野外调查、室内化验分析和资料收集，获取了大量耕地质量基础信息，经过严格的数据筛选、审核与处理，保障了数据信息的科学准确。

一、软硬件及资料准备

（一）软硬件准备

1. 硬件准备

主要包括图形工作站、数字化仪、扫描仪、喷墨绘图仪等。微机主要用于数据和图件的处理分析，数字化仪、扫描仪用于图件的输入，喷墨绘图仪用于成果图的输出。

2. 软件准备

主要包括 WINDOWS 操作系统软件，FOXPRO 数据库管理、SPSS 数据统计分析等应用软件，MAPGIS、ARCVIEW 等 GIS 软件，以及 ENVI 遥感图像处理等专业分析软件。

（二）资料的收集

本次评价广泛收集了与评价有关的各类自然和社会经济因素资料，主要包括参与耕地质量评价的野外调查资料及分析测试数据、各类基础图件、统计年鉴及其他相关统计资料等。收集获取的资料见表 3-1。

表 3-1　耕地质量等级调查

项目	项目	项目	项目
统一编号	地形部位	盐化类型*	有效铜（mg/kg）

（续表）

项目	项目	项目	项目
省（市）名	海拔高度*	地下水埋深（m）*	有效锌（mg/kg）
地市名	田面坡度*	障碍因素	有效铁（mg/kg）
县（区、市、农场）名	有效土层厚度（cm）	障碍层类型	有效锰（mg/kg）
乡镇名	耕层厚度（cm）	障碍层深度（cm）	有效硼（mg/kg）
村名	耕层质地	障碍层厚度（cm）	有效钼（mg/kg）
采样年份	耕层土壤容重（g/cm^3）	灌溉能力	有效硫（mg/kg）
经度（°）	质地构型	灌溉方式	有效硅（mg/kg）
纬度（°）	常年耕作制度	水源类型	铬（mg/kg）
土类	熟制	排水能力	镉（mg/kg）
亚类	生物多样性	有机质（g/kg）	铅（mg/kg）
土属	农田林网化程度	全氮（g/kg）	砷（mg/kg）
土种	土壤 pH	有效磷（mg/kg）	汞（mg/kg）
成土母质	耕层土壤含盐量（%）*	速效钾（mg/kg）	主载作物名称
地貌类型	盐渍化程度*	缓效钾（mg/kg）	年产量（kg/亩）

主要包括样点基本信息、立地条件、理化性状、障碍因素、土壤管理等 5 个方面。

样点（调查点）基本信息：包括统一编号、省名、地市名、县名、乡镇名、村名、采样年份、经度、纬度、采样深度等。

立地条件：包括土类、亚类、土属、土种、成土母质、地形地貌、坡度、坡向、地下水埋深等。

理化性状：包括耕层厚度、耕层质地、有效土层厚度、容重、质地构型等土壤物理性状；土壤化学性状主要有土壤 pH、有机质、全氮、有效磷、速效钾、缓效钾、有效硫、有效锌、有效硼、有效铜、有效铁、有效钼、有效锰等。

障碍因素：包括障碍层类型、障碍层出现位置、障碍层厚度、盐渍化程度等。

土壤管理：包括常年轮作制度、作物产量、灌溉方式、灌溉能力、排水能力、农田林网化、清洁程度等。

1. 野外调查资料

野外调查点是依据耕地质量调查评价监测样点布设点位图进行调查取样，野外调查资料主要包括地理位置、地形地貌、土壤母质、土壤类型、有效土层厚度、表层质地、耕层厚度、容重、障碍层次类型及位置与厚度、耕地利用现状、灌排条件、水源类型、地下水埋深、作物产量及管理措施等。

2. 分析化验资料

室内分析测试数据，主要有土壤 pH、耕层含盐量、有机质、全氮、有效磷、速效钾、缓效钾、全磷、全钾、交换性钙、交换性镁、有效硫、有效锌、有效硼、有效铜、有效铁、有效钼、有效锰、有效硅以及重金属铬、镉、铅、砷、汞等化验分析资料。

3. 基础及专题图件资料

主要包括县级 1：5 万及自治区级 1：100 万比例尺的土壤图、土地利用现状图、地貌图、土壤质地图、行政区划图、有效积温等。其中土壤图、土地利用现状图、行政区划图主要用于叠加生成评价单元。土壤质地图、地貌图、林网化分布图、渠道分布图等用于提取评价单元信息。

4. 其他资料

收集的统计资料包括近年的县、地区、自治区统计年鉴，农业统计年鉴等，内容包含以行政区划为基本单位的人口、土地面积、耕地面积，近三年主要作物种植面积、粮食单产、总产，蔬菜和果品种植面积及产量，以及肥料投入等社会经济指标数据；名、特、优特色农产品分布、数量等资料；近几年土壤改良试验、肥效试验及示范资料；土壤、植株、水样检测资料；高标准农田建设、水利区划、地下水位分布等相关资料；项目区范围内的耕地质量建设及提升项目资料，包括技术报告、专题报告等。

二、评价样点的布设

（一）样点布设原则

要保证获取信息及成果的准确性和可靠性，布点要综合考虑行政区划、土壤类型、土地利用、肥力高低、作物种类、管理水平、点位已有信息的完整性等因素，科学布设耕地质量调查点位。

（二）样点布设方法

耕地质量调查点位基本固定，按 1 万亩左右耕地布设 1 个，覆盖所有农业县（区、市、场），并与全疆耕地质量汇总评价样点、测土配方施肥取土样点、耕地质量长期定位监测点相衔接，确保点位代表性与延续性的要求，参考《新疆统计年鉴　2017 年》及二调耕地面积数据在阿克苏地区共计布设 994 个耕地质量调查评价点，形成阿克苏地区耕地质量调查评价监测网。

三、土壤样品检测与质量控制

（一）分析项目及方法

1. 分析项目

测试项目和测试方法按照《全国测土配方施肥技术规范》要求进行分析测试。土壤分析测试项目有：土壤 pH、总盐、有机质、全氮、有效磷、速效钾、缓效钾、全磷、全钾、交换性钙、交换性镁、有效硫、有效锌、有效硼、有效铜、有效铁、有效钼、有效锰、有效硅以及重金属铬、镉、铅、砷、汞等的测定。

2. 分析方法

（1）土壤 pH：土壤检测第 2 部分，依据 NY/T1121. 2；

（2）碱解氮：碱解扩散法测定，依据 LYT1228；

（3）有机质：土壤检测第 6 部分，依据 NY/T1121. 6；

（4）全氮：土壤全氮测定法（半微量开氏法）NY/T 2419；

（5）有效磷：土壤检测第 7 部分，中性和石灰性土壤有效磷的测定，依据 LY/T1233；

（6）土壤速效钾、缓效钾：依据 NY/T 889；

（7）土壤水溶性总盐：土壤检测第 16 部分，依据 NY/T1121. 16；

（8）土壤有效铜、锌、铁、锰：DTPA 浸提-原子吸收分光光度法测定，依据 NY/T 890；

（9）有效硼：土壤检测第 8 部分，依据 NY/T1121. 8；

（10）有效钼：土壤检测第 9 部分，依据 NY/T 1121. 9；

（11）有效硫：土壤检测第 14 部分，依据 NY/T 1121. 14；

（12）有效硅：土壤检测第 15 部分，依据 NY/T 1121. 15；

（13）铬：火焰原子吸收分光光度法，依据 HJ 491；

（14）镉、铅：石墨炉原子吸收分光光度法，依据 GB/T 17141；

（15）砷、汞：原子荧光法，依据 GB/T 22105；

（16）耕层土壤容重：土壤检测第 4 部分，依据 NY/T 1121. 4。

（二）分析测试质量控制

1. 实验前的准备工作

严格按照《全国测土配方施肥技术规范》实施，对分析测试人员进行系统的技术培训、岗位职责培训，建立健全实验室各种规章制度，规范实验步骤，对仪器设备进行计量校正，指定专人管理标准器皿和试剂，并重点对容易产生误差的环节进行监控，邀请化验室专家来中心化验室检查和指导化验工作，不定期对化验人员分析技能进行分析质量考核检查，及时发现问题解决问题。确保检测结果的真实性、准确性、可比性与实用性。

2. 分析质量控制方法

（1）采样标准规范的化验分析方法，严格按照《测土配方施肥技术规范》要求进行分析测试。

（2）标准曲线控制。建立标准曲线，标准曲线线性相关达到 0. 999 以上。每批样品都必须做标准曲线，并且重现性良好。

（3）精密度控制：平行测定误差控制，合格率达 100%。盲样控制，制样时将同一样品处理好后，四分法分成两份，编上统一分析室编号，分到不同批次中，按平行误差的 1. 5 倍比对盲样两次测定结果的误差，所有盲样的某项目测试合格率达到 90%，即可判断该项目整个测定结果合格。

（4）与地区化验室分析测试结果做对比。

（5）参加自治区统一组织的化验员培训和化验员参比样考核。

（6）参加农业农村部耕地质量监测保护中心每年组织的耕地质量检测能力验证考核。

通过上述质量控制方法确保分析质量。

（三）数据资料审核处理

数据的准确与否直接关系到耕地质量评价的精度、养分含量分布图的准确性，并对成果应用的效益发挥有很大影响。为保证数据的可靠性，在进行耕地质量评价之前，需要对数据进行检查和预处理。数据资料审核处理主要是对参评点位资料的审核处理，采取了人工检查和计算机筛查检查相结合的方式进行，以确保数据资料的完整性和准确性。

1. 数据资料人工检查

执行数据的自校→校核→审核的“三级审核”。先由县级专业人员对耕地质量调查评价样点点位，按照点位资料完整性、规范性、符合性、科学性、相关性的原则，对评价点位资料进行数据检查和审核。地州级再对县（市）级资料进行检查和审核，重点审核养分数据是否异常，作物产量是否符合实际，发现问题反馈给相应县，进行修改补充。在此基础上，自治区级对地州级资料再进行分析审核，重点统一地形地貌、土壤母质、灌排条件等划分标准，按照不同利用类型、不同质地类型、不同土壤类型分类检查土壤养分数据，剔除异常值，障碍因素、类型与分析测试指标及土壤类型之间是否有逻辑错误、土层厚度与耕层厚度之间是否存在逻辑错误等，发现问题反馈并修改。

2. 计算机筛查

为快速对逐级上报的数据资料进行核查，应用统计学软件等进行基本统计量、频数分布类型检验、异常值的筛选等去除可疑样本，保证数据的有效性、规范性。

四、调查结果的应用

（一）应用于耕地养分分级标准的确定

依据各县市汇总样点数据，结合本区域田间试验和长期研究等数据，建立本区域土壤pH、总盐、有机质、全氮、有效磷、速效钾、缓效钾、有效铜、有效锌、有效铁、有效锰、有效硼、有效钼和有效硫等耕地主要养分分级标准。

（二）应用于耕地质量评价指标体系的建立

区域耕地质量评价实质上是评价各要素对农作物生长影响程度的强弱，所以，在选择评价指标时主要遵循四个原则：一是选取的因素对耕地质量有较大影响，如地形部位、灌排条件等；二是选取的因素在评价区内变异较大，如土体构型、障碍因素等；三是选取的因素具有相对的稳定性和可获取性，如质地、有机质及养分等；四是选取的因素考虑评价区域的特点，如盐渍化程度、地下水埋深等。

（三）应用于耕地综合生产能力分析等

通过分析评价区样点资料和评价结果，可以获得区域生产条件状况、耕地质量状况、耕地质量主要性状情况，以及农业生产中存在的问题等，可为区域耕地质量水平提升提出有针对性的对策措施与建议。

第二节　评价指标体系的建立

本次评价重点包括耕地质量等级评价和耕地理化性状分级评价两个方面。为满足评价要求，首先要建立科学的评价指标体系。

一、评价指标的选取原则

参评指标是指参与评价耕地质量等级的一种可度量或可测定的属性。正确的选择评价指标是科学评价耕地质量的前提，直接影响耕地质量评价结果的科学性和准确性。阿克苏地区耕地质量评价指标的选取主要依据《耕地质量等级》国家标准，综合考虑评价指标的科学性、综合性、主导性、可比性、可操作性等原则。

科学性原则：指标体系能够客观地反映耕地综合质量的本质及其复杂性和系统性。选取评价指标应与评价尺度、区域特点等有密切的关系，因此，应选取与评价尺度相适应、体现区域特点的关键因素参与评价。本次评价以阿克苏地区耕地单元为评价区域，既需考虑地形部位等大尺度变异因素，又需选择与农业生产相关的灌溉、土壤养分等重要因子，从而保障评价的科学性。

综合性原则：指标体系要反映出各影响因素的主要属性及相互关系。评价因素的选择和评价标准的确定要考虑当地的自然地理特点和社会经济因素及其发展水平，既要反映当前的局部和单项的特征，又要反映长远的、全局的和综合的特征。本次评价选取了土壤化学性状、物理性状、立地条件、土壤管理等方面的相关因素，形成了综合性的评价指标体系。

主导性原则：耕地系统是一个非常复杂的系统，要把握其基本特征，选出有代表性的起主导作用的指标。指标的概念应明确，简单易行。各指标之间涵义各异，没有重复。选取的因子应对耕地质量有比较大的影响，如地形因素、土壤因素和灌溉条件等。

可比性原则：由于耕地系统中的各个因素具有很强的时空差异，因而评价指标体系在空间分布上应具有可比性，选取的评价因子在评价区域内的变异较大，数据资料应具有较好的时效性。

可操作性原则：各评价指标数据应具有可获得性，易于调查、分析、查找或统计，有利于高效准确完成整个评价工作。

二、指标选取的方法

耕地质量是由耕地质量、土壤健康状况和田间基础设施构成的满足农产品持续产出和质量安全的能力。选取的指标主要能反映耕地土壤本身质量属性的好坏。按照《耕地质量等级》标准要求区域耕地质量指标由基础性指标和区域补充性指标组成，建立“N+X”指标体系。N 为基础性指标（14 个），X 为区域补充性指标，通过自治区相关科研院所及各地州农技中心专家函选出全疆区域性评价指标 2 个，共选取 16 个指标作为自治区评价指标，各地州统一采用自治区评价指标，具体如下。

基础性指标：地形部位、有效土层厚度、有机质含量、耕层质地、土壤容重、质地构型、土壤养分状况（有效磷、速效钾）、生物多样性、障碍因素、灌溉能力、排水能力、清洁程度、农田林网化率。

区域性指标：盐渍化程度、地下水埋深。

运用层次分析法建立目标层、准则层和指标层的三级层级结构，目标层即耕地质量等级，准则层包括立地条件、剖面性状、耕层理化性状、养分状况、健康状况和土壤管理6个部分。

立地条件：包括地形部位和农田林网化程度。阿克苏地区地形地貌较为复杂，地形部位的差异对耕地质量有重要的影响，不同地形部位的耕地坡度、坡向、光温水热条件、灌排能力差异明显，直接或间接地影响农作物的适种性和生长发育；农田林网能够很好地防御灾害性气候对农业生产的危害，保证农业的稳产、高产，同时还可以提高和改善农田生态系统的环境。

剖面性状：包括有效土层厚度、质地构型、地下水埋深和障碍因素。有效土层厚度影响耕地土壤水分、养分库容量和作物根系生长；土壤剖面质地构型是土壤质量和土壤生产力的重要影响因子，不仅反映土壤形成的内部条件与外部环境，还体现出耕作土壤肥力状况和生产性能；地下水埋深影响作物土壤水分吸收和盐分运移，影响作物生长发育、产量；障碍因素影响耕地土壤水分状况以及作物根系生长发育，对土壤保水和通气性以及作物水分和养分吸收、生长发育以及生物量等均具有显著影响。

耕层理化性状：包括耕层质地、土壤容重和盐渍化程度。耕层质地是土壤物理性质的综合指标，与作物生长发育所需要的水、肥、气、热关系十分密切，显著影响作物根系的生长发育、土壤水分和养分的保持与供给；容重是土壤最重要的物理性质之一，能反映土壤质量和土壤生产力水平；盐渍化程度是土壤的重要化学性质之一，作物正常生长发育、土壤微生物活动、矿质养分存在形态及其有效性、土壤通气透水性等都与盐渍化程度密切相关。

养分状况：包括有机质、有效磷和速效钾。有机质是微生物能量和植物矿质养分的重要来源，不仅可以提高土壤保水、保肥和缓冲性能，改善土壤结构性，而且可以促进土壤养分有效化，对土壤水、肥、气、热的协调及其供应起支配作用。土壤磷、钾是作物生长所需的大量元素，对作物生长发育以及产量等均有显著影响。

健康状况：包括清洁程度和生物多样性。清洁程度反映了土壤受重金属、农药和农膜残留等有毒有害物质影响的程度；生物多样性反映了土壤生命力丰富程度。

土壤管理：包括灌溉能力和排水能力。灌溉能力直接关系到耕地对作物生长所需水分的满足程度，进而显著制约着农作物生长发育和生物量；排水能力通过制约土壤水分状况而影响土壤水、肥、气、热的协调及作物根系生长和养分吸收利用等，同时直接影响盐渍化土壤改良利用的效果。

三、耕地质量主要性状分级标准的确定

20世纪80年代，全国第二次土壤普查项目开展时，曾对土壤pH、有机质、全氮、碱解氮、有效磷、速效钾、全磷、全钾、碳酸钙、有效硼、有效钼、有效锰、有效锌、有效铜、有效铁等耕地理化性质进行分级，其分级标准见表3-2，新疆第二次土壤普查分级标准见表3-3。经过近40年的发展，耕地土壤理化性质发生了巨大变化，有的分级标准与目前的土壤现状已不相符合。本次评价在全国二次土壤普查耕地土壤主要性状指标分级

的基础上进行了修改或重新制定。

（一）制定的原则

一是要与第二次土壤普查分级标准衔接，在保留原全国分级标准级别值基础上，可以在一个级别中进行细分；同时在综合考虑当前土壤养分变化基础上，对个别养分分级级别进行归并调整，以便于资料纵向、横向比较。二是细分的级别值以及向上或向下延伸的级别值要有依据，需综合考虑作物需肥的关键值、养分丰缺指标等。三是各级别的幅度要考虑均衡，幅度大小基本一致。

表 3-2 全国第二次土壤普查土壤理化性质分级标准

分级标准	一级	二级	三级	四级	五级	六级
有机质（g/kg）	>40	30~40	20~30	10~20	6~10	<6
全氮（g/kg）	>2	1.5~2.0	1.5~1.0	1.00~0.75	0.50~0.75	<0.5
碱解氮（mg/kg）	>150	120~150	90~120	60~90	30~60	<30
有效磷（mg/kg）	>40	20~40	10~20	5~10	3~5	<3
速效钾（mg/kg）	>200	150~200	100~150	50~100	30~50	<30
有效硼（mg/kg）	>2.0	1.0~2.0	0.5~1.0	0.2~0.5	<0.2	—
有效钼（mg/kg）	>0.3	0.2~0.3	0.15~0.2	0.1~0.15	<0.1	—
有效锰（mg/kg）	>30	15~30	5~15	1~5	<1	—
有效锌（mg/kg）	>3.0	1.0~3.0	0.5~1.0	0.3~0.5	<0.3	—
有效铜（mg/kg）	>1.8	1.0~1.8	0.2~1.0	0.1~0.2	<0.1	—
有效铁（mg/kg）	>20	10~20	4.5~10	2.5~4.5	<2.5	—

表 3-3 全国第二次土壤普查土壤酸碱度分级标准

项目	强碱性	碱性	微碱性	中性	微酸性	酸性	强酸性
pH	>9.5	8.5~9.5	7.5~8.5	6.5~7.5	5.5~6.5	4.5~5.5	<4.5

（二）耕地质量主要性状分级标准

依据新疆耕地质量评价 7054 个调查采样点数据，对相关指标进行了数理统计分析，计算了各指标的平均值、中位数、变异系数和标准差等统计参数（表 3-4）。以此为依据，同时参考相关已有的分级标准，并结合当前区域土壤养分的实际状况、丰缺指标和生产需求，确定依据新疆科学合理调整的养分分级标准（表 3-5）进行分级。

以土壤有机质为例，本次评价分为 5 级，考虑到新疆耕地有机质含量大于 25g/kg 的样点占比只有 1 124 个，比例较小，因此，将有机质>25.0g/kg 列为一级；同时，考虑到土壤有机质含量在 10~20g/kg 的比例较高，占 53.84%，为了细分有机质含量对耕地质量等级的贡献，将 10~20g/kg 拆分为 10~15g/kg 和 15~20g/kg，分别作为三级、四级。

表 3-4 新疆耕地质量主要性状描述性统计表

项目	单位	中位数	平均值	标准差	变异系数（%）
pH	—	8.22	8.21	0.37	4.45
总盐	g/kg	1.5	2.7	3.9	144.27

（续表）

项目	单位	中位数	平均值	标准差	变异系数（%）
有机质	g/kg	15.8	18.7	14.1	75.10
全氮	g/kg	0.87	0.95	0.52	54.86
碱解氮	mg/kg	61.2	69.5	40.2	57.84
有效磷	mg/kg	17.8	23.1	19.4	83.88
速效钾	mg/kg	172	212	146	68.89
缓效钾	mg/kg	1 001	1 038	397	38.25
有效锰	mg/kg	6.3	8.0	6.7	83.68
有效硅	mg/kg	143.70	182.97	151.78	82.95
有效硫	mg/kg	119.70	398.01	699.78	175.82
有效钼	mg/kg	0.07	0.15	0.22	145.24
有效铜	mg/kg	1.49	3.58	5.86	163.81
有效铁	mg/kg	9.6	13.1	16.4	125.20
有效锌	mg/kg	0.60	0.78	0.87	111.55
有效硼	mg/kg	1.3	1.8	2.0	110.33

表 3-5 新疆维吾尔自治区耕地质量监测分级标准

项目	单位	分级标准				
		一级	二级	三级	四级	五级
有机质	g/kg	>25.0	20.0~25.0	15.0~20.0	10.0~15.0	≤10.0
全氮	g/kg	>1.50	1.00~1.50	0.75~1.00	0.50~0.75	≤0.50
碱解氮	mg/kg	>150	120~150	90~120	60~90	≤60
有效磷	mg/kg	>30.0	20.0~30.0	15.0~20.0	8.0~15.0	≤8.0
速效钾	mg/kg	>250	200~250	150~200	100~150	≤100
缓效钾	mg/kg	>1 200	1 000~1 200	800~1 000	600~800	≤600
有效硼	mg/kg	>2.00	1.50~2.00	1.00~1.50	0.50~1.00	≤0.50
有效钼	mg/kg	>0.20	0.15~0.20	0.10~0.15	0.05~0.10	≤0.05
有效硅	mg/kg	>250	150~250	100~150	50~100	≤50
有效铜	mg/kg	>2.00	1.50~2.00	1.00~1.50	0.50~1.00	≤0.50
有效铁	mg/kg	>20.0	15.0~20.0	10.0~15.0	5.0~10.0	≤5.0
有效锰	mg/kg	>15.0	10.0~15.0	5.0~10.0	3.0~5.0	≤3.0
有效锌	mg/kg	>2.00	1.50~2.00	1.00~1.50	0.50~1.00	≤0.50
有效硫	mg/kg	>50.0	30.0~50.0	15.0~30.0	10.0~15.0	≤10.0
pH	—	酸性 ≤6.5	中性 6.5~7.5	微碱性 7.5~8.5	碱性 8.5~9.5	强碱性 ≥9.5
总盐	g/kg	无 ≤2.5	轻度盐渍化 2.5~6.0	中度盐渍化 6.0~12.0	重度盐渍化 12.0~20.0	盐土 ≥20.0

第三节　数据库的建立

一、建库的内容

（一）数据库建库的内容

数据库的建立主要包括空间数据库和属性数据库。

空间数据库包括道路、水系、采样点点位图、评价单元图、土壤图、行政区划图等。道路、水系通过土地利用现状图提取；土壤图通过扫描纸质土壤图件拼接校准后矢量化；评价单元图通过土地利用现状图、行政区划图、土壤图叠加形成；采样点点位图通过野外调查采样数据表中的经纬度坐标生成。

属性数据库包括土地利用现状图属性数据表、土壤样品分析化验结果数据表、土壤属性数据表、行政编码表、交通道路属性数据表等。通过分类整理后，以编码的形式进行管理。

（二）数据库建库的方法

耕地质量等级评价系统采用不同的数据模型，分别对属性数据和空间数据进行存储管理，属性数据采用关系数据模型，空间数据采用网状数据模型。

空间数据图层标识码是要素属性表中的一个关键字段，空间数据与属性数据以此字段形成关联，完成对地图的模拟。这种关联使两种数据模型联成一体，可以方便地从空间数据检索属性数据或者从属性数据检索空间数据。在进行空间数据和属性数据连接时，在ArcMAP环境下分别调入图层数据和属性数据表，利用关键字段将属性数据表链接到空间图层的属性表中，将属性数据表中的数据内容赋予图层数据表中。建立耕地质量等级评价数据库的工作流程，见图3-2。

二、建库的依据及平台

数据库建设主要是依据和参考全国耕地资源管理信息系统数据字典、耕地质量调查与评价技术规程，以及有关全疆汇总技术要求完成的。本次耕地质量评价工作建库工作采用ArcGIS平台，对电子版、纸质版资料进行点、线、面文件的规范化处理和拓扑处理，空间数据库成果为点、线、面Shape格式的文件，属性数据库成果为Excel格式。最后将数据库资料导入区域耕地资源信息管理系统中运行，或在ArcGIS平台上运行。

三、建库的引用标准

1. 中华人民共和国行政区划代码　　GB/T 2260—2007
2. 耕地质量等级　　GB/T 33469—2016
3. 基础地理信息要素分类与代码　　GB/T 13923—2006
4. 中国土壤分类与代码　　GB/T 17296—2009
5. 国家基本比例尺地形图分幅与编号　　GB/T 13989—2012

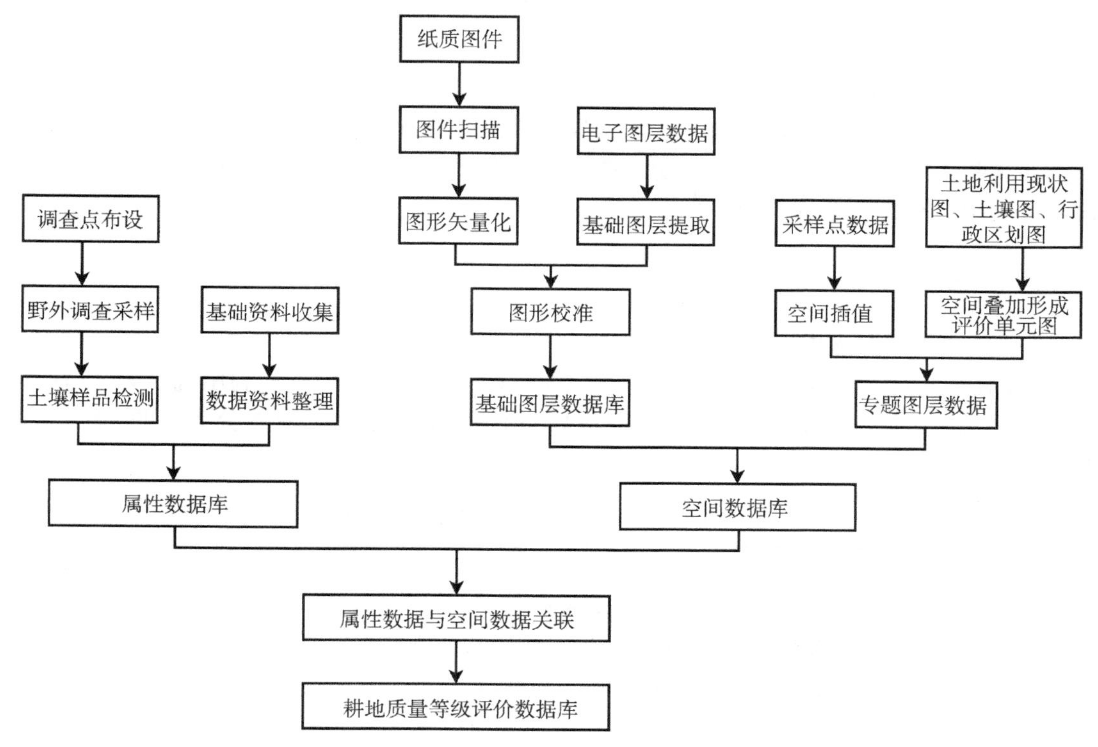

图 3-2　耕地资源管理信息系统建立工作流程

6. 县域耕地资源管理信息系统数据字典
7. 全球定位系统（GPS）测量规范　　GB/T 18314—2009
8. 地球空间数据交换格式　　GB/T 17798—1999
9. 土地利用数据库标准　　TD/T 1016—2017
10. 第三次全国国土调查土地分类

四、建库资料的核查

为了构建一个有质量、可持续应用的空间数据库，数据入库前应进行质量检查，确保数据的正确性和完整性。主要包括以下数据检查处理。

（一）数据的分层检查

根据《土地利用数据库标准》对所有空间数据进行分层检查，按照标准中规定的三大要素层进行分层，并保证层与层之间没有要素重叠。

（二）数学基础检查

按照《土地利用数据库标准》检查各图层数据的坐标系和投影是否符合建库标准，各层数学基础是否保持一致。

（三）图形数据检查

检查内容包括：点、线、面拓扑关系检查。对于点图层，检查点位是否重合，坐标位置是否准确，权属是否清晰；对于线图层，检查是否有自相交、多线相交，是否有公共边重复、悬挂点或伪节点；对于多边形，检查是否闭合、标识码等属性是否唯一、图形中是否有需要合并碎小图斑等。

（四）属性数据检查

属性数据是数据库的重要部分，它是数据库和地图的重要标志。检查属性文件是否完整，命名是否规范，字段类型、长度、精度是否正确，有错漏的应及时补上，确保各要素层属性结构完全符合数据库建设标准要求。

五、空间数据库建立

（一）空间数据库内容

空间数据库用来存储地图空间数据，主要包括土壤类型图、土地利用现状图、行政区划图、耕地质量调查评价点点位图、耕地质量评价等级图、土壤养分系列图等，见表3-6。

表3-6 阿克苏地区空间数据库主要图件

序号	成果图名称
1	阿克苏地区土地利用现状图
2	阿克苏地区行政区划图
3	阿克苏地区土壤质地图
4	阿克苏地区土壤图
5	阿克苏地区耕地质量调查点点位图
6	阿克苏地区耕地质量评价等级图
7	阿克苏地区土壤pH分布图
8	阿克苏地区总盐含量分布图
9	阿克苏地区土壤有机质含量分布图
10	阿克苏地区全氮含量分布图
11	阿克苏地区碱解氮含量分布图
12	阿克苏地区有效磷含量分布图
13	阿克苏地区土壤速效钾含量分布图

（二）各地理要素图层的建立

考虑建库及相关图件编制的需要，将空间数据库图层分为以下四类：地理底图、点位图、土地利用现状图、养分图等专题图。

地理底图：按照空间数据库建设的分层原则，所有成果图的空间数据库均采用同一地理底图，即地理底图的要素主要有县级行政区划、县行政驻地、水系、交通道路、防风林等要素。

土壤质地图、耕地养分等专题图，则是分别在地理底图的基础上增加了各专题要素。

（三）空间数据库分层

阿克苏地区提供地图分纸制图和电子化图两种，分别采用不同方式处理建立空间数据库。阿克苏地区空间数据库分层数据内容见表3-7。

表 3-7 耕地质量等级评价空间数据库分层数据

图层类型	序号	图层名	图层属性
本底基础图层	1	湖泊、水库、面状河流（lake）	多边形
	2	堤坝、渠道、线状河流（stream）	线
	3	等高线（contour）	线
	4	交通道路（traffic）	线
	5	行政界线（省、市、县、乡、村）（boundary）	线
	6	县、乡、村所在地（village）	点
	7	注记（annotate）	注记层
专题图层	8	土地利用现状（landuse）	多边形
	9	土壤图（soil）	多边形
	10	土壤养分图（pH、有机质、全氮等）（nutrient）	多边形
	11	耕地质量调查评价点点位图	点
辅助图层	12	卫星影像数据	Grid

（四）空间数据库比例尺、投影和空间坐标系

投影方式：高斯-克里格投影，6°分带。

坐标系：2000 国家大地坐标系，高程系统：1985 国家高程基准。

文件格式：矢量图形文件 Shape，栅格图形文件 GRID，图像文件 JPG。

六、属性数据库建立

（一）属性数据库内容

属性数据库内容是参照县域耕地资源管理信息系统数据字典和有关专业的属性代码标准填写的。在全国耕地资源管理信息系统数据字典中属性数据库的数据项包括字段代码、字段名称、字段短名、英文名称、释义、数据类型、数据来源、量纲、数据长度、小数位、取值范围、备注等内容。在数据字典中及有关专业标准中均有具体填写要求。属性数据库内容全部按照数据字典或有关专业标准要求填写。应用野外调查资料、室内分析资料、二次土壤普查、农业统计资料等相关数据资料进行筛选、审核、检查并录入构建属性数据库。

1. 野外调查资料

包括地形地貌、地形部位、土壤母质、土层厚度、耕层质地、质地构型、灌水能力、排水能力、林网化程度、清洁程度、障碍因素类型及位置和深度等。

2. 室内分析资料

包括 pH、总盐、全氮、有机质、碱解氮、有效磷、速效钾、有效锌、有效锰、有效铁、有效铜、有效硼、有效钼、有效硅、交换性钙、交换性镁，重金属镉、铬、砷、汞、铅等。

3. 二次土壤普查资料

土壤名称编码表、土种属性数据表等。

4. 农业统计资料

县、乡、村编码表、行政界限属性数据等。

（二）属性数据库导入

属性数据库导入主要采用外挂数据库的方法进行。通过空间数据与属性数据的相同关键字段进行属性连接。在具体工作中，先在编辑或矢量化空间数据时，建立面要素层和点要素层的统一赋值 ID 号。在 Excel 表中第一列为 ID 号，其他列按照属性数据项格式内容填写，最后利用命令统一赋属性值。

（三）属性数据库格式

属性数据库前期存放在 Excel 表格中，后期通过外挂数据库的方法，在 ArcGIS 平台上与空间数据库进行连接。

第四节　耕地质量评价方法

依据《耕地质量调查监测与评价办法》和《耕地质量等级》国家标准，开展阿克苏地区耕地质量等级评价。

一、评价的原理

耕地地力是由耕地土壤的地形地貌条件、成土母质特征、农田基础设施及培肥水平、土壤理化性状等综合因素构成的耕地生产能力。耕地质量等级评价是从农业生产角度出发，通过综合指数法对耕地地力、土壤健康状况和田间基础设施构成的满足农产品持续产出和质量安全的能力进行评价划分出等级。通过耕地质量等级评价可以掌握区域耕地质量状况及分布，摸清影响区域耕地生产的主要障碍因素，提出有针对性的对策措施与建议，对进一步加强耕地质量建设与管理，保障国家粮食安全和农产品有效供给具有十分重要的意义。

二、评价的原则与依据

（一）评价的原则

1. 综合因素研究与主导因素分析相结合原则

耕地是一个自然经济综合体，耕地地力也是各类要素的综合体现，因此对耕地质量等级的评价应涉及耕地自然、气候、管理等诸多要素。所谓综合因素研究是指对耕地土壤立地条件、气候因素、土壤理化性状、土壤管理、障碍因素等相关社会经济因素进行综合全面的研究、分析与评价，以全面了解耕地质量状况。主导因素是指对耕地质量等级起决定作用的、相对稳定的因子，在评价中应着重对其进行研究分析。只有把综合因素与主导因素结合起来，才能对耕地质量等级做出更加科学的评价。

2. 共性评价与专题研究相结合原则

评价区域耕地利用存在水浇地、林地等多种类型，土壤理化性状、环境条件、管理水平不一，因此，其耕地质量等级水平有较大的差异。一方面，考虑区域内耕地质量等级的系统性、可比性，应在不同的耕地利用方式下，选用统一的评价指标和标准，即耕地质量等级的评价不针对某一特定的利用方式。另一方面，为了解不同利用类型耕地质量等级状况及其内部的差异，将来可根据需要，对有代表性的主要类型耕地进行专题性深入研究。通过共性评价与专题研究相结合，可使评价和研究成果具有更大的应用价值。

3. 定量评价和定性评价相结合的原则

耕地系统是一个复杂的灰色系统，定量和定性要素共存，相互作用，相互影响。为了保证评价结果的客观合理，宜采用定量和定性评价相结合的方法。首先，应尽量采用定量评价方法，对可定量化的评价指标如有机质等养分含量、有效土层厚度等按其数值参与计算。对非数量化的定性指标如耕层质地、地形部位等则通过数学方法进行量化处理，确定其相应的指数，以尽量避免主观人为因素影响。在评价因素筛选、权重确定、隶属函数建立、质量等级划分等评价过程中，尽量采用定量化数学模型，在此基础上充分运用人工智能与专家知识，做到定量与定性相结合，从而保证评价结果准确合理。

4. 采用遥感和 GIS 技术的自动化评价方法原则

自动化、定量化的评价技术方法是当前耕地质量等级评价的重要方向之一。近年来，随着计算机技术，特别是 GIS 技术在耕地评价中的不断发展和应用，基于 GIS 技术进行自动定量化评价的方法已不断成熟，使评价精度和效率都大大提高。本次评价工作采用现势性的卫星遥感数据提取和更新耕地资源现状信息，通过数据库建立、评价模型与 GIS 空间叠加等分析模型的结合，实现了评价流程的全程数字化、自动化，在一定程度上代表了当前耕地评价的最新技术方向。

5. 可行性与实用性原则

从可行性角度出发，评价区域耕地质量评价的部分基础数据为区域内各项目县的耕地地力评价成果。应在核查区域内项目县耕地地力各类基础信息的基础上，最大程度利用项目县原有数据与图件信息，以提高评价工作效率。同时，为使区域评价成果与全疆评价成果有效衔接和对比，阿克苏地区耕地质量汇总评价方法应与全疆耕地质量评价方法保持相对一致。从实用性角度出发，为确保评价结果科学准确，评价指标的选取应从大区域尺度出发，切实针对区域实际特点，体现评价实用目标，使评价成果在耕地资源的利用管理和粮食作物生产中发挥切实指导作用。

（二）评价的依据

耕地质量反映耕地本身的生产能力，因此耕地质量的评价应依据与此相关的各类自然和社会经济要素，具体包括三个方面。

1. 自然环境要素

指耕地所处的自然环境条件，主要包括耕地所处的地形地貌条件、水文地质条件、成土母质条件以及土地利用状况等。耕地所处的自然环境条件对耕地质量具有重要的影响。

2. 土壤理化性状要素

主要包括土壤剖面与质地构型、障碍层次、耕层厚度、质地、容重等物理性状，有机质、氮、磷、钾等主要养分，中微量元素、土壤 pH、盐分含量、交换量等化学性状等。不同的耕地土壤理化性状，其耕地质量也存在较大的差异。

3. 农田基础设施与管理水平

包括耕地的灌排条件、水土保持工程建设、培肥管理条件、施肥水平等。良好的农田基础设施与较高的管理水平对耕地质量的提升具有重要的作用。

三、评价的流程

耕地质量评价的整个评价工作可分为三个方面，按先后次序分别如下。

（一）资料工具准备及评价数据库建立

根据评价的目的、任务、范围、方法，收集准备与评价有关的各类自然及社会经济资料，进行资料的分析处理。选择适宜的计算机硬件和 GIS 等分析软件，建立耕地质量等级评价基础数据库。

（二）耕地质量等级评价

划分评价单元，提取影响地力的关键因素并确定权重，选择相应评价方法，制订评价标准，确定耕地质量等级。

（三）评价结果分析

依据评价结果，统计各等级耕地面积，编制耕地质量等级分布图。分析耕地存在的主要障碍因素，提出耕地资源可持续利用的对策措施与建议。

评价具体工作流程如图 3-3 所示。

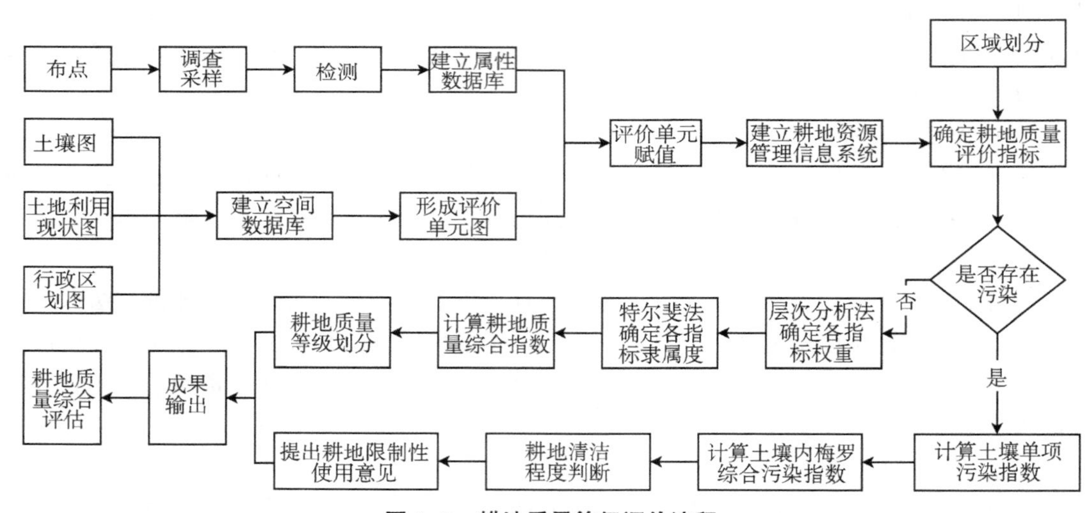

图 3-3　耕地质量等级评价流程

四、评价单元的确定

（一）评价单元的划分

评价单元是由对耕地质量具有关键影响的各要素组成的空间实体，是耕地质量评价的最基本单位、对象和基础图斑。同一评价单元内的耕地自然基本条件、个体属性和经济属性基本一致。不同评价单元之间，既有差异性，又有可比性。耕地质量评价就是要通过对每个评价单元的评价，确定其质量等级，把评价结果落实到实地和编绘的耕地质量等级分布图上。因此，评价单元划分得合理与否，直接关系到评价结果的正确性及工作量的大小。进行评价单元划分时应遵循以下原则。

1. 因素差异性原则

影响耕地质量的因素很多，但各因素的影响程度不尽相同。在某一区域内，有些因素对耕地质量起决定性影响，区域内变异较大；而另一些因素的影响较小，且指标值变化不大。因此，应结合实际情况，选择在区域内分异明显的主导因素作为划分评价单元的基础，如土壤条件、地貌特征、土地利用类型等。

2. 相似性原则

评价单元内部的自然因素、社会因素和经济因素应相对均一，单元内同一因素的分值差异应满足相似性统计检验。

3. 边界完整性原则

耕地质量评价单元要保证边界闭合，形成封闭的图斑，同时对面积过小的零碎图斑应进行适当归并。

目前，对耕地评价单元的划分尚无统一的方法，常见有以下几种类型。一是基于单一专题要素类型的划分。如以土壤类型、土地利用类型、地貌类型划分等。该方法相对简便有效，但在多因素均呈较大变异的情况下，其单元的代表性有一定偏差。二是基于行政区划单元的划分。以行政区划单元作为评价单元，便于对评价结果的行政区分析与管理，但对耕地自然属性的差异性反映不足。三是基于地理区位的差异，以公里网、栅格划分。该方法操作简单，但网格或栅格的大小直接影响评价的精度及工作量。四是基于耕地质量关键影响因素的组合叠置方法进行划分。该方法可较好反映耕地自然与社会经济属性的差异，有较好的代表性，但操作相对较为复杂。

依据上述划分原则，考虑评价区域的地域面积、耕地利用管理及土壤属性的差异性，本次耕地质量评价中评价单元的划分采用土壤图、土地利用现状图和行政区划图的组合叠置划分法，相同土壤单元、土地利用现状类型及行政区的地块组成一个评价单元，即“土地利用现状类型-土壤类型-行政区划”的格式。其中，土壤类型划分到土属，土地利用现状类型划分到二级利用类型，行政区划分到县级。为了保证土地利用现状的现势性，基于野外实地调查，对耕地利用现状进行了修正。同一评价单元内的土壤类型相同，利用方式相同，所属行政区相同，交通、水利、经营管理方式等基本一致。用这种方法划分评价单元，可以反映单元之间的空间差异性，既使土地利用类型有了土壤基本性质的均一性，又使土壤类型有了确定的地域边界线，使评价结果更具综合性、客观性，可以较容易地将评价结果落到实地。

通过图件的叠置和检索，本次阿克苏地区耕地质量评价共划分评价单元115280个，并编制形成了评价单元图。

（三）评价单元赋值

影响耕地质量的因子较多，如何准确地获取各评价单元评价信息是评价中的重要一环。因此，评价过程中舍弃了直接从键盘输入参评因子值的传统方式，而采取将评价单元与各专题图件叠加采集各参评因素的方法。具体的做法为：①按唯一标识原则为评价单元编号；②对各评价因子进行处理，生成评价信息空间数据库和属性数据库，对定性因素进行量化处理，对定量数据插值形成各评价因子专题图；③将各评价因子的专题图分别与评价单元图进行叠加；④以评价单元为依据，对叠加后形成的图形属性库进行“属性提取”操作，以评价单元为基本统计单位，按面积加权平均汇总各评价单元对应的所有评价因子的分值。

本次评价构建了由有效土层厚度、质地、质地构型、有机质、有效磷、速效钾、地形部位、土壤容重、生物多样性、农田林网化、清洁程度、障碍因素、灌溉能力、排水能力、盐渍化程度、地下水埋深等 16 个参评因素组成的评价指标体系，将各因素赋值给评价单元的具体做法如下。①质地、质地构型和地形部位、地下水埋深值 4 个因子均有各自的专题图，直接将专题图与评价单元图进行叠加获取相关数据。②农田林网化、障碍因素、生物多样性和盐渍化程度 4 个定性因子，采用“以点代面”方法，将点位中的属性联入评价单元图。③有机质、有效磷、速效钾、土壤容重和有效土层厚度 5 个定量因子，采用反距离加权空间插值法（IDW）等不同空间差值方法将点位数据转为栅格数据，再叠加到评价单元图上，运用区域统计功能获取相关属性。④灌溉能力、排水能力、清洁程度 3 个定性因子，采用收集的阿克苏地区灌排水统计表、重金属测试数据分析污染情况及地膜残留统计表来确定，将表中的属性联入评价单元图。

经过以上步骤，得到以评价单元为基本单位的评价信息库。单元图形与相应的评价属性信息相连，为后续的耕地质量评价奠定了基础。

五、评价指标权重的确定

在耕地质量评价中，需要根据各参评因素对耕地质量的贡献确定权重。权重确定的方法很多，有定性方法和定量方法。综合目前常用方法的优缺点，层次分析法（AHP）同时融合了专家定性判读和定量方法特点，是在定性方法基础上发展起来的定量确定参评因素权重的一种系统分析方法。这种方法可将人们的经验思维数量化，用以检验决策者判断的一致性，有利于实现定量化评价，是一种较为科学的权重确定方法。本次评价采用了特尔斐（Delphi）法与层次分析法（AHP）相结合的方法确定各参评因素的权重。首先采用 Delphi 法，由专家对评价指标及其重要性进行赋值。在此基础上，以层次分析法计算各指标权重。层次分析法的主要流程如下。

（一）建立层次结构

首先，以耕地质量作为目标层；其次，按照指标间的相关性、对耕地质量的影响程度及方式，将 16 个指标划分为六组作为准则层：第一组立地条件包括地形部位、农田林网化，第二组剖面性状，包括有效土层厚度、质地构型、地下水埋深、障碍因素，第三组理化性状，包括质地、盐渍化程度、土壤容重，第四组土壤养分，包括有机质、有效磷和速效钾，第五组土壤健康状况，包括生物多样性、清洁程度，第六组土壤管理，包括灌溉能力、排水能力；最后，以准则层中的指标项目作为指标层。从而形成层次结构关系模型。

（二）构造判断矩阵

根据专家经验，确定 C 层（准则层）对 G 层（目标层），及 A 层（指标层）对 C 层（准则层）的相对重要程度，共构成 A、C_1、C_2、C_3、C_4、C_5、C_6 共 6 个判断矩阵。例如，质地、盐渍化程度、土壤容重对第三组准则层的判断矩阵表示为：

$$C_3=\begin{pmatrix}a_{11} & a_{12} & a_{13}\\ a_{21} & a_{22} & a_{23}\\ a_{31} & a_{32} & a_{33}\end{pmatrix}=\begin{pmatrix}1.0000 & 0.8169 & 2.9000\\ 1.2241 & 1.0000 & 3.5500\\ 0.3448 & 0.2817 & 1.0000\end{pmatrix}$$

其中，a_{ij}（i 为矩阵的行号，j 为矩阵的列号）表示对 C_3 而言，a_i 对 a_j 的相对重要性的数值。

（三）层次单排序及一致性检验

即求取 A 层对 C 层的权数值，可归结为计算判断矩阵的最大特征根对应的特征向量。利用 SPSS 等统计软件，得到各权数值及一致性检验的结果。见表 3-8。

表 3-8 权数值及一致性检验结果

矩阵	CI	CR
矩阵 A	0	<0.1
矩阵 C_1	0	<0.1
矩阵 C_2	0	<0.1
矩阵 C_3	-2.0553×10^{-7}	<0.1
矩阵 C_4	2.0553×10^{-7}	<0.1
矩阵 C_5	0	<0.1
矩阵 C_6	0	<0.1

从表中可以看出，CR<0.1，具有很好的一致性。

（四）各因子权重确定

根据层次分析法的计算结果，同时结合专家经验进行适当调整，最终确定了阿克苏地区耕地质量评价各参评因子的权重（表 3-9）。

表 3-9 阿克苏地区耕地质量评价因子权重

指标	权重
有机质	0.0635
质地	0.0646
有效土层厚度	0.0535
土壤容重	0.0354
有效磷	0.0635
质地构型	0.0468
地下水埋深	0.0334
地形部位	0.1184
速效钾	0.0490
盐渍化程度	0.0788
障碍因素	0.0368
生物多样性	0.0310
排水能力	0.0764
灌溉能力	0.1471
农田林网化	0.0632
清洁程度	0.0388

六、评价指标的处理

获取的评价资料可以分为定量和定性指标两大类。为了采用定量化的评价方法和自动化的评价手段，减少人为因素的影响，需要对其中的定性因素进行定量化处理，根据各因素对耕地质量影响的级别状况赋予其相应的分值或数值。此外，对于各类养分等按调查点位获取的数据，对其进行插值处理，生成各类养分专题图。

（一）定性指标的量化处理

1. 质地

考虑不同质地类型的土壤肥力特征，及其与种植农作物生长发育的关系，同时结合专家意见，赋予不同质地类别相应的分值。见表 3-10。

表 3-10　土壤质地的量化处理

质地类别	中壤	轻壤	重壤	砂壤	黏土	砂土
分值	100	90	80	70	50	40

2. 质地构型

考虑耕地的不同质地类型，根据土壤的紧实程度，赋予不同质地构型类别相应的分值。见表 3-11。

表 3-11　质地构型的量化处理

质地构型	薄层型	海绵型	夹层型	紧实型	上紧下松	上松下紧	松散型
分值	40	90	60	70	50	100	40

3. 地形部位

评价区域地形部位众多，空间变异较为复杂。通过对所有地形部位进行逐一分析和比较，根据不同地形部位的耕地质量状况，以及不同地形部位对农作物生长的影响，赋予各类型相应的分值。见表 3-12。

表 3-12　地形部位的量化处理

地形部位	分值
平原低阶	100
平原中阶	90
宽谷盆地	85
山间盆地	80
平原高阶	75
丘陵下部	85
河滩地/扇缘（洼地）	50

（续表）

地形部位	分值
丘陵中部	70
丘陵上部	50
山地坡下	75
山地坡中	60
山地坡上	40
沙漠边缘	30
扇间洼地	60

4. 盐渍化程度

阿克苏地区内，仍有部分耕地存在不同程度的盐渍化。根据土壤盐渍化对耕地质量和农作物生产的影响，将盐渍化程度划分为不同的等级，并对各等级进行赋值量化处理。结果见表 3-13。

表 3-13　土壤盐渍化程度的量化处理

盐渍化程度	无	轻度	中度	重度	盐土
分值	100	90	75	40	30

5. 灌溉能力

考虑阿克苏地区灌溉能力的总体状况，根据灌溉能力对耕地质量的影响，按照灌溉能力对农作物生产的满足程度划分为不同的等级，并赋予其相应的分值进行量化处理（表 3-14）。

表 3-14　灌溉能力的量化处理

灌溉能力	充分满足	满足	基本满足	不满足
分值	100	80	60	40

6. 排水能力

考虑阿克苏地区排水能力的总体状况，根据排水能力对耕地质量的影响，按照排水能力对农作物生产的满足程度划分为不同的等级，并赋予其相应的分值进行量化处理（表 3-15）。

表 3-15　排水能力的量化处理

排水能力	充分满足	满足	基本满足	不满足
分值	100	80	60	40

7. 障碍因素

根据《全国中低产田类型划分与改良技术规范》(NY/T 310—1996),结合专家意见,赋予不同质地类别相应的分值。(表 3-16)。

表 3-16　土壤质地的量化处理

障碍因素	瘠薄	沙化	无	盐碱	障碍层次	干旱灌溉型
分值	70	50	100	60	65	65

8. 生物多样性

考虑阿克苏地区生物多样性的总体状况,根据生物多样性对耕地质量的影响,按照生物多样性对农作物生产的满足程度划分为不同的等级,并赋予其相应的分值进行量化处理(表 3-17)。

表 3-17　生物多样性的量化处理

生物多样性	丰富	一般	不丰富
分值	100	85	60

9. 农田林网化

考虑阿克苏地区农田林带的总体状况,根据农田林带对耕地质量的影响,按照农田林网对农作物生产的满足程度划分为不同的等级,并赋予其相应的分值进行量化处理(表 3-18)。

表 3-18　生物多样性的量化处理

农田林网化	高	中	低
分值	100	85	70

10. 清洁程度

考虑阿克苏地区农田地膜的清洁程度,根据农田地膜对耕地质量的影响,按照农田地膜残留量的程度划分为不同的等级,并赋予其相应的分值进行量化处理(表 3-19)。

表 3-19　清洁程度的量化处理

清洁程度	清洁	尚清洁
分值	100	85

(二)定量指标的赋值处理

有机质、有效磷、速效钾、土壤容重、有效土层厚度、地下水埋深均为定量指标,均用数值大小表示其指标状态。与定性指标的量化处理方法一样,应用 DELPHI 法划分各参评因素的实测值,根据各参评因素实测值对耕地质量及作物生长的影响进行评估,确定其相应的分值,为建立各因素隶属函数奠定基础(表 3-20)。

表 3-20 定量指标的赋值处理

评价因素	专家评估												
有机质（g/kg）	50	40	35	30	25	20	15	12	10	6	4	2	
分值	100	98	95	90	85	75	65	60	50	40	25	10	
有效磷（mg/kg）	50	40	35	30	25	20	15	10	5				
分值	100	98	95	90	80	75	60	35	20				
速效钾（mg/kg）	400	300	250	200	180	150	120	100	80	50	20		
分值	100	95	90	85	80	75	70	60	40	20	10		
土壤容重（g/cm^3）	2	1.8	1.6	1.5	1.4	1.35	1.3	1.25	1.2	1.15	1.1	1	0.8
分值	20	40	70	80	90	95	100	95	90	85	80	60	40

（三）评价指标隶属函数的确定

隶属函数的确定是评价过程的关键环节。评价过程需要在确定各评价因素的隶属度基础上，计算各评价单元分值，从而确定耕地质量等级。在定性和定量指标进行量化处理后，应用 DELPHI 法，评估各参评因素等级或实测值对耕地质量及作物生长的影响，确定其相应分值对应的隶属度。应用相关的统计分析软件，绘制这两组数值的散点图，并根据散点图进行曲线模拟，寻求参评因素等级或实际值与隶属度的关系方程，从而构建各参评因素隶属函数。各参评因素的分级、对应的专家赋值和隶属度汇总情况见表 3-21、表 3-22。

表 3-21 参评因素的分级、分值及其隶属度

评价因素	专家评估												
有机质（g/kg）	50	40	35	30	25	20	15	12	10	6	4	2	
分值	100	98	95	90	85	75	65	60	50	40	25	10	
隶属度	1.00	0.98	0.95	0.90	0.85	0.75	0.65	0.60	0.50	0.40	0.25	0.10	
有效磷（mg/kg）	50	40	35	30	25	20	15	10	5				
分值	100	98	95	90	80	75	60	35	20				
隶属度	1.00	0.98	0.95	0.90	0.80	0.75	0.60	0.35	0.20				
速效钾（mg/kg）	400	300	250	200	180	150	120	100	80	50	20		
分值	100	95	90	85	80	75	70	60	40	20	10		
隶属度	1.00	0.95	0.90	0.85	0.80	0.75	0.70	0.60	0.40	0.20	0.10		
土壤容重（g/cm^3）	2.0	1.8	1.6	1.5	1.4	1.35	1.3	1.25	1.2	1.15	1.1	1.0	0.8
分值	20	40	70	80	90	95	100	95	90	85	80	60	40
隶属度	0.20	0.40	0.70	0.80	0.90	0.95	1.00	0.95	0.90	0.85	0.80	0.60	0.40
有效土层厚度（cm）	>150	120	100	80	70	60	50	40	30	20	10		
分值	100	97	95	85	75	65	60	50	30	20	10		
隶属度	1.00	0.97	0.95	0.85	0.75	0.65	0.60	0.50	0.30	0.20	0.10		

（续表）

评价因素	专家评估												
地下水埋深（m）	80	50	30	20	10	5	3	2	1	0.5	0.1		
分值	100	98	96	92	85	75	65	50	40	30	10		
隶属度	1.00	0.98	0.96	0.92	0.85	0.75	0.65	0.50	0.40	0.30	0.10		
质地	中壤	轻壤	重壤	砂壤	黏土	砂土							
分值	100	90	80	70	50	40							
隶属度	1.00	0.90	0.80	0.70	0.50	0.40							
灌溉能力	充分满足	满足	基本满足	不满足									
分值	100	80	60	40									
隶属度	1.00	0.80	0.60	0.40									
排水能力	充分满足	满足	基本满足	不满足									
分值	100	80	60	40									
隶属度	1.00	0.80	0.60	0.40									
盐渍化程度	无	轻度	中度	重度	盐土								
分值	100	90	75	40	30								
隶属度	1.00	0.90	0.75	0.40	0.30								
质地构型	上松下紧	海绵型	紧实型	夹层型	上紧下松	松散型	薄层型						
分值	100	90	70	60	50	40	40						
隶属度	1.00	0.90	0.70	0.60	0.50	0.40	0.40						
地形部位	平原低阶	平原中阶	宽谷盆地	丘陵下部	山间盆地	平原高阶	山地坡下	丘陵中部	山地坡中	丘陵上部	山地坡上	沙漠边缘	河滩地
分值	100	90	85	85	80	75	75	70	60	50	40	30	50
隶属度	1.00	0.90	0.85	0.85	0.80	0.75	0.75	0.70	0.60	0.50	0.40	0.30	0.50
地形部位	扇缘	扇缘洼地	扇间洼地										
分值	50	50	60										
隶属度	0.50	0.50	0.60										
障碍因素	无	瘠薄	障碍层次	干旱灌溉型	盐碱	沙化							
分值	100	70	65	65	60	50							
隶属度	1.00	0.70	0.65	0.65	0.60	0.50							
农田林网化	高	中	低										
分值	100	85	70										
隶属度	1.00	0.85	0.70										

（续表）

评价因素	专家评估		
生物多样性	丰富	一般	不丰富
分值	100	85	60
隶属度	1.00	0.85	0.60
清洁程度	清洁	尚清洁	
分值	100	85	
隶属度	1.00	0.85	

表 3-22　参评定量因素类型及其隶属函数

函数类型	参评因素	隶属函数	a	c	U1	U2
戒上型	有机质（g/kg）	Y=1/［1+A×（x−C）^2］	0.001 245	39.976 682	2	39
戒上型	速效钾（mg/kg）	Y=1/［1+A×（x−C）^2］	0.000 021	315.812 89	20	315
戒上型	有效磷（mg/kg）	Y=1/［1+A×（x−C）^2］	0.001 293 2	41.023 703	2	40
戒上型	地下水埋深（m）	Y=1/［1+A×（x−C）^2］	0.000 293	56.275 087	0.1	50
戒上型	有效土层厚度（cm）	Y=1/（1+A×（x−C）^2）	0.000 089	149.661 69	10	145
峰型	土壤容重	Y=1/［1+A×（x−C）^2］	6.390 02	1.310 488	0.5	2

七、耕地质量等级的确定

（一）计算耕地质量综合指数

用累加法确定耕地质量的综合指数，具体公式为：

$$IFI=\sum Fi\times Ci$$

式中：*IFI*（Integrated Fertility Index）代表耕地质量综合指数；*Fi* 为第 *i* 个因素的评语（隶属度）；*Ci* 为第 *i* 个因素的组合权重。

（二）确定最佳的耕地质量等级数目

在获取各评价单元耕地质量综合指数的基础上，选择累计频率曲线法进行耕地质量等级数目的确定。首先根据所有评价单元的综合指数，形成耕地质量综合指数分布曲线图，然后根据曲线斜率的突变点（拐点）来确定最高和最低等级的综合指数值，二至九等地采用等距法划分。最终，将阿克苏地区耕地质量划分为十个等级。各等级耕地质量综合指数见表 3-23，耕地质量综合指数分布曲线见图 3-4。

表 3-23　阿克苏地区耕地质量等级综合指数

IFI	>0. 8600	0. 8368~0. 8600	0. 8136~0. 8368	0. 7904~0. 8136	0. 7672~0. 7904
耕地质量等级	一等	二等	三等	四等	五等
IFI	0. 7440~0. 7672	0. 7208~0. 7440	0. 6676~0. 7440	0. 6744~0. 6976	<0. 6744
耕地质量等级	六等	七等	八等	九等	十等

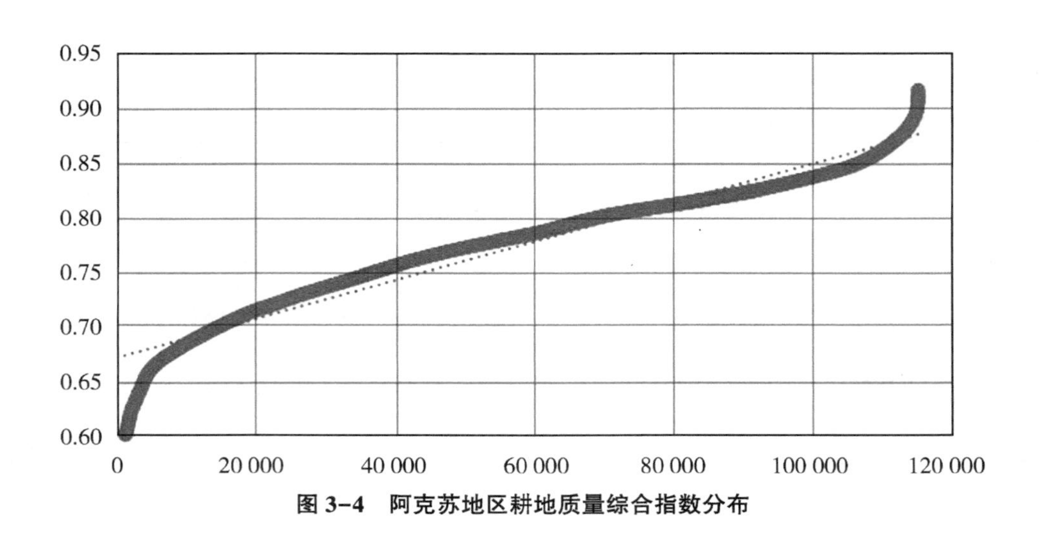

图 3-4　阿克苏地区耕地质量综合指数分布

八、耕地质量等级图的编制

为了提高制图的效率和准确性，采用地理信息系统软件 ArcGIS 进行阿克苏地区耕地质量等级图及相关专题图件的编绘处理。其步骤为：扫描并矢量化各类基础图件→编辑点、线→点、线校正处理→统一坐标系→区编辑并对其赋属性→根据属性赋颜色→根据属性加注记→图幅整饰→图件输出。在此基础上，利用软件空间分析功能，将评价单元图与其他图件进行叠加，从而生成其他专题图件。

（一）专题图地理要素底图的编制

专题图的地理要素内容是专题图的重要组成部分，用于反映专题内容的地理分布，也是图幅叠加处理等的重要依据。地理要素的选择应与专题内容相协调，考虑图面的负载量和清晰度，应选择评价区域内基本的、主要的地理要素。

以阿克苏地区最新的土地利用现状图为基础，进行制图综合处理，选取的主要地理要素包括居民点、交通道路、水系、境界线等及其相应的注记，进而编辑生成与各专题图件要素相适应的地理要素底图。

（二）耕地质量等级图的编制

以耕地质量评价单元为基础，根据各单元的耕地质量评价等级结果，对相同等级的相邻评价单元进行归并处理，得到各耕地质量等级图斑。在此基础上，分 2 个层次进行耕地质量等级的表达：一是颜色表达，即赋予不同耕地质量等级以相应的颜色。二是代号表达，用阿拉伯数字 1、2、3、4、5、6、7、8、9、10 表示不同的耕地质量等级，并在评价图相应的耕地质量等级图斑上注明。将评价专题图与以上的地理要素底图复合，整饰获得阿克苏地区耕地质量等级分布图（彩图 3-5）。

九、耕地清洁程度评价

（一）耕地环境质量评价方法

根据土壤的监测结果，通过综合污染指数进行评价，并对区域土壤环境质量进行分级、比较。综合评价指数的计算如下。

内梅罗（N. L. Nemerow）指数是一种兼顾极值或突出最大值的计权型多因子环境质量指数。其特别考虑了污染最严重的因子，内梅罗环境质量指数在加权过程中避免了权系数中主观因素的影响，是目前仍然应用较多的一种环境质量指数。

其基本计算公式：$$P_N = \sqrt{\frac{(\overline{Pi}^2 + Pi_{max}^2)}{2}} \quad (2)$$

式中为各单因子环境质量指数的平均值，为各单因子环境质量指数中最大值。

（二）耕地环境质量评价标准

依据《土壤环境质量》（GB 15618—2018）、《土壤环境监测技术规范》（HJ/T 166—2004）、《全国土壤污染状况评价技术规定》（环发〔2008〕39 号），以法内罗梅指数法计算各监测点位的综合污染指数，并对其土壤环境质量进行分级评价，评价标准见表 3-24。

表 3-24　土壤环境质量分级标准

等级	综合污染指数（P_n）	污染等级
Ⅰ	$P_n \leq 0.7$	清洁
Ⅱ	$0.7 < P_n \leq 1.0$	尚清洁
Ⅲ	$1.0 < P_n \leq 2.0$	轻度污染
Ⅳ	$2.0 < P_n \leq 3.0$	中度污染
Ⅴ	$P_n > 3.0$	重度污染

十、评价结果的验证方法

为保证评价结果的科学合理，需要对评价形成的耕地质量等级分布等结果进行审核验证，使其符合实际，更好地指导农业生产与管理。具体采用了以下方法进行耕地质量评价结果的验证。

（一）对比验证法

不同的耕地质量等级应与其相应的评价指标值相对应。高等级的耕地质量应体现较为优良的耕地理化性状，而低等级耕地则会对应较劣的耕地理化性状。因此，可汇总分析评价结果中不同耕地质量等级对应的评价指标值，通过比较不同等级的指标差异，分析耕地质量评价结果的合理性。

以灌溉能力为例，一、二、三等地的灌溉能力以“充分满足”和“满足”为主，四、五、六等地以“基本满足”为主，七至十等地则以“不满足”为主。可见，评价结果与灌溉能力指标有较好的对应关系，说明评价结果较为合理（表 3-25）。

表 3-25　阿克苏地区耕地质量各等级对应的灌溉能力占比情况　　(%)

等级	充分满足	满足	基本满足	不满足
1	36.16	29.60	22.97	11.28
2	18.27	50.14	15.10	16.49
3	18.09	59.57	8.74	13.60
4	13.01	61.40	9.66	15.93
5	14.47	61.04	7.72	16.78
6	13.48	49.34	18.87	18.31
7	9.91	32.12	40.32	17.65
8	11.01	23.62	15.76	49.61
9	13.59	18.09	9.36	58.96
10	8.55	21.31	26.38	43.76

（二）专家验证法

专家经验的验证也是判定耕地质量评价结果科学性的重要方法。应邀请熟悉区域情况及相关专业的专家，会同参与评价的专业人员，共同对属性数据赋值、等级划分、评价过程及评价结果进行系统的验证。

本次评价先后组织了自治区及阿克苏地区的土壤学、土地资源学、地理信息系统、植物营养学、地理信息系统等领域的多位专家以及基层工作技术人员，通过召开多次专题会议，对评价结果进行验证，确保了评价结果符合阿克苏地区耕地实际状况。

（三）实地验证法

以评价得到的耕地质量等级分布图为依据，随机或系统选取各等级耕地的验证样点，逐一到对应的评价地区实际地点进行调查分析，实地获取不同等级耕地的自然及社会经济信息指标数据，通过相应指标的差异，综合分析评价结果的科学合理性。

本次评价的实地验证工作由阿克苏地区农技推广中心负责组织人员展开。首先，根据各个等级耕地的空间分布状况，选取代表性的典型样点，各县市每一等级耕地选取15~20个样点，进行实地调查并查验相关的土壤理化性状指标。在此基础上，实地查看各样点的土地利用状况、地貌类型、管理情况，以及土壤质地、耕层厚度、质地构型、障碍层类型等物理性状，调查近三年的作物产量、施肥、浇水等生产管理情况，查阅土壤有机质、有效磷、速效钾含量等化学性状，通过综合考虑实际土壤环境要素、土壤理化性状及其健康状况、施肥量、经济效益等相关信息，全面分析实地调查和化验分析数据与评价结果各等级耕地属性数据，验证评价结果是否符合实际情况（表 3-26）。

表 3-26 阿克苏地区不同等级耕地典型地块实地调查信息对照

样点编号	评价等级	地点	地形部位	土类	耕层质地	农田林网化	盐渍化程度	灌溉能力
1	一	阿克苏市	平原中阶	潮土	中壤	高	无	充分满足
2	二	库车市	平原中阶	灌淤土	中壤	高	无	满足
3	三	阿瓦提县	平原低阶	潮土	中壤	高	无	充分满足
4	四	拜城县	平原高阶	潮土	中壤	中	轻度	满足
5	五	沙雅县	平原低阶	潮土	砂壤	中	轻度	满足
6	六	新和县	平原低阶	水稻土	轻壤	高	轻度	基本满足
7	七	温宿县	平原中阶	棕漠土	中壤	低	轻度	基本满足
8	八	温宿县	山地坡下	棕钙土	中壤	低	中度	基本满足
9	九	柯坪县	平原高阶	棕漠土	中壤	低	重度	不满足
10	十	乌什县	平原低阶	灌淤土	砂壤	低	无	不满足

第五节 耕地土壤养分等专题图件编制方法

一、图件的编制步骤

对于土壤 pH、总盐、有机质、全氮、碱解氮、有效磷、速效钾、有效铁、有效锰、有效锌、有效铜、有效硼、有效钼、有效硅等养分数据，首先按照野外实际调查点进行整理，建立了以调查点为记录，以各养分为字段的数据库。在此基础上，进行土壤采样样点图与分析数据库的连接，进而对各养分数据进行插值处理，形成插值图件。然后，按照相应的分级标准划分等级绘制土壤养分含量分布图。

二、图件的插值处理

本次绘制图件是将所有养分采样点数据经 ArcGIS 软件处理，利用其空间分析模块功能对各样分数据进行插值，鉴于样点数量，本次插值用反距离权重法进行，经编辑后得到养分含量分布图。反距离加权空间插值法（Inverse Distance to a Power，IDW）又被称为“距离倒数乘方法”，它是一种加权平均内插法，该方法认为任何一个观测值都对邻近的区域有影响，且影响的大小随距离的增大而减小。在实际运算中，以插值点与样本点位间的距离为权重进行加权平均，离插值点越近的样本点赋予的权重越大，即距离样本点位越近，插值数据也就越接近点位实际数值。在 ArcGIS 中先插值生成阿克苏地区养分栅格格式图件，再与评价单元图叠加，转换为矢量格式图件。

三、图件的清绘整饰

对于土壤有机质、pH 值，土壤大、中、微量元素含量分布等其他专题要素地图，按照各要素的不同分级分别赋予相应的颜色，标注相应的代号，生成专题图层。之后与地理要素底图复合，编辑处理生成相应的专题图件，并进行图幅的整饰处理。

第四章　耕地质量等级分析

第一节　耕地质量等级

一、阿克苏地区耕地质量等级分布

依据《耕地质量等级》标准，采用累加法计算耕地质量综合指数，形成耕地质量综合指数分布曲线，参考新疆耕地质量综合指数分级标准，将阿克苏地区耕地质量等级从高到低依次划分为十个等级（表4-1）。

阿克苏地区一等地耕地面积共29.63khm²，占阿克苏地区耕地面积的4.49%，一等地在阿克苏地区各县市均有分布。其中，阿克苏市6.64khm²，占该等级耕地面积的22.41%；阿瓦提县0.2khm²，占该等级耕地面积的0.67%；拜城县3.81khm²，占该等级耕地面积的12.85%；柯坪县0.1khm²，占该等级耕地面积的0.34%；库车市0.15khm²，占该等级耕地面积的0.51%；沙雅县0.53khm²，占该等级耕地面积的1.78%；温宿县14.65khm²，占该等级耕地面积的49.44%；乌什县0.01khm²，占该等级耕地面积的0.03%；新和县3.54khm²，占该等级耕地面积的11.97%。

阿克苏地区二等地耕地面积共89.61khm²，占阿克苏地区耕地面积的13.56%，二等地在阿克苏地区各县市均有分布。其中，阿克苏市27.15khm²，占该等级耕地面积的30.30%；阿瓦提县2.21khm²，占该等级耕地面积的2.46%；拜城县13.21khm²，占该等级耕地面积的14.75%；柯坪县2.6khm²，占该等级耕地面积的2.90%；库车市3.34khm²，占该等级耕地面积的3.72%；沙雅县3.38khm²，占该等级耕地面积的3.77%；温宿县26.87khm²，占该等级耕地面积的29.98%；乌什县1.68khm²，占该等级耕地面积的1.87%；新和县9.18khm²，占该等级耕地面积的10.25%。

阿克苏地区三等地耕地面积共102.33khm²，占阿克苏地区耕地面积的15.49%，三等地在阿克苏地区各县市均有分布。其中，阿克苏市25.2khm²，占该等级耕地面积的24.62%；阿瓦提县5.44khm²，占该等级耕地面积的5.32%；拜城县17.25khm²，占该等级耕地面积的16.85%；柯坪县1.83khm²，占该等级耕地面积的1.79%；库车市4.71khm²，占该等级耕地面积的4.60%；沙雅县7.48khm²，占该等级耕地面积的7.31%；温宿县11.36khm²，占该等级耕地面积的11.10%；乌什县20.65khm²，占该等级耕地面积的20.18%；新和县8.42khm²，占该等级耕地面积的8.23%。

表 4-1　阿克苏地区耕地质量等级分布

（khm^2）

含量 县市	一等地		二等地		三等地		四等地		五等地		六等地		七等地		八等地		九等地		十等地		合计	
	面积	占比（%）	面积	占比（%）	面积	占比（%）	面积	占比（%）	面积	占比（%）	面积	占比（%）	面积	占比（%）	面积	占比（%）	面积	占比（%）	面积	占比（%）	面积	占比（%）
阿克苏市	6.64	22.41	27.15	30.30	25.20	24.62	25.23	23.11	8.27	16.61	7.90	9.49	1.18	1.68	0.75	3.32	0.56	1.51	0.08	0.12	102.96	15.58
温宿县	14.65	49.44	26.87	29.98	11.36	11.10	10.11	9.26	3.55	7.13	12.87	15.45	5.32	7.53	1.60	7.13	3.98	10.67	3.67	5.51	93.97	14.22
库车市	0.15	0.51	3.34	3.72	4.71	4.60	4.48	4.10	5.29	10.63	13.45	16.15	18.45	26.12	7.18	31.94	9.10	24.43	29.79	44.81	95.94	14.52
沙雅县	0.53	1.78	3.38	3.77	7.48	7.31	10.32	9.45	6.10	12.26	13.42	16.10	17.97	25.44	4.46	19.82	7.96	21.36	10.79	16.23	82.39	12.47
新和县	3.54	11.97	9.18	10.25	8.42	8.23	10.65	9.75	1.94	3.9	5.24	6.29	4.53	6.41	0.77	3.42	0.56	1.50	0.07	0.10	44.90	6.80
拜城县	3.81	12.85	13.21	14.75	17.25	16.85	18.94	17.35	9.70	19.48	10.19	12.23	3.27	4.63	1.48	6.58	2.81	7.54	2.46	3.70	83.11	12.58
乌什县	0.01	0.03	1.68	1.87	20.65	20.18	19.27	17.65	5.15	10.35	3.61	4.34	1.86	2.64	0.001	0.003	—	—	—	—	52.24	7.91
阿瓦提县	0.20	0.67	2.21	2.46	5.44	5.32	9.29	8.51	9.06	18.19	15.41	18.50	17.15	24.29	5.85	26.04	11.71	31.43	19.61	29.50	95.93	14.52
柯坪县	0.10	0.34	2.60	2.90	1.83	1.79	0.89	0.81	0.71	1.43	1.21	1.45	0.90	1.27	0.39	1.74	0.58	1.56	0.01	0.01	9.21	1.39
总计	29.63	4.49	89.61	13.56	102.33	15.49	109.16	16.52	49.77	7.53	83.31	12.61	70.63	10.69	22.48	3.40	37.25	5.64	66.47	10.06	660.65	100.00

阿克苏地区四等地耕地面积共109.16khm^2，占阿克苏地区耕地面积的16.52%，四等地在阿克苏地区各县市均有分布。其中，阿克苏市25.23khm^2，占该等级耕地面积的23.11%；阿瓦提县9.29khm^2，占该等级耕地面积的8.51%；拜城县18.94khm^2，占该等级耕地面积的17.35%；柯坪县0.89khm^2，占该等级耕地面积的0.81%；库车市4.48khm^2，占该等级耕地面积的4.10%；沙雅县10.32khm^2，占该等级耕地面积的9.45%；温宿县10.11khm^2，占该等级耕地面积的9.26%；乌什县19.27khm^2，占该等级耕地面积的17.65%；新和县10.65khm^2，占该等级耕地面积的9.75%。

阿克苏地区五等地耕地面积共49.77khm^2，占阿克苏地区耕地面积的7.53%，五等地在阿克苏地区各县市均有分布。其中，阿克苏市8.27khm^2，占该等级耕地面积的16.61%；阿瓦提县9.06khm^2，占该等级耕地面积的18.19%；拜城县9.7khm^2，占该等级耕地面积的19.48%；柯坪县0.71khm^2，占该等级耕地面积的1.43%；库车市5.29khm^2，占该等级耕地面积的10.63%；沙雅县6.1khm^2，占该等级耕地面积的12.26%；温宿县3.55khm^2，占该等级耕地面积的7.13%；乌什县5.15khm^2，占该等级耕地面积的10.35%；新和县1.94khm^2，占该等级耕地面积的3.90%。

阿克苏地区六等地耕地面积共83.31khm^2，占阿克苏地区耕地面积的12.61%，六等地在阿克苏地区各县市均有分布。其中，阿克苏市7.9khm^2，占该等级耕地面积的9.49%；阿瓦提县15.41khm^2，占该等级耕地面积的18.50%；拜城县10.19khm^2，占该等级耕地面积的12.23%；柯坪县1.21khm^2，占该等级耕地面积的1.45%；库车市13.45khm^2，占该等级耕地面积的16.15%；沙雅县13.42khm^2，占该等级耕地面积的16.10%；温宿县12.87khm^2，占该等级耕地面积的15.45%；乌什县3.61khm^2，占该等级耕地面积的4.34%；新和县5.24khm^2，占该等级耕地面积的6.29%。

阿克苏地区七等地耕地面积共70.63khm^2，占阿克苏地区耕地面积的10.69%，七等地在阿克苏地区各县市均有分布。其中，阿克苏市1.18khm^2，占该等级耕地面积的1.68%；阿瓦提县17.15khm^2，占该等级耕地面积的24.29%；拜城县3.27khm^2，占该等级耕地面积的4.63%；柯坪县0.9khm^2，占该等级耕地面积的1.27%；库车市18.45khm^2，占该等级耕地面积的26.12%；沙雅县17.97khm^2，占该等级耕地面积的25.44%；温宿县5.32khm^2，占该等级耕地面积的7.53%；乌什县1.86khm^2，占该等级耕地面积的2.64%；新和县4.53khm^2，占该等级耕地面积的6.41%。

阿克苏地区八等地耕地面积共22.48khm^2，占阿克苏地区耕地面积的3.40%，八等地在阿克苏地区各县市均有分布。其中，阿克苏市0.75khm^2，占该等级耕地面积的3.32%；阿瓦提县5.85khm^2，占该等级耕地面积的26.04%；拜城县1.48khm^2，占该等级耕地面积的6.58%；柯坪县0.39khm^2，占该等级耕地面积的1.74%；库车市7.18khm^2，占该等级耕地面积的31.94%；沙雅县4.46khm^2，占该等级耕地面积的19.82%；温宿县1.6khm^2，占该等级耕地面积的7.13%；乌什县1hm^2，占该等级耕地面积的0.03‰；新和县0.77khm^2，占该等级耕地面积的3.42%。

阿克苏地区九等地耕地面积共37.25khm^2，占阿克苏地区耕地面积的5.64%，九等地在乌什县无分布。其中，阿克苏市0.56khm^2，占该等级耕地面积的1.51%；阿瓦提县11.71khm^2，占该等级耕地面积的31.43%；拜城县2.81khm^2，占该等级耕地面积的7.54%；柯坪县0.58khm^2，占该等级耕地面积的1.56%；库车市9.1khm^2，占该等级耕地面积的 24.43%；沙雅县 7.96khm²，占该等级耕地面积的 21.36%；温宿县 3.98khm²，占该等级耕地面积的 10.67%；新和县 0.56khm²，占该等级耕地面积的 1.50%。

阿克苏地区十等地耕地面积共 66.47khm²，占阿克苏地区耕地面积的 10.06%，十等地在乌什县无分布。其中，阿克苏市 0.08khm²，占该等级耕地面积的 0.12%；阿瓦提县 19.61khm²，占该等级耕地面积的 29.50%；拜城县 2.46khm²，占该等级耕地面积的 3.70%；柯坪县 10hm²，占该等级耕地面积的 0.01%；库车市 29.79khm²，占该等级耕地面积的 44.81%；沙雅县 10.79khm²，占该等级耕地面积的 16.23%；温宿县 3.67khm²，占该等级耕地面积的 5.51%；新和县 0.07khm²，占该等级耕地面积的 0.10%。

二、阿克苏地区耕地质量高中低等级分布

将耕地质量的十等划分为高等、中等和低等三档，即一到三等地为高等，四到六等地为中等，七到十等地为低等（下同）。阿克苏地区中等地面积比例最大，其次为高等地与低等地，其中高等地面积为 221.57khm²，占地区耕地总面积的 33.54%；中等地面积为 242.24khm²，占地区耕地总面积的 36.67%；低等地面积为 196.83khm²，占地区耕地总面积的 29.79%。详见表 4-2。

阿克苏地区高等地分布的县市中，阿克苏市所占面积最大，为 58.99khm²，占阿克苏地区高等地耕地面积的 26.62%；柯坪县所占面积最小，为 4.53khm²，占阿克苏地区高等地耕地面积的 2.04%。

阿克苏地区中等地分布的县市中，阿克苏市所占面积最大，为 41.4khm²，占阿克苏地区中等地耕地面积的 17.09%；柯坪县所占面积最小，为 2.8khm²，占阿克苏地区中等地耕地面积的 1.16%。

阿克苏地区低等地分布的县市中，库车市所占面积最大，为 64.52khm²，占阿克苏地区低等地耕地面积的 32.78%；乌什县所占面积最小，为 1.86khm²，占阿克苏地区低等地耕地面积的 0.95%。

表 4-2　阿克苏地区耕地质量高中低等级分布

等级 县市	高等		中等		低等		合计	
	面积（khm²）	占比（%）	面积（khm²）	占比（%）	面积（khm²）	占比（%）	面积（khm²）	占比（%）
阿克苏市	58.99	26.62	41.40	17.09	2.57	1.31	102.96	15.58
温宿县	52.87	23.86	26.53	10.95	14.57	7.40	93.97	14.22
库车市	8.19	3.70	23.23	9.59	64.52	32.78	95.94	14.52
沙雅县	11.38	5.14	29.84	12.32	41.17	20.92	82.39	12.47
新和县	21.15	9.54	17.83	7.36	5.92	3.01	44.90	6.80
拜城县	34.27	15.47	38.82	16.03	10.02	5.09	83.11	12.58
乌什县	22.34	10.08	28.04	11.57	1.86	0.95	52.24	7.91
阿瓦提县	7.85	3.54	33.76	13.94	54.32	27.60	95.93	14.52
柯坪县	4.53	2.04	2.80	1.16	1.88	0.95	9.21	1.39
总计	221.57	33.54	242.24	36.67	196.83	29.79	660.65	100.00

三、地形部位耕地质量高中低等级分布

阿克苏地区地形部位耕地质量高中低等级分布见表 4-3。

阿克苏地区高等地分布的地形部位中，平原中阶所占面积最大，为 131.64khm^2，占阿克苏地区高等地耕地面积的 59.41%；山地坡下所占面积最小，为 0.18khm^2，占阿克苏地区高等地耕地面积的 0.08%。

阿克苏地区中等地分布的地形部位中，平原中阶所占面积最大，为 137.45khm^2，占阿克苏地区中等地耕地面积的 56.74%；山地坡下所占面积最小，为 0.79khm^2，占阿克苏地区中等地耕地面积的 0.32%。

阿克苏地区低等地分布的地形部位中，平原中阶所占面积最大，为 103.35khm^2，占阿克苏地区低等地耕地面积的 52.51%；山地坡下所占面积最小，为 5.63khm^2，占阿克苏地区低等地耕地面积的 2.86%。

表 4-3　阿克苏地区地形部位耕地质量高中低等级分布

等级 地形部位	高等		中等		低等		合计	
	面积（khm^2）	占比（%）	面积（khm^2）	占比（%）	面积（khm^2）	占比（%）	面积（khm^2）	占比（%）
山地坡下	0.18	0.08	0.79	0.32	5.63	2.86	6.60	1.00
平原高阶	34.68	15.65	47.57	19.64	10.50	5.33	92.75	14.04
平原中阶	131.64	59.41	137.45	56.74	103.35	52.51	372.45	56.38
平原低阶	53.37	24.09	49.20	20.31	53.69	27.28	156.26	23.65
沙漠边缘	1.71	0.77	7.23	2.99	23.65	12.02	32.59	4.93
总计	221.57	33.54	242.24	36.67	196.83	29.79	660.65	100.00

四、各县市耕地质量等级分布

由表 4-1 可知，阿克苏市评价区二等地和四等地所占面积最大，合计 52.38khm^2，从一等至十等地的面积分别为 6.64khm^2、27.15khm^2、25.2khm^2、25.23khm^2、8.27khm^2、7.9khm^2、1.18khm^2、0.75khm^2、0.56khm^2 和 0.08khm^2，占比分别为 6.45%、26.37%、24.48%、24.50%、8.03%、7.67%、1.15%、0.73%、0.54%和 0.08%。

温宿县评价区二等地和一等地所占面积最大，合计 41.52khm^2，从一等至十等地的面积分别为 14.65khm^2、26.87khm^2、11.36khm^2、10.11khm^2、3.55khm^2、12.87khm^2、5.32khm^2、1.6khm^2、3.98khm^2 和 3.67khm^2，占比分别为 15.59%、28.59%、12.09%、10.76%、3.78%、13.69%、5.66%、1.70%、4.23%和 3.91%。

库车市评价区十等地和七等地所占面积最大，合计 48.24khm^2，从一等至十等地的面积分别为 0.15khm^2、3.34khm^2、4.71khm^2、4.48khm^2、5.29khm^2、13.45khm^2、18.45khm^2、7.18khm^2、9.1khm^2 和 29.79khm^2，占比分别为 0.16%、3.48%、4.91%、4.67%、5.51%、14.02%、19.23%、7.48%、9.49%和 31.05%。

沙雅县评价区六等地和七等地所占面积最大，合计31.39khm^2，从一等至十等地的面积分别为0.53khm^2、3.38khm^2、7.48khm^2、10.32khm^2、6.1khm^2、13.42khm^2、17.97khm^2、4.46khm^2、7.96khm^{2}和10.79khm^2，占比分别为0.64%、4.10%、9.08%、12.52%、7.40%、16.28%、21.81%、5.41%、9.66%和13.09%。

新和县评价区四等地和二等地所占面积最大，合计19.83khm^2，从一等至十等地的面积分别为3.54khm^2、9.18khm^2、8.42khm^2、10.65khm^2、1.94khm^2、5.24khm^2、4.53khm^2、0.77khm^2、0.56khm^{2}和0.07khm^2，占比分别为7.88%、20.45%、18.75%、23.72%、4.32%、11.67%、10.09%、1.71%、1.25%和0.16%。

拜城县评价区四等地和三等地所占面积最大，合计36.19khm^2，从一等至十等地的面积分别为3.81khm^2、13.21khm^2、17.25khm^2、18.94khm^2、9.7khm^2、10.19khm^2、3.27khm^2、1.48khm^2、2.81khm^{2}和2.46khm^2，占比分别为4.58%、15.89%、20.75%、22.79%、11.67%、12.26%、3.93%、1.78%、3.38%和2.96%。

乌什县评价区三等地和四等地所占面积最大，合计39.92khm^2，从一等至八等地的面积分别为0.01khm^2、1.68khm^2、20.65khm^2、19.27khm^2、5.15khm^2、3.61khm^2、1.86khm^{2}和0.001khm^2，占比分别为0.02%、3.22%、39.54%、36.89%、9.86%、6.91%、3.56%、0.02‰。

阿瓦提县评价区十等地和七等地所占面积最大，合计36.76khm^2，从一等至十等地的面积分别为0.2khm^2、2.21khm^2、5.44khm^2、9.29khm^2、9.06khm^2、15.41khm^2、17.15khm^2、5.85khm^2、11.71khm^{2}和19.61khm^2，占比分别为0.21%、2.30%、5.67%、9.68%、9.44%、16.06%、17.88%、6.10%、12.21%和20.44%。

柯坪县评价区二等地和三等地所占面积最大，合计4.43khm^2，从一等至十等地的面积分别为0.1khm^2、2.6khm^2、1.83khm^2、0.89khm^2、0.71khm^2、1.21khm^2、0.9khm^2、0.39khm^2、0.58khm^{2}和0.01khm^2，占比分别为1.08%、28.20%、19.85%、9.65%、7.70%、13.12%、9.76%、4.23%、6.29%和0.11%。

五、耕地质量在耕地主要土壤类型上的分布

阿克苏地区耕地中，土壤类型有潮土、灌淤土、草甸土和棕漠土等11个土类。不同土壤类型上耕地质量等级面积分布见表4-4。可以看出，阿克苏地区耕地主要土壤类型依次为潮土、草甸土和灌淤土，占耕地面积的72.20%。

一等地中，潮土、草甸土和灌淤土所占面积最大，合计19.7khm^2，占比达66.48%。其次为沼泽土、棕漠土、水稻土、棕钙土、风沙土、龟裂土、林灌草甸土和栗钙土，所占一等地面积比例分别为13.6%、9.04%、3.72%、3.7%、2.94%、0.27%、0.17%和0.08%。

二等地中，潮土、草甸土和灌淤土所占面积最大，合计61.67khm^2，占比达68.81%。其次为沼泽土、棕漠土、风沙土、棕钙土、水稻土、龟裂土、林灌草甸土和栗钙土，所占二等地面积比例分别为10.2%、9.33%、4.4%、3.34%、1.79%、1.73%、0.38%和0.02%。

三等地中，潮土、灌淤土和草甸土所占面积最大，合计73.04khm^2，占比达71.37%。其次为棕漠土、沼泽土、棕钙土、龟裂土、风沙土、水稻土和林灌草甸土，所占三等地面积比例分别为10.25%、6.95%、3.17%、2.61%、2.4%、1.69%和1.57%。

表 4-4　主要土壤类型上耕地质量等级面积与比例

（khm^2）

土类	一等地		二等地		三等地		四等地		五等地		六等地		七等地		八等地		九等地		十等地		合计	
	面积	占比（%）	面积	占比（%）	面积	占比（%）	面积	占比（%）	面积	占比（%）	面积	占比（%）	面积	占比（%）	面积	占比（%）	面积	占比（%）	面积	占比（%）	面积	占比（%）
总计（全部）	29.63	4.49	89.62	13.56	102.33	15.49	109.16	16.52	49.77	7.53	83.31	12.61	70.63	10.69	22.48	3.4	37.25	5.64	66.47	10.06	660.65	100
潮土	10.38	35.04	29.70	33.14	37.26	36.41	36.65	33.57	17.36	34.89	33.49	40.20	24.96	35.34	9.33	41.51	12.47	33.49	25.67	38.62	237.27	35.92
草甸土	4.53	15.28	18.25	20.36	16.07	15.69	21.90	20.06	10.98	22.06	16.84	20.22	20.49	29.01	4.97	22.14	10.38	27.87	15.07	22.68	139.48	21.10
灌淤土	4.79	16.16	13.72	15.31	19.71	19.27	18.31	16.78	6.64	13.33	10.93	13.12	10.55	14.94	3.71	16.49	5.21	13.97	6.69	10.06	100.26	15.18
棕漠土	2.68	9.04	8.35	9.33	10.49	10.25	9.92	9.09	5.16	10.37	5.99	7.19	2.16	3.06	0.93	4.13	3.24	8.69	2.20	3.31	51.12	7.74
沼泽土	4.03	13.60	9.14	10.20	7.11	6.95	6.67	6.11	2.21	4.44	5.00	6.00	1.92	2.72	0.41	1.80	0.96	2.59	2.12	3.19	39.57	5.99
风沙土	0.87	2.94	3.95	4.40	2.44	2.40	3.16	2.89	1.79	3.59	3.49	4.19	3.99	5.64	1.57	6.98	2.69	7.19	6.67	10.04	30.62	4.64
棕钙土	1.10	3.70	3.00	3.34	3.24	3.17	4.48	4.11	2.28	4.59	2.46	2.95	0.53	0.75	0.24	1.05	1.14	3.07	2.20	3.31	20.67	3.13
林灌草甸土	0.05	0.17	0.34	0.38	1.61	1.57	3.16	2.90	1.42	2.85	2.77	3.32	3.44	4.87	1.01	4.49	0.71	1.90	3.90	5.86	18.40	2.78
水稻土	1.10	3.72	1.61	1.79	1.73	1.69	2.79	2.56	1.27	2.54	1.77	2.13	1.52	2.16	0.28	1.26	0.12	0.32	0.34	0.51	12.53	1.90
龟裂土	0.08	0.27	1.55	1.73	2.67	2.61	2.12	1.94	0.66	1.33	0.57	0.67	1.07	1.50	0.03	0.15	0.28	0.76	0.12	0.19	9.15	1.38
栗钙土	0.02	0.08	0.01	0.02													0.05	0.15	1.49	2.23	1.58	0.24

四等地中，潮土、草甸土和灌淤土所占面积最大，合计 76.86khm²，占比达 70.41%。其次为棕漠土、沼泽土、棕钙土、林灌草甸土、风沙土、水稻土和龟裂土，所占四等地面积比例分别为 9.09%、6.11%、4.11%、2.9%、2.89%、2.56%和 1.94%。

五等地中，潮土、草甸土和灌淤土所占面积最大，合计 34.98khm²，占比达 70.28%。其次为棕漠土、棕钙土、沼泽土、风沙土、林灌草甸土、水稻土和龟裂土，所占五等地面积比例分别为 10.37%、4.59%、4.44%、3.59%、2.85%、2.54%和 1.33%。

六等地中，草甸土、潮土和灌淤土所占面积最大，合计 61.26khm²，占比达 73.54%。其次为棕漠土、沼泽土、风沙土、林灌草甸土、棕钙土、水稻土和龟裂土，所占六等地面积比例分别为 7.19%、6%、4.19%、3.32%、2.95%、2.13%和 0.67%。

七等地中，潮土、草甸土和灌淤土所占面积最大，合计 56.00khm²，占比达 79.29%。其次为风沙土、林灌草甸土、棕漠土、沼泽土、水稻土、龟裂土和棕钙土，所占七等地面积比例分别为 5.64%、4.87%、3.06%、2.72%、2.16%、1.5%和 0.75%。

八等地中，潮土、草甸土和灌淤土所占面积最大，合计 18.01khm²，占比达 80.14%。其次为风沙土、林灌草甸土、棕漠土、沼泽土、水稻土、棕钙土和龟裂土，所占八等地面积比例分别为 6.98%、4.49%、4.13%、1.8%、1.26%、1.05%和 0.15%。

九等地中，潮土、草甸土和灌淤土所占面积最大，合计 28.06khm²，占比达 75.33%。其次为棕漠土、风沙土、棕钙土、沼泽土、林灌草甸土、龟裂土、水稻土和栗钙土，所占九等地面积比例分别为 8.69%、7.19%、3.07%、2.59%、1.9%、0.76%、0.32%和 0.15%。

十等地中，潮土、草甸土和灌淤土所占面积最大，合计 47.43khm²，占比达 71.36%。其次为风沙土、林灌草甸土、棕钙土、棕漠土、沼泽土、栗钙土、水稻土和龟裂土，所占十等地面积比例分别为 10.04%、5.86%、3.31%、3.31%、3.19%、2.23%、0.51%和 0.19%。

各土类耕地质量高中低等级分布见表 4-5。草甸土耕地质量以低等为主，中等次之，高等最少。草甸土高等地力耕地占 17.53%，中等地力耕地占 20.53%，低等地力耕地占 25.87%。

风沙土和林灌草甸土以低等为主，中等次之，高等最少。风沙土高等地力耕地占 3.28%，中等地力耕地占 3.48%，低等地力耕地占 7.57%；林灌草甸土高等地力耕地占 0.90%，中等地力耕地占 3.03%，低等地力耕地占 4.60%。

潮土、水稻土和棕钙土以中等为主，高等次之，低等最少。潮土高等地力耕地占 34.90%，中等地力耕地占 36.12%，低等地力耕地占 36.80%；水稻土高等地力耕地占 2.00%，中等地力耕地占 2.41%，低等地力耕地占 1.15%；棕钙土高等地力耕地占 3.31%，中等地力耕地占 3.81%，低等地力耕地占 2.09%。

灌淤土、龟裂土、沼泽土和棕漠土以高等为主，中等次之，低等最少。灌淤土高等地力耕地占 17.25%，中等地力耕地占 14.81%，低等地力耕地占 13.29%；龟裂土高等地力耕地占 1.94%，中等地力耕地占 1.38%，低等地力耕地占 0.76%；沼泽土高等地力耕地占 9.15%，中等地力耕地占 5.73%，低等地力耕地占 2.75%；棕漠土高等地力耕地占 9.72%，中等地力耕地占 8.70%，低等地力耕地占 4.33%。栗钙土以低等为主，高等次之，无中等地。

表 4-5　各土类耕地质量高中低等级分布

等级 土类	高等		中等		低等		合计	
	面积（khm^2）	占比（%）	面积（khm^2）	占比（%）	面积（khm^2）	占比（%）	面积（khm^2）	占比（%）
潮土	77.33	34.90	87.50	36.12	72.44	36.80	237.27	35.92
草甸土	38.83	17.53	49.72	20.53	50.91	25.87	139.48	21.11
灌淤土	38.22	17.25	35.88	14.81	26.15	13.29	100.26	15.18
棕漠土	21.53	9.72	21.07	8.70	8.53	4.33	51.12	7.74
沼泽土	20.27	9.15	13.88	5.73	5.41	2.75	39.57	5.99
风沙土	7.27	3.28	8.44	3.48	14.91	7.57	30.62	4.64
棕钙土	7.34	3.31	9.22	3.81	4.11	2.09	20.67	3.13
林灌草甸土	2.00	0.90	7.35	3.03	9.05	4.60	18.40	2.78
水稻土	4.44	2.00	5.83	2.41	2.27	1.15	12.53	1.90
龟裂土	4.30	1.94	3.34	1.38	1.50	0.76	9.15	1.38
栗钙土	0.04	0.02			1.54	0.79	1.58	0.10

第二节　一等地耕地质量等级特征

一、一等地分布特征

（一）区域分布

阿克苏地区一等地耕地面积 29.63khm^2，占阿克苏地区耕地面积的 4.49%。其中，阿克苏市 6.64khm^2，占阿克苏市耕地的 6.45%；温宿县 14.65khm^2，占温宿县耕地的 15.59%；库车市 0.15khm^2，占库车市耕地的 0.16%；沙雅县 0.53khm^2，占沙雅县耕地的 0.64%；新和县 3.54khm^2，占新和县耕地的 7.90%；拜城县 3.81khm^2，占拜城县耕地的 4.58%；乌什县 0.01khm^2，占乌什县耕地的 0.02%；阿瓦提县 0.20khm^2，占阿瓦提县耕地的 0.21%；柯坪县 0.10khm^2，占柯坪县耕地的 1.09%。

表 4-6　各县市一等地面积及占辖区耕地面积的比例

县市	面积（khm^2）	比例（%）	县市	面积（khm^2）	比例（%）
阿克苏市	6.64	6.45	拜城县	3.81	4.58
温宿县	14.65	15.59	乌什县	0.01	0.02
库车市	0.15	0.16	阿瓦提县	0.20	0.21
沙雅县	0.53	0.64	柯坪县	0.10	1.09
新和县	3.54	7.90			

一等地在县域的分布上差异较小。一等地面积占全县耕地面积的比例在 10%～20%间

的有 1 个，为温宿县。

一等地面积占全县耕地面积的比例在 10%以下的有 8 个，分别是阿克苏市、阿瓦提县、拜城县、柯坪县、库车市、沙雅县、乌什县和新和县。

（二）土壤类型

从土壤类型来看，阿克苏地区一等地分布面积和比例最大的土壤类型分别是潮土、灌淤土和草甸土，分别占一等地总面积的 35.04%、16.16%和 15.28%，其次是棕漠土、沼泽土、水稻土、棕钙土和风沙土等，其他土类分布面积较少。详见表 4-7。

表 4-7　一等地耕地主要土壤类型耕地面积与比例

土壤类型	面积（khm^2）	比例（%）
潮土	10.38	35.04
灌淤土	4.79	16.16
草甸土	4.53	15.28
沼泽	4.03	13.60
棕漠土	2.68	9.04
水稻土	1.10	3.72
棕钙土	1.10	3.70
风沙土	0.87	2.94
龟裂土	0.08	0.27
林灌草甸土	0.05	0.17
栗钙土	0.02	0.08
总计	29.63	100.00

二、一等地属性特征

（一）地形部位

一等地的地形部位面积与比例如表 4-8 所示。一等地在平原中阶分布最多，面积为 19.13khm^2，占一等地总面积的 64.58%，占阿克苏地区耕地平原中阶总面积的 5.14%；一等地在平原低阶分布面积为 6.47khm^2，占一等地总面积的 21.84%，占阿克苏地区耕地平原低阶总面积的 4.14%；一等地在平原高阶和沙漠边缘分布面积为 4.024khm^2，占一等地总面积的 13.57%。

表 4-8　一等地的地形部位面积与比例

地形部位	面积（khm^2）	比例（%）	占相同地形部位的比例（%）
平原高阶	4.02	13.57	4.34
平原中阶	19.13	64.58	5.14
平原低阶	6.47	21.84	4.14
沙漠边缘	0.004	0.01	0.01

（二）灌溉能力

一等地中，灌溉能力为不满足的耕地面积为 1.25khm²，占一等地面积的 4.21%，占阿克苏地区相同灌溉能力耕地总面积的 1.06%；灌溉能力为基本满足的耕地面积为 3.90khm²，占一等地面积的 13.15%，占阿克苏地区相同灌溉能力耕地总面积的 3.94%；灌溉能力为满足的耕地面积为 9.77khm²，占一等地面积的 32.97%，占阿克苏地区相同灌溉能力耕地总面积的 2.79%；灌溉能力为充分满足的耕地面积为 14.72khm²，占一等地面积的 49.67%，占阿克苏地区相同灌溉能力耕地总面积的 15.55%（表 4-9）。

表 4-9　不同灌溉能力下一等地的面积与比例

灌溉能力	面积（khm²）	比例（%）	占相同灌溉能力的比例（%）
不满足	1.25	4.21	1.06
基本满足	3.90	13.15	3.94
满足	9.77	32.97	2.79
充分满足	14.72	49.67	15.55

（三）质地

耕层质地在阿克苏地区一等地中的面积及占比如表 4-10 所示。一等地中，耕层质地以中壤为主，面积达 21.37khm²，占比为 72.12%；其次是重壤，面积为 3.33khm²，占比为 11.23%；其他质地所占比例较低。

表 4-10　一等地与耕层质地

质地	面积（khm²）	比例（%）	占相同质地耕地面积（%）
砂土	0.28	0.95	1.16
砂壤	1.99	6.71	1.67
轻壤	2.56	8.64	1.94
中壤	21.37	72.12	7.48
重壤	3.33	11.23	4.28
黏土	0.10	0.35	0.47
总计	29.63	100.00	17.00

（四）盐渍化程度

本次评价将盐渍化程度分为无盐渍化、轻度盐渍化、中度盐渍化、重度盐渍化和盐土五类。一等地的盐渍化程度见表 4-11。无盐渍化的耕地面积为 14.21khm²，占一等地总面积的 47.97%；轻度盐渍化的耕地面积为 12.15khm²，占一等地总面积的 41.00%；中度盐渍化的耕地面积为 2.79khm²，占一等地总面积的 9.42%；重度盐渍化的耕地面积为 0.48khm²，占一等地总面积的 1.61%。

表 4-11　一等地的盐渍化程度

盐渍化程度	面积（khm^2）	比例（%）	占相同盐渍化程度耕地面积（%）
无	14. 21	47. 97	6. 38
轻度	12. 15	41. 00	3. 53
中度	2. 79	9. 42	19. 50
重度	0. 48	1. 61	5. 57
总计	29. 63	100. 00	19. 11

（五）养分状况

对阿克苏地区一等地耕层养分进行统计如表 4-12 所示。一等地的养分含量平均值分别为：有机质 20. 0g/kg、全氮 1. 03g/kg、碱解氮 50. 6mg/kg、有效磷 29. 6mg/kg、速效钾 135mg/kg、缓效钾 947mg/kg、有效硼 1. 6mg/kg、有效钼 0. 08mg/kg、有效铜 8. 50mg/kg、有效铁 14. 9mg/kg、有效锰 7. 7mg/kg、有效锌 0. 79mg/kg、有效硅 101. 88mg/kg、有效硫 389. 65mg/kg。

表 4-12　一等地耕地土壤养分含量

项目	平均值	标准差
有机质（g/kg）	20. 0	5. 5
全氮（g/kg）	1. 03	0. 18
碱解氮（mg/kg）	50. 6	21. 7
有效磷（mg/kg）	29. 6	9. 3
速效钾（mg/kg）	135	37
缓效钾（mg/kg）	947	236
有效硼（mg/kg）	1. 6	0. 9
有效钼（mg/kg）	0. 08	0. 04
有效铜（mg/kg）	8. 5	6. 68
有效铁（mg/kg）	14. 9	4. 6
有效锰（mg/kg）	7. 7	3. 1
有效锌（mg/kg）	0. 79	0. 42
有效硅（mg/kg）	101. 88	52. 12
有效硫（mg/kg）	389. 65	232. 13

对阿克苏地区一等地中各县市的土壤养分含量平均值比较见表 4-13，可以发现有机质含量沙雅县最高，为 31. 2g/kg，柯坪县最低，为 13. 8g/kg；全氮含量阿瓦提县最高，为 1. 27g/kg，新和县最低，为 0. 88g/kg；碱解氮含量阿克苏市最高，为 74. 6g/kg，沙雅县最低，为 40. 1mg/kg；有效磷含量乌什县最高，为 40. 3mg/kg，沙雅县最低，为 22. 0mg/kg；速效钾含量柯坪县最高，为 205mg/kg，乌什县最低，为 116mg/kg；缓效钾

含量新和县最高，为 1 167mg/kg，乌什县最低，为466mg/kg。微量元素硼、钼、铜、铁、锰、锌的有效含量各有高低，差异不明显。

表 4-13　一等地中各县市土壤养分含量平均值比较

养分项目	阿克苏市	温宿县	库车市	沙雅县	新和县	拜城县	乌什县	阿瓦提县	柯坪县
有机质（g/kg）	14.6	20.8	17.5	31.2	15.1	27.0	18.4	15.2	13.8
全氮（g/kg）	0.97	0.90	1.26	1.04	0.88	0.98	1.12	1.27	1.15
碱解氮（mg/kg）	74.6	43.1	48.3	40.1	43.5	74.3	51.3	48.6	45.2
有效磷（mg/kg）	34.5	29.9	26.9	22.0	30.8	34.4	40.3	27.0	23.9
速效钾（mg/kg）	167	121	161	156	134	127	116	167	205
缓效钾（mg/kg）	841	699	883	1 103	1 167	1 093	466	806	693
有效硼（mg/kg）	1.8	1.5	0.6	0.6	1.1	2.2	0.8	2.1	1.9
有效钼（mg/kg）	0.09	0.09	0.19	0.11	0.1	0.07	0.05	0.04	0.07
有效铜（mg/kg）	3.64	13.49	10.22	12.85	13.49	3.73	5.78	10.4	10.21
有效铁（mg/kg）	13.0	16.6	21.7	19.4	16.3	13.1	14.1	22.6	17.7
有效锰（mg/kg）	6.2	9.0	14.3	12.4	8.6	6.3	7.7	14.1	13.3
有效锌（mg/kg）	0.63	1.23	0.92	1.18	0.79	0.49	0.75	0.91	0.47
有效硅（mg/kg）	62.44	82.38	159.54	143.57	171.13	96.34	120.57	46.42	43.4
有效硫（mg/kg）	337.87	137.07	290.02	377.12	622.99	478.53	34.09	450.63	1 146.11

一等地有机质含量为一级（>25.0g/kg）的面积为 6.48khm²，占比 21.88%；有机质含量为二级（20.0~25.0g/kg）的面积为 8.53khm²，占比 28.78%；有机质含量为三级（15.0~20.0g/kg）的面积为 11.83khm²，占比 39.93%；有机质含量为四级（10.0~15.0g/kg）的面积为 2.78khm²，占比 9.37%；有机质含量为五级（≤10.0g/kg）的面积为 0.01khm²，占比 0.04%。表明阿克苏地区一等地有机质含量以中等偏高为主，偏低的面积和比例较少。

一等地全氮含量为二级（1.00~1.50g/kg）的面积为 9.87khm²，占比 33.33%；全氮含量为三级（0.75~1.00g/kg）的面积为 15.04khm²，占比 50.75%；全氮含量为四级（0.50 ~ 0.75g/kg）的面积为 4.57khm²，占比 15.43%；全氮含量为五级（≤0.50g/kg）的面积为 0.14khm²，占比 0.48%。表明阿克苏地区一等地全氮含量以中等为主，偏下的面积和比例较少。

一等地碱解氮含量为二级（120~150mg/kg）的面积为 4hm²，占比 0.01%；碱解氮含量为三级（90~120mg/kg）的面积为 2.34khm²，占比 7.89%；碱解氮含量为四级（60~90gmg/kg）的面积为 5.61khm²，占比 18.92%；碱解氮含量为五级（≤60mg/kg）的面积为 21.68khm²，占比 73.18%。表明阿克苏地区一等地碱解氮含量以偏下为主，中等偏上的面积和比例较少。

一等地有效磷含量为一级（>30.0mg/kg）的面积为 13.27khm²，占比 44.79%；有效磷含量为二级（20.0~30.0mg/kg）的面积为15.35khm²，占比51.80%；有效磷含量为三级（15.0~20.0mg/kg）的面积为0.99khm²，占比3.34%；有效磷含量为四级（8.0~15.0mg/kg）的面积为0.02khm²，占比0.07%。表明阿克苏地区一等地有效磷含量以偏上为主，偏下的面积和比例较少。

一等地速效钾含量为一级（>250mg/kg）的面积为0.1khm²，占比0.33%；速效钾含量为二级（200~250mg/kg）的面积为2.11khm²，占比7.12%；速效钾含量为三级（150~200mg/kg）的面积为6.19khm²，占比20.89%；速效钾含量为四级（100~150mg/kg）的面积为16.68khm²，占比56.30%；速效钾含量为五级（≤100mg/kg）的面积为4.55khm²，占比15.36%。表明阿克苏地区一等地速效钾含量以中等偏下为主，偏高的面积和比例较少。

表4-14　一等地土壤养分各级别面积与比例

养分等级	一级		二级		三级		四级		五级	
	面积（khm²）	比例（%）	面积（khm²）	比例（%）	面积（khm²）	比例（%）	面积（khm²）	比例（%）	面积（khm²）	比例（%）
有机质	6.48	21.88	8.53	28.78	11.83	39.93	2.78	9.37	0.01	0.04
全氮			9.87	33.33	15.04	50.75	4.57	15.43	0.14	0.48
碱解氮			0.004	0.01	2.34	7.89	5.61	18.92	21.68	73.18
有效磷	13.27	44.79	15.35	51.80	0.99	3.34	0.02	0.07		
速效钾	0.10	0.33	2.11	7.12	6.19	20.89	16.68	56.3	4.55	15.36

第三节　二等地耕地质量等级特征

一、二等地分布特征

（一）区域分布

阿克苏地区二等地耕地面积89.61khm²，占阿克苏地区耕地面积的13.56%。其中，阿克苏市27.15khm²，占阿克苏市耕地的26.37%；温宿县26.87khm²，占温宿县耕地的28.59%；库车市3.34khm²，占库车市耕地的3.48%；沙雅县3.38khm²，占沙雅县耕地的4.10%；新和县9.18khm²，占新和县耕地的20.45%；拜城县13.21khm²，占拜城县耕地的15.90%；乌什县1.68khm²，占乌什县耕地的3.21%；阿瓦提县2.21khm²，占阿瓦提县耕地的2.30%；柯坪县2.60khm²，占柯坪县耕地的28.19%。

表4-15　各县市二等地面积及占辖区耕地面积的比例

县市	面积（khm²）	占比（%）	县市	面积（khm²）	占比（%）
阿克苏市	27.15	26.37	拜城县	13.21	15.90

（续表）

县市	面积（khm^2）	占比（%）	县市	面积（khm^2）	占比（%）
温宿县	26.87	28.59	乌什县	1.68	3.21
库车市	3.34	3.48	阿瓦提县	2.21	2.30
沙雅县	3.38	4.10	柯坪县	2.60	28.19
新和县	9.18	20.45			

二等地在县域的分布上差异较大。二等地面积占全县耕地面积的比例在20%~30%间的有4个，分别是阿克苏市、柯坪县、温宿县和新和县。

二等地面积占全县耕地面积的比例在10%~20%间的有1个，为拜城县。

二等地面积占全县耕地面积的比例在10%以下的有4个，分别是库车市、阿瓦提县、沙雅县和乌什县。

（二）土壤类型

从土壤类型来看，阿克苏地区二等地分布面积和比例最大的土壤类型分别是潮土、草甸土和灌淤土，分别占二等地总面积的33.14%、20.36%和15.31%，其次是沼泽土、棕漠土、风沙土和水稻土等，其他土类分布面积较少。详见表4-16。

表4-16　二等地耕地主要土壤类型耕地面积与比例

土壤类型	面积（khm^2）	比例（%）
潮土	29.70	33.14
草甸土	18.25	20.36
灌淤土	13.72	15.31
沼泽土	9.14	10.20
棕漠土	8.35	9.33
风沙土	3.95	4.40
棕钙土	3.00	3.34
水稻土	1.61	1.79
龟裂土	1.55	1.73
林灌草甸土	0.34	0.38
栗钙土	0.01	0.02
总计	89.62	100.00

二、二等地属性特征

（一）地形部位

二等地的地形部位面积与比例如表4-17所示。二等地在平原高阶分布面积为11.31khm^2，占二等地总面积的12.62%，占阿克苏地区耕地平原高阶总面积的12.19%；

二等地在平原中阶分布最多，面积为 51.74khm²，占二等地总面积的 57.74%，占阿克苏地区耕地平原中阶总面积的 13.89%；二等地在平原低阶分布面积为 25.95khm²，占二等地总面积的 28.96%，占阿克苏地区耕地平原低阶总面积的 16.61%；二等地在沙漠边缘分布面积为 0.62khm²，占二等地总面积的 0.68%。

表 4-17　二等地的地形部位面积与比例

地形部位	面积（khm²）	比例（%）	占相同地形部位的比例（%）
平原高阶	11.31	12.62	12.19
平原中阶	51.74	57.74	13.89
平原低阶	25.95	28.96	16.61
沙漠边缘	0.62	0.68	1.89

（二）灌溉能力

二等地中，灌溉能力为不满足的耕地面积为 6.27khm²，占二等地面积的 7.00%，占阿克苏地区相同灌溉能力耕地总面积的 5.34%；灌溉能力为基本满足的耕地面积为 10.93khm²，占二等地面积的 12.20%，占阿克苏地区相同灌溉能力耕地总面积的 11.06%；灌溉能力为满足的耕地面积为 59.69khm²，占二等地面积的 66.61%，占阿克苏地区相同灌溉能力耕地总面积的 17.06%；灌溉能力为充分满足的耕地面积为 12.72khm²，占二等地面积的 14.19%，占阿克苏地区相同灌溉能力耕地总面积的 13.44%。

表 4-18　不同灌溉能力下二等地的面积与比例

灌溉能力	面积（khm²）	比例（%）	占相同灌溉能力的比例（%）
不满足	6.27	7.00	5.34
基本满足	10.93	12.20	11.06
满足	59.69	66.61	17.06
充分满足	12.72	14.19	13.44

（三）质地

耕层质地在阿克苏地区二等地中的面积及占比如表 4-19 所示。二等地中，耕层质地以中壤为主，面积达 57.46khm²，占比为 64.13%；其次是重壤；面积为 13.70khm²，占比为 15.29%；另外轻壤占二等地总面积的 11.08%，其他质地所占比例较低。

表 4-19　二等地与耕层质地

质地	面积（khm²）	比例（%）	占相同质地耕地面积（%）
砂土	1.39	1.56	5.78
砂壤	6.29	7.01	5.27

（续表）

质地	面积（khm^2）	比例（%）	占相同质地耕地面积（%）
轻壤	9.93	11.08	7.53
中壤	57.46	64.13	20.12
重壤	13.70	15.29	17.62
黏土	0.84	0.93	3.81
总计	89.61	100.00	60.13

（四）盐渍化程度

二等地的盐渍化程度见表 4-20。无盐渍化的耕地面积为 38.51khm^2，占二等地总面积的 42.98%；轻度盐渍化的耕地面积为 40.26khm^2，占二等地总面积的 44.92%；中度盐渍化的耕地面积为 8.52khm^2，占二等地总面积的 9.51%；重度盐渍化的耕地面积为 2.30khm^2，占二等地总面积的 2.57%；盐土耕地面积为 20hm^2，占二等地总面积的 0.02%。

表 4-20　二等地的盐渍化程度

盐渍化程度	面积（khm^2）	比例（%）	占相同盐渍化程度耕地面积（%）
无	38.51	42.98	17.29
轻度	40.26	44.92	11.71
中度	8.52	9.51	9.92
重度	2.30	2.57	28.76
盐土	0.02	0.02	11.19
总计	89.61	100.00	78.87

（五）养分状况

对阿克苏地区二等地耕层养分进行统计如表 4-21 所示。二等地的养分含量平均值分别为：有机质 15.9g/kg、全氮 0.91g/kg、碱解氮 58.3mg/kg、有效磷 26.6mg/kg、速效钾 154mg/kg、缓效钾 941mg/kg、有效硼 1.6mg/kg、有效钼 0.09mg/kg、有效铜 8.61mg/kg、有效铁 16.2mg/kg、有效锰 7.7mg/kg、有效锌 0.87mg/kg、有效硅 95.55mg/kg、有效硫 399.76mg/kg。

表 4-21　二等地耕地土壤养分含量

项目	平均值	标准差
有机质（g/kg）	15.9	7.0
全氮（g/kg）	0.91	0.19
碱解氮（mg/kg）	58.3	19.4
有效磷（mg/kg）	26.6	7.9
速效钾（mg/kg）	154	37

（续表）

项目	平均值	标准差
缓效钾（mg/kg）	941	236
有效硼（mg/kg）	1.6	2.1
有效钼（mg/kg）	0.09	0.04
有效铜（mg/kg）	8.61	6.66
有效铁（mg/kg）	16.2	5.1
有效锰（mg/kg）	7.7	3.5
有效锌（mg/kg）	0.87	1.94
有效硅（mg/kg）	95.55	50.21
有效硫（mg/kg）	399.76	235.92

对阿克苏地区二等地中各县市的土壤养分含量平均值比较见表4-22，可以发现有机质含量沙雅县最高，为27.1g/kg，柯坪县最低，为11.8g/kg；全氮含量库车市最高，为1.18g/kg，阿克苏市最低，为0.88g/kg；碱解氮含量阿克苏市最高，为67.6mg/kg，沙雅县最低，为40.9mg/kg；有效磷含量新和县最高，为31.4mg/kg，沙雅县最低，为22.5mg/kg；速效钾含量柯坪县最高，为171mg/kg，乌什县最低，为111mg/kg；缓效钾含量新和县最高，为1 174mg/kg，乌什县最低，为428mg/kg。微量元素硼、钼、铜、铁、锰、锌的有效含量各有高低，差异不明显。

表4-22　二等地中各县市土壤养分含量平均值比较

养分项目	阿克苏市	温宿县	库车市	沙雅县	新和县	拜城县	乌什县	阿瓦提县	柯坪县
有机质（g/kg）	12.0	16.4	13.6	27.1	12.3	25.5	15.9	14.6	11.8
全氮（g/kg）	0.88	0.89	1.18	1.04	0.88	0.89	0.93	1.16	1.09
碱解氮（mg/kg）	67.6	41.8	45.5	40.9	42.9	66.9	54.8	44.9	42.7
有效磷（mg/kg）	25.5	29.6	23.5	22.5	31.4	25.5	27.4	23.7	23.2
速效钾（mg/kg）	158	134	168	156	129	133	111	157	171
缓效钾（mg/kg）	829	753	1 062	1 112	1 174	1 091	428	809	654
有效硼（mg/kg）	1.7	2.7	0.6	0.6	1.0	1.6	0.8	2.1	1.7
有效钼（mg/kg）	0.09	0.09	0.16	0.13	0.09	0.07	0.05	0.05	0.07
有效铜（mg/kg）	5.76	14.96	9.59	12.05	14.64	5.94	6.91	10.13	11.18
有效铁（mg/kg）	16.0	16.9	20.2	19.7	16.0	16.1	8.5	20.3	19.3
有效锰（mg/kg）	6.5	8.9	13.5	12.7	8.2	6.7	5.5	13.3	12.8
有效锌（mg/kg）	0.67	2.3	0.79	1.55	0.73	0.5	0.89	0.81	0.56
有效硅（mg/kg）	61.26	67.06	149.16	145.46	182.96	102.36	98.91	47.57	52.96
有效硫（mg/kg）	302.07	176.54	286.55	354.89	667.42	510.91	40.07	436.54	839.59

二等地有机质含量为一级（>25.0g/kg）的面积为19.37khm^2，占比21.62%；有机质

含量为二级（20.0~25.0g/kg）的面积为24.85khm²，占比27.73%；有机质含量为三级（15.0~20.0g/kg）的面积为25.81khm²，占比28.81%；有机质含量为四级（10.0~15.0g/kg）的面积为18.72khm²，占比20.89%；有机质含量为五级（≤10.0g/kg）的面积为0.86khm²，占比0.96%。表明阿克苏地区二等地有机质含量以中等偏上为主，偏低的面积和比例较少。

二等地全氮含量为二级（1.00~1.50g/kg）的面积为23.87khm²，占比26.64%；全氮含量为三级（0.75~1.00g/kg）的面积为51.02khm²，占比56.93%；全氮含量为四级（0.50~0.75g/kg）的面积为14.64khm²，占比16.33%；全氮含量为五级（≤0.50g/kg）的面积为0.09khm²，占比0.10%。表明阿克苏地区二等地全氮含量以中等为主，偏下和偏上的面积和比例较少。

二等地碱解氮含量为二级（120~150mg/kg）的面积为0.03khm²，占比0.03%；碱解氮含量为三级（90~120mg/kg）的面积为4.44khm²，占比4.95%；碱解氮含量为四级（60~90gmg/kg）的面积为23.19khm²，占比25.88%；碱解氮含量为五级（≤60mg/kg）的面积为61.95khm²，占比69.13%。表明阿克苏地区二等地碱解氮含量以偏下为主，中等和偏上的面积和比例较少。

二等地有效磷含量为一级（>30.0mg/kg）的面积为23.65khm²，占比26.40%；有效磷含量为二级（20.0~30.0mg/kg）的面积为52.17khm²，占比58.22%；有效磷含量为三级（15.0~20.0mg/kg）的面积为12.55khm²，占比14.00%；有效磷含量为四级（8.0~15.0mg/kg）的面积为1.24khm²，占比1.38%。表明阿克苏地区二等地有效磷含量以中等为主。

二等地速效钾含量为一级（>250mg/kg）的面积为0.79khm²，占比0.88%；速效钾含量为二级（200~250mg/kg）的面积为9.69khm²，占比10.82%；速效钾含量为三级（150~200mg/kg）的面积为25.01khm²，占比27.91%；速效钾含量为四级（100~150mg/kg）的面积为46.62khm²，占比52.02%；速效钾含量为五级（≤100mg/kg）的面积为7.51khm²，占比8.38%。表明阿克苏地区二等地速效钾含量以中等偏下为主，偏高的面积和比例较少。详见表4-23。

表4-23　二等地土壤养分各级别面积与比例

养分等级	一级		二级		三级		四级		五级	
	面积（khm²）	比例（%）	面积（khm²	比例（%）	面积（khm²	比例（%）	面积（khm²	比例（%）	面积（khm²	比例（%）
有机质	19.37	21.62	24.85	27.73	25.81	28.81	18.72	20.89	0.86	0.96
全氮			23.87	26.64	51.02	56.93	14.64	16.33	0.09	0.10
碱解氮			0.03	0.03	4.44	4.95	23.19	25.88	61.95	69.13
有效磷	23.65	26.40	52.17	58.22	12.55	14.00	1.24	1.38		
速效钾	0.79	0.88	9.69	10.82	25.01	27.91	46.62	52.02	7.51	8.38

第四节　三等地耕地质量等级特征

一、三等地分布特征

（一）区域分布

阿克苏地区三等地耕地面积 102.33khm²，占阿克苏地区耕地面积的 15.49%。其中，阿克苏市 25.20khm²，占阿克苏市耕地的 24.47%；温宿县 11.36khm²，占温宿县耕地的 12.09%；库车市 4.71khm²，占库车市耕地的 4.91%；沙雅县 7.48khm²，占沙雅县耕地的 9.08%；新和县 8.42khm²，占新和县耕地的 18.75%；拜城县 17.25khm²，占拜城县耕地的 20.75%；乌什县 20.65khm²，占乌什县耕地的 39.54%；阿瓦提县 5.44khm²，占阿瓦提县耕地的 5.67%；柯坪县 1.83khm²，占柯坪县耕地的 19.90%（表 4-24）。

表 4-24　各县市三等地面积及占辖区耕地面积的比例

县市	面积（khm²）	占比（%）	县市	面积（khm²）	占比（%）
阿克苏市	25.20	24.47	拜城县	17.25	20.75
温宿县	11.36	12.09	乌什县	20.65	39.54
库车市	4.71	4.91	阿瓦提县	5.44	5.67
沙雅县	7.48	9.08	柯坪县	1.83	19.90
新和县	8.42	18.75			

三等地在县域的分布上差异较大。三等地面积占全县耕地面积的比例在 30%～40%间的有 1 个，为乌什县。

三等地面积占全县耕地面积的比例在 20%～30%间的有 2 个，分别是阿克苏市和拜城县。

三等地面积占全县耕地面积的比例在 10%～20%间的有 3 个，分别是温宿县、新和县和柯坪县。

三等地面积占全县耕地面积的比例在 10%以下的有 3 个，分别是库车市、阿瓦提县和沙雅县。

（二）土壤类型

从土壤类型来看，阿克苏地区三等地分布面积和比例最大的土壤类型分别是潮土、灌淤土和草甸土，分别占三等地总面积的 36.41%、19.27%和 15.68%，其次是棕漠土、沼泽土等，其他土类分布面积较少。详见表 4-25。

表 4-25　三等地耕地主要土壤类型耕地面积与比例

土壤类型	面积（khm²）	比例（%）
潮土	37.26	36.41

（续表）

土壤类型	面积（khm^2）	比例（%）
灌淤土	19.72	19.27
草甸土	16.06	15.68
棕漠土	10.49	10.25
沼泽土	7.11	6.95
棕钙土	3.24	3.17
龟裂土	2.67	2.61
风沙土	2.46	2.40
水稻土	1.73	1.69
林灌草甸土	1.61	1.57
总计	102.35	100

二、三等地属性特征

（一）地形部位

三等地的地形部位面积与比例如表4-26所示。三等地在平原高阶分布面积为19.35khm^2，占三等地总面积的18.91%，占阿克苏地区耕地平原高阶总面积的20.86%；三等地在平原中阶分布最多，面积为60.77khm^2，占三等地总面积的59.38%，占阿克苏地区耕地平原中阶总面积的16.32%；三等地在平原低阶分布面积为20.95khm^2，占三等地总面积的20.48%，占阿克苏地区耕地平原低阶总面积的13.41%；三等地在沙漠边缘和山地坡下分布面积为1.27khm^2，占三等地总面积的1.23%。

表4-26　三等地的地形部位面积与比例

地形部位	面积（khm^2）	比例（%）	占相同地形部位的比例（%）
山地坡下	0.18	0.17	2.65
平原高阶	19.35	18.91	20.86
平原中阶	60.77	59.38	16.32
平原低阶	20.95	20.48	13.41
沙漠边缘	1.09	1.06	3.34

（二）灌溉能力

三等地中，灌溉能力为不满足的耕地面积为8.48khm^2，占三等地面积的8.29%，占阿克苏地区相同灌溉能力耕地总面积的7.22%；灌溉能力为基本满足的耕地面积为10.90khm^2，占三等地面积的10.65%，占阿克苏地区相同灌溉能力耕地总面积的11.03%；灌溉能力为满足的耕地面积为63.93khm^2，占三等地面积的62.47%，占阿克苏地区相同灌溉能力耕地总面积的18.28%；灌溉能力为充分满足的耕地面积为19.03khm^2，占三等地面积的 18.59%，占阿克苏地区相同灌溉能力耕地总面积的 20.10%（表 4-27）。

表 4-27　不同灌溉能力下三等地的面积与比例

灌溉能力	面积（khm^2）	比例（%）	占相同灌溉能力的比例（%）
不满足	8.48	8.29	7.22
基本满足	10.90	10.65	11.03
满足	63.93	62.47	18.28
充分满足	19.03	18.59	20.10

（三）质地

耕层质地在阿克苏地区三等地中的面积及占比如表 4-28 所示。三等地中，耕层质地以中壤为主，面积达 39.01khm^2，占比为 38.12%；其次是轻壤，面积为 30.19khm^2，占比为 29.50%；另外重壤占三等地总面积的 18.70%，其他质地所占比例较低。

表 4-28　三等地与耕层质地

质地	面积（khm^2）	比例（%）	占相同质地耕地面积（%）
砂土	2.42	2.37	10.04
砂壤	9.26	9.05	7.77
轻壤	30.19	29.50	22.89
中壤	39.01	38.12	13.66
重壤	19.14	18.70	24.62
黏土	2.31	2.26	10.48
总计	102.33	100.00	89.46

（四）盐渍化程度

三等地的盐渍化程度见表 4-29。无盐渍化的耕地面积为 51.05khm^2，占三等地总面积的 49.88%；轻度盐渍化的耕地面积为 40.03khm^2，占三等地总面积的 39.12%；中度盐渍化的耕地面积为 9.27khm^2，占三等地总面积的 9.06%；重度盐渍化的耕地面积为 1.98khm^2，占三等地总面积的 1.93%；盐土耕地面积为 10hm^2，占三等地总面积的 0.01%。

表 4-29　三等地的盐渍化程度

盐渍化程度	面积（khm^2）	比例（%）	占相同盐渍化程度耕地面积（%）
无	51.05	49.88	22.92
轻度	40.03	39.12	11.64
中度	9.27	9.06	10.79
重度	1.98	1.93	24.72
盐土	0.01	0.01	2.84
总计	102.33	100.00	72.91

（五）养分状况

对阿克苏地区三等地耕层养分进行统计如表4-30所示。三等地的养分含量平均值分别为：有机质17.1g/kg、全氮0.86g/kg、碱解氮50.8mg/kg、有效磷24.0mg/kg、速效钾142mg/kg、缓效钾805mg/kg、有效硼1.4mg/kg、有效钼0.08mg/kg、有效铜6.48mg/kg、有效铁13.7mg/kg、有效锰6.7mg/kg、有效锌0.82mg/kg、有效硅92.72mg/kg、有效硫308.64mg/kg。

表4-30　三等地耕地土壤养分含量

项目	平均值	标准差
有机质（g/kg）	17.1	6.6
全氮（g/kg）	0.86	0.17
碱解氮（mg/kg）	50.8	18.3
有效磷（mg/kg）	24.0	7.1
速效钾（mg/kg）	142	33
缓效钾（mg/kg）	805	289
有效硼（mg/kg）	1.4	1.9
有效钼（mg/kg）	0.08	0.05
有效铜（mg/kg）	6.48	5.39
有效铁（mg/kg）	13.7	8.5
有效锰（mg/kg）	6.7	4.3
有效锌（mg/kg）	0.82	1.7
有效硅（mg/kg）	92.72	47.2
有效硫（mg/kg）	308.64	239.74

对阿克苏地区三等地中各县市的土壤养分含量平均值比较见表4-31，可以发现有机质含量拜城县最高，为26.5g/kg，阿瓦提县最低，为10.7g/kg；全氮含量库车市最高，为1.03g/kg，温宿县最低，为0.87g/kg；碱解氮含量阿克苏市最高，为64.7mg/kg，沙雅县最低，为37.2mg/kg；有效磷含量新和县最高，为28.8mg/kg，乌什县最低，为17.9mg/kg；速效钾含量库车市最高，为172mg/kg，乌什县最低，为104mg/kg；缓效钾含量新和县最高，为1 136mg/kg，乌什县最低，为443mg/kg。微量元素硼、钼、铜、铁、锰、锌的有效含量各有高低，差异不明显。

表4-31　三等地中各县市土壤养分含量平均值比较

养分项目	阿克苏市	温宿县	库车市	沙雅县	新和县	拜城县	乌什县	阿瓦提县	柯坪县
有机质（g/kg）	15.1	13.9	15.3	21.9	10.8	26.5	17.4	10.7	14.5
全氮（g/kg）	0.89	0.87	1.03	0.95	0.88	0.90	0.89	0.99	1.03
碱解氮（mg/kg）	64.7	39.0	40.5	37.2	43.4	61.8	60.4	39.0	40.8
有效磷（mg/kg）	23.8	22.8	20.2	20.6	28.8	23.6	17.9	21.3	21.8

（续表）

养分项目	阿克苏市	温宿县	库车市	沙雅县	新和县	拜城县	乌什县	阿瓦提县	柯坪县
速效钾（mg/kg）	143	120	172	157	126	131	104	156	151
缓效钾（mg/kg）	783	685	1 073	1 101	1 136	1 098	443	817	670
有效硼（mg/kg）	1.6	3.9	0.6	0.6	0.9	1.4	0.9	2.2	1.5
有效钼（mg/kg）	0.08	0.08	0.18	0.15	0.09	0.09	0.06	0.05	0.07
有效铜（mg/kg）	5.78	13.57	9.39	11.45	13.04	6.5	2.86	10.79	11.71
有效铁（mg/kg）	17.1	18.8	21.7	21.6	15.2	17.6	2.8	21.7	19.7
有效锰（mg/kg）	7.0	10.2	12.1	12.1	8.7	7.6	2.5	12.1	12.4
有效锌（mg/kg）	0.68	3.64	0.78	1.57	0.78	0.5	0.81	0.76	0.61
有效硅（mg/kg）	58.61	68.57	148.95	149.64	187.83	106.93	91.51	45.44	48.24
有效硫（mg/kg）	296.16	146.03	318.18	344.71	688.60	477.13	54.64	471.39	602.57

三等地有机质含量为一级（>25.0g/kg）的面积为18.75khm^2，占比18.32%；有机质含量为二级（20.0~25.0g/kg）的面积为24.64khm^2，占比24.08%；有机质含量为三级（15.0~20.0g/kg）的面积为34.12khm^2，占比33.34%；有机质含量为四级（10.0~15.0g/kg）的面积为23.5khm^2，占比22.96%；有机质含量为五级（≤10.0g/kg）的面积为1.32khm^2，占比1.29%。表明阿克苏地区三等地有机质含量以中等为主，偏上和偏下的面积和比例较少。

三等地全氮含量为二级（1.00~1.50g/kg）的面积为23.35khm^2，占比22.82%；全氮含量为三级（0.75~1.00g/kg）的面积为65.45khm^2，占比63.95%；全氮含量为四级（0.50~0.75g/kg）的面积为13.11khm^2，占比12.82%；全氮含量为五级（≤0.50g/kg）的面积为0.42khm^2，占比0.41%。表明阿克苏地区三等地全氮含量以中等为主，偏下和偏上的面积和比例较少。

三等地碱解氮含量为二级（120~150mg/kg）的面积为0.08khm^2，占比0.08%；碱解氮含量为三级（90~120mg/kg）的面积为5.68khm^2，占比5.55%；碱解氮含量为四级（60~90gmg/kg）的面积为31.14khm^2，占比30.43%；碱解氮含量为五级（≤60mg/kg）的面积为65.43khm^2，占比63.94%。表明阿克苏地区三等地碱解氮含量以偏下为主，中等和偏上的面积和比例较少。

三等地有效磷含量为一级（>30.0mg/kg）的面积为12.84khm^2，占比12.55%；有效磷含量为二级（20.0~30.0mg/kg）的面积为44.38khm^2，占比43.37%；有效磷含量为三级（15.0~20.0mg/kg）的面积为36.66khm^2，占比35.82%；有效磷含量为四级（8.0~15.0mg/kg）的面积为8.46khm^2，占比8.27%。表明阿克苏地区三等地有效磷含量以中等为主，偏高和偏低的面积和比例较少。

三等地速效钾含量为一级（>250mg/kg）的面积为0.17khm^2，占比0.17%；速效钾含量为二级（200~250mg/kg）的面积为4.69khm^2，占比4.58%；速效钾含量为三级（150~200mg/kg）的面积为25.12khm^2，占比24.55%；速效钾含量为四级（100~150mg/kg）的面积为54.58khm^2，占比53.34%；速效钾含量为五级（≤100mg/kg）的面

积为 17.77khm²，占比 17.36%。表明阿克苏地区三等地速效钾含量以中等偏下为主，偏高的面积和比例较少。详见表 4-32。

表 4-32　三等地土壤养分各级别面积与比例

养分等级	一级		二级		三级		四级		五级	
	面积（khm²）	比例（%）	面积（khm²）	比例（%）	面积（khm²）	比例（%）	面积（khm²）	比例（%）	面积（khm²）	比例（%）
有机质	18.75	18.32	24.64	24.08	34.12	33.34	23.50	22.96	1.32	1.29
全氮			23.35	22.82	65.45	63.95	13.11	12.82	0.42	0.41
碱解氮			0.08	0.08	5.68	5.55	31.14	30.43	65.43	63.94
有效磷	12.84	12.55	44.38	43.37	36.66	35.82	8.46	8.27		
速效钾	0.17	0.17	4.69	4.58	25.12	24.55	54.58	53.34	17.77	17.36

第五节　四等地耕地质量等级特征

一、四等地分布特征

（一）区域分布

阿克苏地区四等地耕地面积 109.16khm²，占阿克苏地区耕地面积的 16.52%。其中，阿克苏市 25.23khm²，占阿克苏市耕地的 24.50%；温宿县 10.11khm²，占温宿县耕地的 10.76%；库车市 4.48khm²，占库车市耕地的 4.67%；沙雅县 10.32khm²，占沙雅县耕地的 12.52%；新和县 10.65khm²，占新和县耕地的 23.71%；拜城县 18.94khm²，占拜城县耕地的 22.79%；乌什县 19.27khm²，占乌什县耕地的 36.89%；阿瓦提县 9.29khm²，占阿瓦提县耕地的 9.68%；柯坪县 0.89khm²，占柯坪县耕地的 9.62%（表 4-33）。

表 4-33　各县市四等地面积及占辖区耕地面积的比例

县市	面积（khm²）	占比（%）	县市	面积（khm²）	占比（%）
阿克苏市	25.23	24.5	拜城县	18.94	22.79
温宿县	10.11	10.76	乌什县	19.27	36.89
库车市	4.48	4.67	阿瓦提县	9.29	9.68
沙雅县	10.32	12.52	柯坪县	0.89	9.62
新和县	10.65	23.71			

四等地在县域的分布上有很大的差异。四等地面积占全县耕地面积的比例在 30%～40%间的仅有 1 个，为乌什县。

四等地面积占全县耕地面积的比例在 20%～30%间的有 3 个，分别是阿克苏市、拜城县和新和县。

四等地面积占全县耕地面积的比例在 10%～20%间的有 2 个，分别是温宿县和沙雅县。

四等地面积占全县耕地面积的比例在10%以下的有3个，分别是库车市、阿瓦提县和柯坪县。

（二）土壤类型

从土壤类型来看，阿克苏地区四等地分布面积和比例最大的土壤类型分别是潮土、草甸土和灌淤土，分别占四等地总面积的33.57%、20.05%和16.78%，其次是棕漠土和沼泽土等，其他土类分布面积较少。详见表4-34。

表4-34　四等地耕地主要土壤类型耕地面积与比例

土壤类型	面积（khm^2）	比例（%）
潮土	36.65	33.57
草甸土	21.90	20.05
灌淤土	18.31	16.78
棕漠土	9.92	9.09
沼泽土	6.67	6.11
棕钙土	4.48	4.11
林灌草甸土	3.16	2.90
风沙土	3.16	2.89
水稻土	2.79	2.56
龟裂土	2.12	1.94
总计	109.16	100.00

二、四等地属性特征

（一）地形部位

四等地的地形部位面积与比例如表4-35所示。四等地在平原高阶分布面积为22.76khm^2，占四等地总面积的20.85%，占阿克苏地区耕地平原高阶总面积的24.54%；四等地在平原中阶分布最多，面积为59.52khm^2，占四等地总面积的54.53%，占阿克苏地区耕地平原中阶总面积的15.98%；四等地在平原低阶分布面积为23.69khm^2，占四等地总面积的21.70%，占阿克苏地区耕地平原低阶总面积的15.16%；四等地在沙漠边缘和山地坡下分布面积为3.19khm^2，占四等地总面积的2.92%。

表4-35　四等地的地形部位面积与比例

地形部位	面积（khm^2）	比例（%）	占相同地形部位的比例（%）
山地坡下	0.02	0.02	0.37
平原高阶	22.76	20.85	24.54
平原中阶	59.52	54.53	15.98
平原低阶	23.69	21.70	15.16
沙漠边缘	3.17	2.90	9.72

（二）灌溉能力

四等地中，灌溉能力为不满足的耕地面积为 9.26khm^2，占四等地面积的 8.49%，占阿克苏地区相同灌溉能力耕地总面积的 7.89%；灌溉能力为基本满足的耕地面积为 14.24khm^2，占四等地面积的 13.05%，占阿克苏地区相同灌溉能力耕地总面积的 14.41%；灌溉能力为满足的耕地面积为 72.00khm^2，占四等地面积的 65.96%，占阿克苏地区相同灌溉能力耕地总面积的 20.59%；灌溉能力为充分满足的耕地面积为 13.65khm^2，占四等地面积的 12.51%，占阿克苏地区相同灌溉能力耕地总面积的 14.42%（表 4-36）。

表 4-36　不同灌溉能力下四等地的面积与比例

灌溉能力	面积（khm^2）	比例（%）	占相同灌溉能力的比例（%）
不满足	9.26	8.49	7.89
基本满足	14.24	13.05	14.41
满足	72.00	65.96	20.59
充分满足	13.65	12.51	14.42

（三）质地

耕层质地在阿克苏地区四等地中的面积及占比如表 4-37 所示。四等地中，耕层质地以中壤为主，面积达 31.86khm^2，占比为 29.19%；其次是轻壤，面积为 30.04khm^2，占比为 27.52%；另外砂壤和重壤分别占四等地总面积的 17.95%和 14.48%，其他质地所占比例较低。

表 4-37　四等地与耕层质地

质地	面积（khm^2）	比例（%）	占相同质地耕地面积（%）
砂土	3.39	3.11	14.06
砂壤	19.60	17.95	16.44
轻壤	30.04	27.52	22.78
中壤	31.86	29.19	11.15
重壤	15.81	14.48	20.33
黏土	8.47	7.76	38.36
总计	109.16	100.00	123.12

（四）盐渍化程度

四等地的盐渍化程度见表 4-38。无盐渍化的耕地面积为 50.77khm^2，占四等地总面积的 46.51%；轻度盐渍化的耕地面积为 45.43khm^2，占四等地总面积的 41.62%；中度盐渍化的耕地面积为 11.47khm^2，占四等地总面积的 10.51%；重度盐渍化的耕地面积为 1.48khm^2，占四等地总面积的 1.35%；盐土耕地面积为 4hm^2，占四等地总面积的 0.04‰。

表 4-38 四等地的盐渍化程度

盐渍化程度	面积（khm^2）	比例（%）	占相同盐渍化程度耕地面积（%）
无	50.77	46.51	22.80
轻度	45.43	41.62	13.21
中度	11.47	10.51	13.36
重度	1.48	1.35	18.44
盐土	0.004	0.004	2.278
总计	109.16	100.00	70.09

（五）养分状况

对阿克苏地区四等地耕层养分进行统计如表 4-39 所示。四等地的养分含量平均值分别为：有机质 16.2g/kg、全氮 0.83g/kg、碱解氮 59.6mg/kg、有效磷 24.3mg/kg、速效钾 128mg/kg、缓效钾 841mg/kg、有效硼 1.4mg/kg、有效钼 0.08mg/kg、有效铜 7.46mg/kg、有效铁 15.0mg/kg、有效锰 7.3mg/kg、有效锌 0.86mg/kg、有效硅 94.44mg/kg、有效硫 322.83mg/kg。

表 4-39 四等地耕地土壤养分含量

项目	平均值	标准差
有机质（g/kg）	16.2	6.9
全氮（g/kg）	0.83	0.18
碱解氮（mg/kg）	59.6	18.5
有效磷（mg/kg）	24.3	6.9
速效钾（mg/kg）	128	33
缓效钾（mg/kg）	841	282
有效硼（mg/kg）	1.4	2.1
有效钼（mg/kg）	0.08	0.05
有效铜（mg/kg）	7.46	5.63
有效铁（mg/kg）	15.0	8.0
有效锰（mg/kg）	7.3	4.3
有效锌（mg/kg）	0.86	1.95
有效硅（mg/kg）	94.44	47.5
有效硫（mg/kg）	322.83	234.84

对阿克苏地区四等地中各县市的土壤养分含量平均值比较见表 4-40，可以发现有机质含量拜城县最高，为 27.3g/kg，新和县最低，为 12.1g/kg；全氮含量库车市最高，为 1.09g/kg，乌什县最低，为 0.86g/kg；碱解氮含量阿克苏市最高，为 64.1mg/kg，沙雅县最低，为 38.3mg/kg；有效磷含量新和县最高，为 29.2mg/kg，乌什县最低，为 17.9mg/kg；速效钾含量库车市最高，为 175mg/kg，乌什县最低，为 100mg/kg；缓效钾

含量新和县最高，为1 156mg/kg，乌什县最低，为452mg/kg。微量元素硼、钼、铜、铁、锰、锌的有效含量各有高低，差异不明显。

表4-40 四等地中各县市土壤养分含量平均值比较

养分项目	阿克苏市	温宿县	库车市	沙雅县	新和县	拜城县	乌什县	阿瓦提县	柯坪县
有机质（g/kg）	14.6	13.3	12.3	19.5	12.1	27.3	14.6	12.9	16.6
全氮（g/kg）	0.86	0.88	1.09	0.98	0.86	0.90	0.86	1.05	1.02
碱解氮（mg/kg）	64.1	41.9	42.5	38.4	44.3	60.1	58.7	40.8	40.3
有效磷（mg/kg）	23.2	27.0	24.1	21.0	29.2	23.1	17.9	22.7	22.2
速效钾（mg/kg）	138	132	175	161	125	135	100	158	132
缓效钾（mg/kg）	759	757	1 127	1 135	1 156	1 100	452	820	677
有效硼（mg/kg）	1.5	5.0	0.6	0.6	1.1	1.3	0.8	2.3	1.2
有效钼（mg/kg）	0.08	0.09	0.17	0.14	0.09	0.09	0.06	0.04	0.07
有效铜（mg/kg）	6.20	14.44	9.86	11.36	13.89	7.1	3.68	10.76	11.97
有效铁（mg/kg）	17.3	17.5	21.4	21.1	14.9	18.1	3.5	21.6	19.7
有效锰（mg/kg）	6.9	9.4	12.7	12.3	8.1	7.9	2.8	12.5	12.4
有效锌（mg/kg）	0.72	4.63	0.74	1.45	0.71	0.5	0.8	0.83	0.61
有效硅（mg/kg）	59.63	61.98	151.01	146.65	181.64	111.62	94.63	45.99	49.9
有效硫（mg/kg）	271.47	171.82	305.57	345.20	704.28	469.70	58.43	410.93	348.66

四等地有机质含量为一级（>25.0g/kg）的面积为23.26khm²，占比21.31%；有机质含量为二级（20.0~25.0g/kg）的面积为27.77khm²，占比25.44%；有机质含量为三级（15.0~20.0g/kg）的面积为30.81khm²，占比28.22%；有机质含量为四级（10.0~15.0g/kg）的面积为25.59khm²，占比23.44%；有机质含量为五级（≤10.0g/kg）的面积为1.74khm²，占比1.60%。表明阿克苏地区四等地有机质含量以中等偏上为主，偏低的面积和比例较少。

四等地全氮含量为二级（1.00~1.50g/kg）的面积为25.11khm²，占比23.00%；全氮含量为三级（0.75~1.00g/kg）的面积为67.29khm²，占比61.64%；全氮含量为四级（0.50 ~ 0.75g/kg）的面积为16.21khm²，占比14.85%；全氮含量为五级（≤0.50g/kg）的面积为0.55khm²，占比0.51%。表明阿克苏地区四等地全氮含量以中等为主，偏下和偏上的面积和比例较少。

四等地碱解氮含量为二级（120~150mg/kg）的面积为0.03khm²，占比0.03%；碱解氮含量为三级（90~120mg/kg）的面积为4.59khm²，占比4.20%；碱解氮含量为四级（60 ~ 90gmg/kg）的面积为28.78khm²，占比26.36%；碱解氮含量为五级（≤60mg/kg）的面积为75.76khm²，占比69.40%。表明阿克苏地区四等地碱解氮含量以偏下为主，中等和偏上的面积和比例较少。

四等地有效磷含量为一级（>30.0mg/kg）的面积为13.26khm²，占比12.15%；有效磷含量为二级（20.0~30.0mg/kg）的面积为56.75khm²，占比51.98%；有效磷含量为三级（15.0~20.0mg/kg）的面积为28.88khm²，占比26.45%；有效磷含量为四级（8.0~

15.0mg/kg）的面积为10.28khm²，占比9.41%。表明阿克苏地区四等地有效磷含量以中等为主，偏高和偏低的面积和比例较少。

四等地速效钾含量为一级（>250mg/kg）的面积为0.41khm²，占比0.37%；速效钾含量为二级（200~250mg/kg）的面积为3.76khm²，占比3.44%；速效钾含量为三级（150~200mg/kg）的面积为29.07khm²，占比26.63%；速效钾含量为四级（100~150mg/kg）的面积为58.28khm²，占比53.39%；速效钾含量为五级（≤100mg/kg）的面积为17.65khm²，占比16.17%。表明阿克苏地区四等地速效钾含量以中等偏下为主，偏高的面积和比例较少。详见表4-41。

表4-41 四等地土壤养分各级别面积与比例

养分等级	一级		二级		三级		四级		五级	
	面积（khm²）	比例（%）	面积（khm²）	比例（%）	面积（khm²）	比例（%）	面积（khm²）	比例（%）	面积（khm²）	比例（%）
有机质	23.26	21.31	27.77	25.44	30.81	28.22	25.59	23.44	1.74	1.60
全氮			25.11	23.00	67.29	61.64	16.21	14.85	0.55	0.51
碱解氮			0.03	0.03	4.59	4.20	28.78	26.36	75.76	69.40
有效磷	13.26	12.15	56.75	51.98	28.88	26.45	10.28	9.41		
速效钾	0.41	0.37	3.76	3.44	29.07	26.63	58.28	53.39	17.65	16.17

第六节 五等地耕地质量等级特征

一、五等地分布特征

（一）区域分布

阿克苏地区五等地耕地面积49.77khm²，占阿克苏地区耕地面积的7.53%。其中，阿克苏市8.27khm²，占阿克苏市耕地的8.03%；温宿县3.55khm²，占温宿县耕地的3.78%；库车市5.29khm²，占库车市耕地的5.52%；沙雅县6.10khm²，占沙雅县耕地的7.41%；新和县1.94khm²，占新和县耕地的4.33%；拜城县9.70khm²，占拜城县耕地的11.67%；乌什县5.15khm²，占乌什县耕地的9.86%；阿瓦提县9.06khm²，占阿瓦提县耕地的9.44%；柯坪县0.71khm²，占柯坪县耕地的7.72%（表4-42）。

表4-42 各县市五等地面积及占辖区耕地面积的比例

县市	面积（khm²）	占比（%）	县市	面积（khm²）	占比（%）
阿克苏市	8.27	8.03	拜城县	9.70	11.67
温宿县	3.55	3.78	乌什县	5.15	9.86
库车市	5.29	5.52	阿瓦提县	9.06	9.44
沙雅县	6.10	7.41	柯坪县	0.71	7.72
新和县	1.94	4.33			

五等地在县域的分布上差异不大。五等地面积占全县耕地面积的比例在10%~20%间的仅有1个，为拜城县。

五等地面积占全县耕地面积的比例在10%以下的有8个，分别是阿克苏市、阿瓦提县、柯坪县、库车市、沙雅县、温宿县、乌什县和新和县。

（二）土壤类型

从土壤类型来看，阿克苏地区五等地分布面积和比例最大的土壤类型分别是潮土、草甸土和灌淤土，分别占五等地总面积的34.89%、22.07%和13.33%，其次是棕漠土、棕钙土和沼泽土等，其他土类分布面积较少。详见表4-43。

表4-43　五等地耕地主要土壤类型耕地面积与比例

土壤类型	面积（khm^2）	比例（%）
潮土	17.36	34.89
草甸土	10.98	22.07
灌淤土	6.64	13.33
棕漠土	5.16	10.37
棕钙土	2.28	4.59
沼泽土	2.21	4.44
风沙土	1.79	3.59
林灌草甸土	1.42	2.85
水稻土	1.27	2.54
龟裂土	0.66	1.33
总计	49.77	100.00

二、五等地属性特征

（一）地形部位

五等地的地形部位面积与比例如表4-44所示。五等地在平原高阶分布面积为10.18khm^2，占五等地总面积的20.45%，占阿克苏地区耕地平原高阶总面积的10.97%；五等地在平原中阶分布最多，面积为30.58khm^2，占五等地总面积的61.44%，占阿克苏地区耕地平原中阶总面积的8.21%；五等地在平原低阶分布面积为7.97khm^2，占五等地总面积的16.01%，占阿克苏地区耕地平原低阶总面积的5.10%；五等地在沙漠边缘和山地坡下分布面积为1.04khm^2，占五等地总面积的2.10%。

表4-44　五等地的地形部位面积与比例

地形部位	面积（khm^2）	比例（%）	占相同地形部位的比例（%）
山地坡下	0.17	0.35	2.65
平原高阶	10.18	20.45	10.97
平原中阶	30.58	61.44	8.21
平原低阶	7.97	16.01	5.10
沙漠边缘	0.87	1.75	2.67

（二）灌溉能力

五等地中，灌溉能力为不满足的耕地面积为5.46khm²，占五等地面积的10.97%，占阿克苏地区相同灌溉能力耕地总面积的4.65%；灌溉能力为基本满足的耕地面积为3.64khm²，占五等地面积的7.31%，占阿克苏地区相同灌溉能力耕地总面积的3.68%；灌溉能力为满足的耕地面积为34.10khm²，占五等地面积的68.50%，占阿克苏地区相同灌溉能力耕地总面积的9.75%；灌溉能力为充分满足的耕地面积为6.58khm²，占五等地面积的13.22%，占阿克苏地区相同灌溉能力耕地总面积的6.95%（表4-45）。

表4-45　不同灌溉能力下五等地的面积与比例

灌溉能力	面积（khm²）	比例（%）	占相同灌溉能力的比例（%）
不满足	5.46	10.97	4.65
基本满足	3.64	7.31	3.68
满足	34.10	68.50	9.75
充分满足	6.58	13.22	6.95

（三）质地

耕层质地在阿克苏地区五等地中的面积及占比如表4-46所示。五等地中，耕层质地以中壤为主，面积达16.31khm²，占比为32.77%；其次是轻壤，面积为12.89khm²，占比为25.90%；另外砂壤占五等地总面积的21.08%，其他质地所占比例较低。

表4-46　五等地与耕层质地

质地	面积（khm²）	比例（%）	占相同质地耕地面积（%）
砂土	1.86	3.74	7.71
砂壤	10.49	21.08	8.80
轻壤	12.89	25.90	9.78
中壤	16.31	32.77	5.71
重壤	5.01	10.07	6.44
黏土	3.21	6.45	14.54
总计	49.77	100.00	52.98

（四）盐渍化程度

五等地的盐渍化程度见表4-47。无盐渍化的耕地面积为17.54khm²，占五等地总面积的35.24%；轻度盐渍化的耕地面积为26.55khm²，占五等地总面积的53.35%；中度盐渍化的耕地面积为5.41khm²，占五等地总面积的10.87%；重度盐渍化的耕地面积为0.27khm²，占五等地总面积的0.54%；盐土耕地面积为0.10hm²，占五等地总面积的0.003‰。

表 4-47　五等地的盐渍化程度

盐渍化程度	面积（khm^2）	比例（%）	占相同盐渍化程度耕地面积（%）
无	17.54	35.24	7.87
轻度	26.55	53.35	7.72
中度	5.41	10.87	6.30
重度	0.27	0.54	3.36
盐土	0.000 1	0.000 3	0.07
总计	49.77	100.00	25.32

（五）养分状况

对阿克苏地区五等地耕层养分进行统计如表 4-48 所示。五等地的养分含量平均值分别为：有机质 18.8g/kg、全氮 0.93g/kg、碱解氮 48.9mg/kg、有效磷 21.5mg/kg、速效钾 133mg/kg、缓效钾 872mg/kg、有效硼 1.4mg/kg、有效钼 0.08mg/kg、有效铜 8.75mg/kg、有效铁 17.7mg/kg、有效锰 8.8mg/kg、有效锌 0.93mg/kg、有效硅 94.17mg/kg、有效硫 339.60mg/kg。

表 4-48　五等地耕地土壤养分含量

项目	平均值	标准差
有机质（g/kg）	18.8	6.4
全氮（g/kg）	0.93	0.17
碱解氮（mg/kg）	48.9	17.5
有效磷（mg/kg）	21.5	5.3
速效钾（mg/kg）	133	32
缓效钾（mg/kg）	872	254
有效硼（mg/kg）	1.4	2.3
有效钼（mg/kg）	0.08	0.05
有效铜（mg/kg）	8.75	5.17
有效铁（mg/kg）	17.7	7.5
有效锰（mg/kg）	8.8	4.3
有效锌（mg/kg）	0.93	2.23
有效硅（mg/kg）	94.17	49.25
有效硫（mg/kg）	339.60	235.51

对阿克苏地区五等地中各县市的土壤养分含量平均值比较见表 4-49，可以发现有机质含量沙雅县最高，为 25.4g/kg，阿瓦提县最低，为 11.9g/kg；全氮含量库车市最高，为 1.04g/kg，阿克苏市最低，为 0.82g/kg；碱解氮含量阿克苏市最高，为 59.6mg/kg，沙雅县最低，为 37.7mg/kg；有效磷含量新和县最高，为 28.6mg/kg，乌什县最低，为 17.6mg/kg；速效钾含量库车市最高，为 164mg/kg，乌什县最低，为 93mg/kg；缓效钾含

量库车市最高，为 1 138mg/kg，乌什县最低，为 468mg/kg。微量元素硼、钼、铜、铁、锰、锌的有效含量各有高低，差异不明显。

表 4-49 五等地中各县市土壤养分含量平均值比较

养分项目	阿克苏市	温宿县	库车市	沙雅县	新和县	拜城县	乌什县	阿瓦提县	柯坪县
有机质（g/kg）	17.9	16.1	17.7	25.4	16.8	24.5	22.6	11.9	15.4
全氮（g/kg）	0.82	0.89	1.04	0.95	0.87	0.86	0.86	0.95	1.01
碱解氮（mg/kg）	59.6	40.5	41.3	37.7	43.4	50.4	58.6	37.9	40.2
有效磷（mg/kg）	21.4	25.6	23.5	21.1	28.6	21.4	17.6	21.9	22.6
速效钾（mg/kg）	128	135	164	162	127	131	93	153	130
缓效钾（mg/kg）	705	670	1 138	1 113	1 124	1 096	468	815	684
有效硼（mg/kg）	1.3	6.9	0.6	0.6	1.0	1.0	0.8	2.3	1.2
有效钼（mg/kg）	0.08	0.08	0.13	0.14	0.09	0.11	0.06	0.04	0.07
有效铜（mg/kg）	6.83	14.35	9.99	11.45	14.2	8.69	3.3	11.04	11.52
有效铁（mg/kg）	18.4	18.4	20.4	21.4	15.6	20.1	3.1	21.9	20.6
有效锰（mg/kg）	6.9	9.8	12.8	11.8	8.4	9.1	2.5	12.3	12.2
有效锌（mg/kg）	0.74	6.48	0.69	2.38	0.64	0.51	0.8	0.73	0.62
有效硅（mg/kg）	55.63	66.98	142.5	148.94	182.67	123.88	96.28	45.27	46.17
有效硫（mg/kg）	217.49	188.19	279.87	345.46	689.00	427.90	54.18	470.80	309.05

五等地有机质含量为一级（>25.0g/kg）的面积为 12.8khm^2，占比 25.73%；有机质含量为二级（20.0～25.0g/kg）的面积为 18.63khm^2，占比 37.42%；有机质含量为三级（15.0～20.0g/kg）的面积为 9.03khm^2，占比 18.14%；有机质含量为四级（10.0～15.0g/kg）的面积为 8.55khm^2，占比 17.18%；有机质含量为五级（≤10.0g/kg）的面积为 0.76khm^2，占比 1.53%。表明阿克苏地区五等地有机质含量以中等偏上为主，偏低的面积和比例较少。

五等地全氮含量为二级（1.00～1.50g/kg）的面积为 11.39khm^2，占比 22.89%；全氮含量为三级（0.75～1.00g/kg）的面积为 31.93khm^2，占比 64.16%；全氮含量为四级（0.50～0.75g/kg）的面积为 6.2khm^2，占比 12.45%；全氮含量为五级（≤0.50g/kg）的面积为 0.25khm^2，占比 0.51%。表明阿克苏地区五等地全氮含量以中等为主，偏下和偏上的面积和比例较少。

五等地碱解氮含量为三级（90～120mg/kg）的面积为 1.22khm^2，占比 2.45%；碱解氮含量为四级（60～90gmg/kg）的面积为 8.59khm^2，占比 17.25%；碱解氮含量为五级（≤60mg/kg）的面积为 39.97khm^2，占比 80.30%。表明阿克苏地区五等地碱解氮含量以偏下为主，中等和偏上的面积和比例较少。

五等地有效磷含量为一级（>30.0mg/kg）的面积为 2.33khm^2，占比 4.68%；有效磷含量为二级（20.0～30.0mg/kg）的面积为 29.35khm^2，占比 58.96%；有效磷含量为三级

（15.0～20.0mg/kg）的面积为15.14khm²，占比30.42%；有效磷含量为四级（8.0～15.0mg/kg）的面积为2.95khm²，占比5.93%。表明阿克苏地区五等地有效磷含量以中等为主，偏高和偏低的面积和比例较少。

五等地速效钾含量为一级（>250mg/kg）的面积为0.5hm²，占比0.009‰；速效钾含量为二级（200～250mg/kg）的面积为1.88khm²，占比3.77%；速效钾含量为三级（150～200mg/kg）的面积为13.72khm²，占比27.57%；速效钾含量为四级（100～150mg/kg）的面积为25.87khm²，占比51.98%；速效钾含量为五级（≤100mg/kg）的面积为8.3khm²，占比16.68%。表明阿克苏地区五等地速效钾含量以中等偏下为主，偏高的面积和比例较少。详见表4-50。

表4-50　五等地土壤养分各级别面积与比例

养分等级	一级		二级		三级		四级		五级	
	面积（khm²	比例（%）	面积（khm²	比例（%）	面积（khm²	比例（%）	面积（khm²	比例（%）	面积（khm²	比例（%）
有机质	12.80	25.73	18.63	37.42	9.03	18.14	8.55	17.18	0.76	1.53
全氮			11.39	22.89	31.93	64.16	6.20	12.45	0.25	0.51
碱解氮					1.22	2.45	8.59	17.25	39.97	80.30
有效磷	2.33	4.68	29.35	58.96	15.14	30.42	2.95	5.93		
速效钾	0.0005	0.0009	1.88	3.77	13.72	27.57	25.87	51.98	8.30	16.68

第七节　六等地耕地质量等级特征

一、六等地分布特征

（一）区域分布

阿克苏地区六等地耕地面积83.31khm²，占阿克苏地区耕地面积的12.61%。其中，阿克苏市7.90khm²，占阿克苏市耕地的7.68%；温宿县12.87khm²，占温宿县耕地的13.70%；库车市13.45khm²，占库车市耕地的14.02%；沙雅县13.42khm²，占沙雅县耕地的16.28%；新和县5.24khm²，占新和县耕地的11.66%；拜城县10.19khm²，占拜城县耕地的12.26%；乌什县3.61khm²，占乌什县耕地的6.92%；阿瓦提县15.41khm²，占阿瓦提县耕地的16.07%；柯坪县1.21khm²，占柯坪县耕地的13.10%（表4-51）。

表4-51　各县市六等地面积及占辖区耕地面积的比例

县市	面积（khm²）	占比（%）	县市	面积（khm²）	占比（%）
阿克苏市	7.90	7.68	拜城县	10.19	12.26
温宿县	12.87	13.70	乌什县	3.61	6.92
库车市	13.45	14.02	阿瓦提县	15.41	16.07
沙雅县	13.42	16.28	柯坪县	1.21	13.10
新和县	5.24	11.66			

六等地在县域的分布上的差异较小。六等地面积占全县耕地面积的比例在 10%~20% 间的有 7 个，分别是阿瓦提县、拜城县、柯坪县、库车市、沙雅县、温宿县和新和县。

六等地面积占全县耕地面积的比例在 10%以下的有 2 个，分别是阿克苏市和乌什县。

（二）土壤类型

从土壤类型来看，阿克苏地区六等地分布面积和比例最大的土壤类型分别是潮土、草甸土和灌淤土，分别占六等地总面积的 40. 20%、20. 23%和 13. 12%，其次是棕漠土、沼泽土和风沙土等，其他土类分布面积较少。详见表 4-52。

表 4-52　六等地耕地主要土壤类型耕地面积与比例

土壤类型	面积（khm^2）	比例（%）
潮土	33. 49	40. 20
草甸土	16. 84	20. 23
灌淤土	10. 93	13. 12
棕漠土	5. 99	7. 19
沼泽土	5. 00	6. 00
风沙土	3. 49	4. 19
林灌草甸土	2. 77	3. 32
棕钙土	2. 46	2. 95
水稻土	1. 77	2. 13
龟裂土	0. 56	0. 67
总计	83. 30	100. 00

二、六等地属性特征

（一）地形部位

六等地的地形部位面积与比例如表 4-53 所示。六等地在平原高阶分布面积为 14. 64khm^2，占六等地总面积的 17. 57%，占阿克苏地区耕地平原高阶总面积的 15. 78%；六等地在平原中阶分布最多，面积为 47. 35khm^2，占六等地总面积的 56. 84%，占阿克苏地区耕地平原中阶总面积的 12. 71%；六等地在平原低阶分布面积为 17. 54khm^2，占六等地总面积的 21. 06%，占阿克苏地区耕地平原低阶总面积的 11. 22%；六等地在沙漠边缘和山地坡下分布面积为 3. 78khm^2，占六等地总面积的 4. 54%。

表 4-53　六等地的地形部位面积与比例

地形部位	面积（khm^2）	比例（%）	占相同地形部位的比例（%）
山地坡下	0. 59	0. 71	8. 91
平原高阶	14. 64	17. 57	15. 78
平原中阶	47. 35	56. 84	12. 71
平原低阶	17. 54	21. 06	11. 22
沙漠边缘	3. 19	3. 83	9. 79

（二）灌溉能力

六等地中，灌溉能力为不满足的耕地面积为 17.64khm²，占六等地面积的 21.17%，占阿克苏地区相同灌溉能力耕地总面积的 15.03%；灌溉能力为基本满足的耕地面积为 14.66khm²，占六等地面积的 17.60%，占阿克苏地区相同灌溉能力耕地总面积的 14.83%；灌溉能力为满足的耕地面积为 41.60khm²，占六等地面积的 49.94%，占阿克苏地区相同灌溉能力耕地总面积的 11.89%；灌溉能力为充分满足的耕地面积为 9.40khm²，占六等地面积的 11.28%，占阿克苏地区相同灌溉能力耕地总面积的 9.93%（表 4-54）。

表 4-54　不同灌溉能力下六等地的面积与比例

灌溉能力	面积（khm²）	比例（%）	占相同灌溉能力的比例（%）
不满足	17.64	21.17	15.03
基本满足	14.66	17.60	14.83
满足	41.60	49.94	11.89
充分满足	9.40	11.28	9.93

（三）质地

耕层质地在阿克苏地区六等地中的面积及占比如表 4-55 所示。六等地中，耕层质地以中壤为主，面积达 35.35khm²，占比为 42.43%；其次是砂壤，面积为 20.58khm²，占比为 24.70%；另外轻壤占六等地总面积的 17.72%，其他质地所占比例较低。

表 4-55　六等地与耕层质地

质地	面积（khm²）	比例（%）	占相同质地耕地面积（%）
砂土	5.08	6.10	21.04
砂壤	20.58	24.70	17.26
轻壤	14.76	17.72	11.19
中壤	35.35	42.43	12.37
重壤	6.12	7.35	7.88
黏土	1.42	1.71	6.45
总计	83.31	100.00	76.19

（四）盐渍化程度

六等地的盐渍化程度见表 4-56。无盐渍化的耕地面积为 24.46khm²，占六等地总面积的 29.36%；轻度盐渍化的耕地面积为 47.00khm²，占六等地总面积的 56.41%；中度盐渍化的耕地面积为 11.48khm²，占六等地总面积的 13.78%；重度盐渍化的耕地面积为 0.37khm²，占六等地总面积的 0.40%；盐土耕地面积为 30hm²，占六等地总面积的 0.04%。

表 4-56　六等地的盐渍化程度

盐渍化程度	面积（khm^2）	比例（%）	占相同盐渍化程度耕地面积（%）
无	24.46	29.36	10.98
轻度	47.00	56.41	13.67
中度	11.48	13.78	13.37
重度	0.37	0.40	4.19
盐土	0.03	0.04	16.67
总计	83.31	100.00	58.88

（五）养分状况

对阿克苏地区六等地耕层养分进行统计如表 4-57 所示。六等地的养分含量平均值分别为：有机质 16.4g/kg、全氮 0.91g/kg、碱解氮 51.4mg/kg、有效磷 25.5mg/kg、速效钾 126mg/kg、缓效钾 903mg/kg、有效硼 1.4mg/kg、有效钼 0.09mg/kg、有效铜 10.40mg/kg、有效铁 19.3mg/kg、有效锰 9.8mg/kg、有效锌 0.97mg/kg、有效硅 100.57mg/kg、有效硫 356.84mg/kg。

表 4-57　六等地耕地土壤养分含量

项目	平均值	标准差
有机质（g/kg）	16.4	6.4
全氮（g/kg）	0.91	0.18
碱解氮（mg/kg）	51.4	16.2
有效磷（mg/kg）	25.5	5.9
速效钾（mg/kg）	126	31
缓效钾（mg/kg）	903	252
有效硼（mg/kg）	1.4	2.1
有效钼（mg/kg）	0.09	0.06
有效铜（mg/kg）	10.4	5.2
有效铁（mg/kg）	19.3	5.7
有效锰（mg/kg）	9.8	3.6
有效锌（mg/kg）	0.97	2.00
有效硅（mg/kg）	100.57	53.55
有效硫（mg/kg）	356.84	219.50

对阿克苏地区六等地中各县市的土壤养分含量平均值比较见表 4-58，可以发现有机质含量柯坪县最高，为 25.1g/kg，阿瓦提县最低，为 11.8g/kg；全氮含量库车市最高，为 1.04g/kg，阿克苏市最低，为 0.80g/kg；碱解氮含量阿克苏市最高，为 56.9mg/kg，沙雅县最低，为 37.7mg/kg；有效磷含量新和县最高，为 30.6mg/kg，拜城县最低，为 20.3mg/kg；速效钾含量库车市最高，为 165mg/kg，乌什县最低，为 100mg/kg；缓效钾

含量新和县最高，为 1 157mg/kg，乌什县最低，为 448mg/kg。微量元素硼、钼、铜、铁、锰、锌的有效含量各有高低，差异不明显。

表 4-58　六等地中各县市土壤养分含量平均值比较

养分项目	阿克苏市	温宿县	库车市	沙雅县	新和县	拜城县	乌什县	阿瓦提县	柯坪县
有机质（g/kg）	15.4	13.5	16.7	20.3	12.9	23.7	15.6	11.8	25.1
全氮（g/kg）	0.80	0.88	1.04	0.96	0.88	0.87	0.87	0.98	1.01
碱解氮（mg/kg）	56.9	40.4	40.5	37.7	42.9	48.3	53.8	38.4	39.8
有效磷（mg/kg）	20.4	26.7	22.1	20.8	30.6	20.3	22.5	20.9	21.7
速效钾（mg/kg）	125	127	165	161	128	132	100	152	141
缓效钾（mg/kg）	664	744	1 133	1 127	1 157	1 097	448	807	688
有效硼（mg/kg）	1.3	4.3	0.6	0.6	1.0	0.8	0.8	2.2	1.2
有效钼（mg/kg）	0.07	0.09	0.16	0.14	0.09	0.12	0.05	0.04	0.07
有效铜（mg/kg）	7.54	15.75	9.81	11.51	15	9.3	6.64	10.92	11.61
有效铁（mg/kg）	19.7	17.6	21.4	21.0	15.3	21.0	7.5	21.9	20.4
有效锰（mg/kg）	7.3	9.3	12.5	12.1	8.1	9.5	4.7	12.2	12.3
有效锌（mg/kg）	0.81	3.73	0.76	1.65	0.69	0.52	0.81	0.74	0.59
有效硅（mg/kg）	58.10	66.63	148.84	147.03	187.92	130.24	102.81	44.15	45.11
有效硫（mg/kg）	180.60	198.77	311.55	351.59	703.18	416.92	55.96	441.01	302.60

六等地有机质含量为一级（>25.0g/kg）的面积为 30khm^2，占比 36.01%；有机质含量为二级（20.0～25.0g/kg）的面积为 33.37khm^2，占比 40.05%；有机质含量为三级（15.0～20.0g/kg）的面积为 10.97khm^2，占比 13.16%；有机质含量为四级（10.0～15.0g/kg）的面积为 8.15khm^2，占比 9.78%；有机质含量为五级（≤10.0g/kg）的面积为 0.82khm^2，占比 0.99%。表明阿克苏地区六等地有机质含量以中等偏上为主，偏低的面积和比例较少。

六等地全氮含量为二级（1.00～1.50g/kg）的面积为 25.19khm^2，占比 30.24%；全氮含量为三级（0.75～1.00g/kg）的面积为 46.27khm^2，占比 55.54%；全氮含量为四级（0.50～0.75g/kg）的面积为 11.51khm^2，占比 13.82%；全氮含量为五级（≤0.50g/kg）的面积为 0.33khm^2，占比 0.40%。表明阿克苏地区六等地全氮含量以中等为主，偏下和偏上的面积和比例较少。

六等地碱解氮含量为二级（120～150mg/kg）的面积为 0.01khm^2，占比 0.01%；碱解氮含量为三级（90～120mg/kg）的面积为 1.74khm^2，占比 2.09%；碱解氮含量为四级（60～90gmg/kg）的面积为 6.73khm^2，占比 8.08%；碱解氮含量为五级（≤60mg/kg）的面积为 74.82khm^2，占比 89.82%。表明阿克苏地区六等地碱解氮含量以偏下为主，中等和偏上的面积和比例较少。

六等地有效磷含量为一级（>30.0mg/kg）的面积为 6.92khm^2，占比 8.31%；有效磷含量为二级（20.0～30.0mg/kg）的面积为 46.83khm^2，占比 56.22%；有效磷含量为三级（15.0～20.0mg/kg）的面积为 24.71khm^2，占比 29.66%；有效磷含量为四级（8.0～

15.0mg/kg）的面积为4.84khm²，占比5.81%。表明阿克苏地区六等地有效磷含量以中等为主，偏高和偏低的面积和比例较少。

六等地速效钾含量为一级（>250mg/kg）的面积为0.48khm²，占比0.58%；速效钾含量为二级（200～250mg/kg）的面积为3.71khm²，占比4.46%；速效钾含量为三级（150～200mg/kg）的面积为27.27khm²，占比32.74%；速效钾含量为四级（100～150mg/kg）的面积为44khm²，占比52.82%；速效钾含量为五级（≤100mg/kg）的面积为7.84khm²，占比9.41%。表明阿克苏地区六等地速效钾含量以中等偏下为主，偏高的面积和比例较少。详见表4-59。

表4-59　六等地土壤养分各级别面积与比例

养分等级	一级		二级		三级		四级		五级	
	面积（khm²	比例（%）	面积（khm²	比例（%）	面积（khm²	比例（%）	面积（khm²	比例（%）	面积（khm²	比例（%）
有机质	30.00	36.01	33.37	40.05	10.97	13.16	8.15	9.78	0.82	0.99
全氮			25.19	30.24	46.27	55.54	11.51	13.82	0.33	0.40
碱解氮			0.01	0.01	1.74	2.09	6.73	8.08	74.82	89.82
有效磷	6.92	8.31	46.83	56.22	24.71	29.66	4.84	5.81		
速效钾	0.48	0.58	3.71	4.46	27.27	32.74	44.00	52.82	7.84	9.41

第八节　七等地耕地质量等级特征

一、七等地分布特征

（一）区域分布

阿克苏地区七等地耕地面积70.63khm²，占阿克苏地区耕地面积的10.69%。其中，阿克苏市1.18khm²，占阿克苏市耕地的1.15%；温宿县5.32khm²，占温宿县耕地的5.66%；库车市18.45khm²，占库车市耕地的19.23%；沙雅县17.97khm²，占沙雅县耕地的21.81%；新和县4.53khm²，占新和县耕地的10.09%；拜城县3.27khm²，占拜城县耕地的3.94%；乌什县1.86khm²，占乌什县耕地的3.56%；阿瓦提县17.15khm²，占阿瓦提县耕地的17.88%；柯坪县0.90khm²，占柯坪县耕地的9.74%（表4-60）。

表4-60　各县市七等地面积及占辖区耕地面积的比例

县市	面积（khm²）	占比（%）	县市	面积（khm²）	占比（%）
阿克苏市	1.18	1.15	拜城县	3.27	3.94
温宿县	5.32	5.66	乌什县	1.86	3.56
库车市	18.45	19.23	阿瓦提县	17.15	17.88
沙雅县	17.97	21.81	柯坪县	0.90	9.74
新和县	4.53	10.09			

七等地在县域的分布上的差异较小。七等地面积占全县耕地面积的比例在20%~30%间的有1个，为沙雅县。

七等地面积占全县耕地面积的比例在10%~20%间的有3个，分别是库车市、新和县和阿瓦提县。

七等地面积占全县耕地面积的比例在10%以下的有5个，分别是阿克苏市、拜城县、温宿县、柯坪县和乌什县。

（二）土壤类型

从土壤类型来看，阿克苏地区七等地分布面积和比例最大的土壤类型分别是潮土、草甸土和灌淤土，分别占七等地总面积的35.34%、29.02%和14.94%，其次是风沙土和林灌草甸土等，其他土类分布面积较少。详见表4-61。

表4-61　七等地耕地主要土壤类型耕地面积与比例

土壤类型	面积（khm^2）	比例（%）
潮土	24.96	35.34
草甸土	20.50	29.02
灌淤土	10.55	14.94
风沙土	3.99	5.64
林灌草甸土	3.44	4.87
棕漠土	2.16	3.06
沼泽土	1.92	2.72
水稻土	1.52	2.16
龟裂土	1.06	1.50
棕钙土	0.53	0.75
总计	70.63	100

二、七等地属性特征

（一）地形部位

七等地的地形部位面积与比例如表4-62所示。七等地在平原高阶分布面积为5.10khm^2，占七等地总面积的7.23%，占阿克苏地区耕地平原高阶总面积的5.50%；七等地在平原中阶分布最多，面积为43.05khm^2，占七等地总面积的60.95%，占阿克苏地区耕地平原中阶总面积的11.56%；七等地在平原低阶分布面积为20.92khm^2，占七等地总面积的29.62%，占阿克苏地区耕地平原低阶总面积的13.39%；七等地在沙漠边缘和山地坡下分布面积为1.55khm^2，占七等地总面积的2.20%。

表4-62　七等地的地形部位面积与比例

地形部位	面积（khm^2）	比例（%）	占相同地形部位的比例（%）
山地坡下	0.25	0.35	3.76

（续表）

地形部位	面积（khm^2）	比例（%）	占相同地形部位的比例（%）
平原高阶	5.10	7.23	5.50
平原中阶	43.05	60.95	11.56
平原低阶	20.92	29.62	13.39
沙漠边缘	1.30	1.85	4.00

（二）灌溉能力

七等地中，灌溉能力为不满足的耕地面积为 13.03khm^2，占七等地面积的 18.44%，占阿克苏地区相同灌溉能力耕地总面积的 11.10%；灌溉能力为基本满足的耕地面积为 22.30khm^2，占七等地面积的 31.57%，占阿克苏地区相同灌溉能力耕地总面积的 22.56%；灌溉能力为满足的耕地面积为 26.46khm^2，占七等地面积的 37.46%，占阿克苏地区相同灌溉能力耕地总面积的 7.56%；灌溉能力为充分满足的耕地面积为 8.85khm^2，占七等地面积的 12.53%，占阿克苏地区相同灌溉能力耕地总面积的 9.35%（表 4-63）。

表 4-63　不同灌溉能力下七等地的面积与比例

灌溉能力	面积（khm^2）	比例（%）	占相同灌溉能力的比例（%）
不满足	13.03	18.44	11.10
基本满足	22.30	31.57	22.56
满足	26.46	37.46	7.56
充分满足	8.85	12.53	9.35

（三）质地

耕层质地在阿克苏地区七等地中的面积及占比如表 4-64 所示。七等地中，耕层质地以中壤为主，面积达 33.04khm^2，占比为 46.78%；其次是轻壤，面积为 14.79khm^2，占比为 20.94%；另外砂壤占七等地总面积的 17.21%，其他质地所占比例较低。

表 4-64　七等地与耕层质地

质地	面积（khm^2）	比例（%）	占相同质地耕地面积（%）
砂土	2.74	3.88	11.35
砂壤	12.15	17.21	10.20
轻壤	14.79	20.94	11.22
中壤	33.04	46.78	11.57
重壤	5.71	8.08	7.34
黏土	2.19	3.11	9.94
总计	70.63	100.00	61.62

（四）盐渍化程度

七等地的盐渍化程度见表 4-65。无盐渍化的耕地面积为 10.78khm^2，占七等地总面积的15.26%；轻度盐渍化的耕地面积为48.58khm²，占七等地总面积的68.77%；中度盐渍化的耕地面积为10.97khm²，占七等地总面积的15.52%；重度盐渍化的耕地面积为0.25khm²，占七等地总面积的0.35%；盐土耕地面积为60hm²，占七等地总面积的0.09%。

表4-65　七等地的盐渍化程度

盐渍化程度	面积（khm^2）	比例（%）	占相同盐渍化程度耕地面积（%）
无	10.78	15.26	4.84
轻度	48.58	68.77	14.13
中度	10.97	15.52	12.77
重度	0.25	0.35	3.12
盐土	0.06	0.09	33.19
总计	70.63	100.00	68.05

（五）养分状况

对阿克苏地区七等地耕层养分进行统计如表4-66所示。七等地的养分含量平均值分别为：有机质15.9g/kg、全氮0.81g/kg、碱解氮53.4mg/kg、有效磷27.1mg/kg、速效钾126mg/kg、缓效钾917mg/kg、有效硼1.4mg/kg、有效钼0.09mg/kg、有效铜10.84mg/kg、有效铁19.9mg/kg、有效锰11.1mg/kg、有效锌1.09mg/kg、有效硅101.82mg/kg、有效硫357.67mg/kg。

表4-66　七等地耕地土壤养分含量

项目	平均值	标准差
有机质（g/kg）	15.9	5.8
全氮（g/kg）	0.81	0.19
碱解氮（mg/kg）	53.4	11.1
有效磷（mg/kg）	27.1	4.9
速效钾（mg/kg）	126	32
缓效钾（mg/kg）	917	249
有效硼（mg/kg）	1.4	1.9
有效钼（mg/kg）	0.09	0.06
有效铜（mg/kg）	10.84	3.75
有效铁（mg/kg）	19.9	5.3
有效锰（mg/kg）	11.1	3.1
有效锌（mg/kg）	1.09	1.86
有效硅（mg/kg）	101.82	54.43
有效硫（mg/kg）	357.67	194.11

对阿克苏地区七等地中各县市的土壤养分含量平均值比较见表4-67，可以发现有机质含量沙雅县最高，为24.1g/kg，新和县最低，为9.10g/kg；全氮含量库车市最高，为1.04g/kg，阿克苏市最低，为0.79g/kg；碱解氮含量阿克苏市最高，为64.4mg/kg，沙雅

县最低，为 36.1mg/kg；有效磷含量新和县最高，为 27.8mg/kg，沙雅县最低，为 20.3mg/kg；速效钾含量库车市最高，为 167mg/kg，乌什县最低，为 97mg/kg；缓效钾含量库车市最高，为 1 157mg/kg，乌什县最低，为 436mg/kg。微量元素硼、钼、铜、铁、锰、锌的有效含量各有高低，差异不明显。

表 4-67　七等地中各县市土壤养分含量平均值比较

养分项目	阿克苏市	温宿县	库车市	沙雅县	新和县	拜城县	乌什县	阿瓦提县	柯坪县
有机质（g/kg）	18.0	12.0	14.5	24.1	9.10	21.5	12.7	13.3	14.0
全氮（g/kg）	0.79	0.93	1.04	0.92	0.87	0.93	0.81	0.97	1.02
碱解氮（mg/kg）	64.4	43.8	40.4	36.1	44.0	44.5	50.7	38.2	40.8
有效磷（mg/kg）	21.4	25.9	21.1	20.3	27.8	21.1	21.8	20.8	21.4
速效钾（mg/kg）	124	132	167	164	126	125	97	157	151
缓效钾（mg/kg）	656	628	1 157	1 114	1 150	1 105	436	785	693
有效硼（mg/kg）	1.3	6.1	0.6	0.6	0.9	0.7	0.7	2.1	1.3
有效钼（mg/kg）	0.07	0.07	0.14	0.15	0.09	0.13	0.06	0.05	0.06
有效铜（mg/kg）	6.86	12.12	10.44	11.23	12.98	10.76	8.42	11.06	11.67
有效铁（mg/kg）	19.5	17.8	20.4	22.3	15.2	21.5	8.5	21.6	20.2
有效锰（mg/kg）	6.4	9.6	12.3	12.1	8.6	10.8	5.4	12.2	12.8
有效锌（mg/kg）	0.88	5.61	0.7	1.65	0.65	0.5	0.8	0.94	0.51
有效硅（mg/kg）	59.07	83.56	144.22	151.07	178.82	142	103.32	44.44	41.6
有效硫（mg/kg）	174.79	193.76	328.49	348.92	663.27	384.85	55.71	394.54	328.93

七等地有机质含量为一级（>25.0g/kg）的面积为 31.87khm^2，占比 45.12%；有机质含量为二级（20.0～25.0g/kg）的面积为 28.68khm^2，占比 40.61%；有机质含量为三级（15.0～20.0g/kg）的面积为 7.55khm^2，占比 10.68%；有机质含量为四级（10.0～15.0g/kg）的面积为 2.12khm^2，占比 3.00%；有机质含量为五级（≤10.0g/kg）的面积为 0.41khm^2，占比 0.58%。表明阿克苏地区七等地有机质含量以中等偏上为主，偏低的面积和比例较少。

七等地全氮含量为二级（1.00～1.50g/kg）的面积为 27.36khm^2，占比 38.73%；全氮含量为三级（0.75～1.00g/kg）的面积为 33.47khm^2，占比 47.39%；全氮含量为四级（0.50 ～ 0.75g/kg）的面积为 9.75khm^2，占比 13.80%；全氮含量为五级（≤0.50g/kg）的面积为 60hm^2，占比 0.08%。表明阿克苏地区七等地全氮含量以中等为主，偏下和偏上的面积和比例较少。

七等地碱解氮含量为二级（120～150mg/kg）的面积为 10hm^2，占比 0.02%；碱解氮含量为三级（90～120mg/kg）的面积为 0.22khm^2，占比 0.32%；碱解氮含量为四级（60～90gmg/kg）的面积为 2.5khm^2，占比 3.55%；碱解氮含量为五级（≤60mg/kg）的面积为 67.89khm^2，占比 96.12%。表明阿克苏地区七等地碱解氮含量以偏下为主，中等和偏上的面积和比例较少。

七等地有效磷含量为一级（>30.0mg/kg）的面积为 3.93khm^2，占比 5.56%；有效磷含量为二级（20.0~30.0mg/kg）的面积为37.26khm²，占比52.76%；有效磷含量为三级（15.0~20.0mg/kg）的面积为26.43khm²，占比37.41%；有效磷含量为四级（8.0~15.0mg/kg）的面积为3.02khm²，占比4.27%。表明阿克苏地区七等地有效磷含量以中等为主，偏高和偏低的面积和比例较少。

七等地速效钾含量为一级（>250mg/kg）的面积为0.31khm²，占比0.44%；速效钾含量为二级（200~250mg/kg）的面积为4.96khm²，占比7.02%；速效钾含量为三级（150~200mg/kg）的面积为34.18khm²，占比48.39%；速效钾含量为四级（100~150mg/kg）的面积为28.59khm²，占比40.48%；速效钾含量为五级（≤100mg/kg）的面积为2.59khm²，占比3.67%。表明阿克苏地区七等地速效钾含量以中等偏下为主，偏高的面积和比例较少。详见表4-68。

表4-68　七等地土壤养分各级别面积与比例

养分等级	一级		二级		三级		四级		五级	
	面积（khm²）	比例（%）	面积（khm²）	比例（%）	面积（khm²）	比例（%）	面积（khm²）	比例（%）	面积（khm²）	比例（%）
有机质	31.87	45.12	28.68	40.61	7.55	10.68	2.12	3.00	0.41	0.58
全氮			27.36	38.73	33.47	47.39	9.75	13.8	0.06	0.08
碱解氮			0.01	0.02	0.22	0.32	2.50	3.55	67.89	96.12
有效磷	3.93	5.56	37.26	52.76	26.43	37.41	3.02	4.27		
速效钾	0.31	0.44	4.96	7.02	34.18	48.39	28.59	40.48	2.59	3.67

第九节　八等地耕地质量等级特征

一、八等地分布特征

（一）区域分布

阿克苏地区八等地耕地面积22.48khm²，占阿克苏地区耕地面积的3.40%。其中，阿克苏市0.75khm²，占阿克苏市耕地的0.73%；温宿县1.60khm²，占温宿县耕地的1.71%；库车市7.18khm²，占库车市耕地的7.48%；沙雅县4.46khm²，占沙雅县耕地的5.41%；新和县0.77khm²，占新和县耕地的1.71%；拜城县1.48khm²，占拜城县耕地的1.78%；乌什县1.0hm²，占乌什县耕地的0.01‰；阿瓦提县5.85khm²，占阿瓦提县耕地的6.10%；柯坪县0.39khm²，占柯坪县耕地的4.25%（表4-69）。

表4-69　各县市八等地面积及占辖区耕地面积的比例

县市	面积（khm²）	占比（%）	县市	面积（khm²）	占比（%）
阿克苏市	0.75	0.73	拜城县	1.48	1.78
温宿县	1.60	1.71	乌什县	0.001	0.001

（续表）

县市	面积（khm^2）	占比（%）	县市	面积（khm^2）	占比（%）
库车市	7.18	7.48	阿瓦提县	5.85	6.10
沙雅县	4.46	5.41	柯坪县	0.39	4.25
新和县	0.77	1.71			

八等地在县域的分布上差异较小。阿克苏地区八等地面积占全县耕地面积的比例均在10%以下。

（二）土壤类型

从土壤类型来看，阿克苏地区八等地分布面积和比例最大的土壤类型分别是潮土、草甸土和灌淤土，分别占八等地总面积的41.51%、22.14%和16.49%，其次是风沙土等，其他土类分布面积较少。详见表4-70。

表4-70　八等地耕地主要土壤类型耕地面积与比例

土壤类型	面积（khm^2）	比例（%）
潮土	9.33	41.51
草甸土	4.97	22.14
灌淤土	3.71	16.49
风沙土	1.57	6.98
林灌草甸土	1.01	4.49
棕漠土	0.93	4.13
沼泽土	0.41	1.80
水稻土	0.28	1.26
棕钙土	0.24	1.05
龟裂土	0.03	0.15
总计	22.48	100

二、八等地属性特征

（一）地形部位

八等地的地形部位面积与比例如表4-71所示。八等地在平原高阶分布面积为0.80khm^2，占八等地总面积的3.55%，占阿克苏地区耕地平原高阶总面积的0.86%；八等地在平原中阶分布最多，面积为14.75khm^2，占八等地总面积的65.61%，占阿克苏地区耕地平原中阶总面积的3.96%；八等地在平原低阶分布面积为6.25khm^2，占八等地总面积的27.81%，占阿克苏地区耕地平原低阶总面积的4.00%；八等地在沙漠边缘分布面积为0.68khm^2，占八等地总面积的3.04%。

表 4-71 八等地的地形部位面积与比例

地形部位	面积（khm^2）	比例（%）	占相同地形部位的比例（%）
平原高阶	0.80	3.55	0.86
平原中阶	14.75	65.61	3.96
平原低阶	6.25	27.81	4.00
沙漠边缘	0.68	3.04	2.09

（二）灌溉能力

八等地中，灌溉能力为不满足的耕地面积为 8.62khm^2，占八等地面积的 38.35%，占阿克苏地区相同灌溉能力耕地总面积的 7.34%；灌溉能力为基本满足的耕地面积为 2.83khm^2，占八等地面积的 12.61%，占阿克苏地区相同灌溉能力耕地总面积的 2.87%；灌溉能力为满足的耕地面积为 8.75khm^2，占八等地面积的 38.92%，占阿克苏地区相同灌溉能力耕地总面积的 2.50%；灌溉能力为充分满足的耕地面积为 2.28khm^2，占八等地面积的 10.13%，占阿克苏地区相同灌溉能力耕地总面积的 2.40%（表 4-72）。

表 4-72 不同灌溉能力下八等地的面积与比例

灌溉能力	面积（khm^2）	比例（%）	占相同灌溉能力的比例（%）
不满足	8.62	38.35	7.34
基本满足	2.83	12.61	2.87
满足	8.75	38.92	2.50
充分满足	2.28	10.13	2.40

（三）质地

耕层质地在阿克苏地区八等地中的面积及占比如表 4-73 所示。八等地中，耕层质地以中壤为主，面积达 9.51khm^2，占比为 42.29%；其次是轻壤，面积为 4.90khm^2，占比为 21.78%；其他质地所占比例较低。

表 4-73 八等地与耕层质地

质地	面积（khm^2）	比例（%）	占相同质地耕地面积（%）
砂土	1.34	5.98	5.57
砂壤	2.84	12.61	2.38
轻壤	4.90	21.78	3.71
中壤	9.51	42.29	3.33
重壤	2.45	10.91	3.15
黏土	1.45	6.44	6.56
总计	22.48	100.00	24.70

（四）盐渍化程度

八等地的盐渍化程度见表 4-74。无盐渍化的耕地面积为 2.82khm^2，占八等地总面积的 12.53%；轻度盐渍化的耕地面积为 17.17khm²，占八等地总面积的 76.37%；中度盐渍化的耕地面积为 2.37khm²，占八等地总面积的 10.52%；重度盐渍化的耕地面积为 70hm²，占八等地总面积的 0.30%；盐土耕地面积为 60hm²，占八等地总面积的 0.28%。

表 4-74　八等地的盐渍化程度

盐渍化程度	面积（khm²）	比例（%）	占相同盐渍化程度耕地面积（%）
无	2.82	12.53	1.26
轻度	17.17	76.37	4.99
中度	2.37	10.52	2.75
重度	0.07	0.30	0.86
盐土	0.06	0.28	33.77
总计	22.48	100.00	43.63

（五）养分状况

对阿克苏地区八等地耕层养分进行统计如表 4-75 所示。八等地的养分含量平均值分别为：有机质 16.4g/kg、全氮 0.89g/kg、碱解氮 52.4mg/kg、有效磷 38.3mg/kg、速效钾 167mg/kg、缓效钾 943mg/kg、有效硼 1.6mg/kg、有效钼 0.10mg/kg、有效铜 10.67mg/kg、有效铁 20.7mg/kg、有效锰 11.6mg/kg、有效锌 1.06mg/kg、有效硅 99.68mg/kg、有效硫 364.61mg/kg。

表 4-75　八等地耕地土壤养分含量

项目	平均值	标准差
有机质（g/kg）	16.4	6.5
全氮（g/kg）	0.89	0.20
碱解氮（mg/kg）	52.4	12.5
有效磷（mg/kg）	38.3	4.9
速效钾（mg/kg）	167	31
缓效钾（mg/kg）	943	221
有效硼（mg/kg）	1.6	2.7
有效钼（mg/kg）	0.1	0.07
有效铜（mg/kg）	10.67	3.39
有效铁（mg/kg）	20.7	3.7
有效锰（mg/kg）	11.6	2.6
有效锌（mg/kg）	1.06	2.59
有效硅（mg/kg）	99.68	54.68
有效硫（mg/kg）	364.61	202.52

对阿克苏地区八等地中各县市的土壤养分含量平均值比较见表 4-76，可以发现有机质含量拜城县最高，为 35.1g/kg，阿克苏市最低，为 12.0g/kg；全氮含量柯坪县最高，

为1.03g/kg，乌什县最低，为0.60g/kg；碱解氮含量阿克苏市最高，为71.3mg/kg，沙雅县最低，为37.0mg/kg；有效磷含量新和县最高，为27.1mg/kg，柯坪县最低，为20.9mg/kg；速效钾含量库车市最高，为170mg/kg，乌什县最低，为92mg/kg；缓效钾含量沙雅县最高，为1 144mg/kg，乌什县最低，为423mg/kg。微量元素硼、钼、铜、铁、锰、锌的有效含量各有高低，差异不明显。

表4-76　八等地中各县市土壤养分含量平均值比较

养分项目	阿克苏市	温宿县	库车市	沙雅县	新和县	拜城县	乌什县	阿瓦提县	柯坪县
有机质（g/kg）	12.0	16.5	17.2	24.3	13.8	35.1	14.6	12.8	13.3
全氮（g/kg）	0.84	0.89	1.00	0.93	0.88	1.01	0.60	1.00	1.03
碱解氮（mg/kg）	71.3	43.8	39.8	37.0	44.0	48.6	38.8	39.6	40.9
有效磷（mg/kg）	25.8	26.5	22.4	21.5	27.1	22.9	22.7	22.1	20.9
速效钾（mg/kg）	147	134	170	161	126	131	92	154	154
缓效钾（mg/kg）	651	618	1 143	1 144	1 129	1 104	423	784	690
有效硼（mg/kg）	1.7	8.4	0.6	0.5	0.9	0.7	0.6	2.0	1.3
有效钼（mg/kg）	0.07	0.07	0.15	0.15	0.11	0.14	0.05	0.05	0.07
有效铜（mg/kg）	5.49	11.78	10.83	11.13	11.76	9.91	15.9	10.99	12
有效铁（mg/kg）	18.3	16.5	21.1	21.7	16.2	20.7	11.3	21.4	19.3
有效锰（mg/kg）	6.9	9.0	12.2	11.9	8.7	11.5	9.4	12.3	12.6
有效锌（mg/kg）	1.00	7.86	0.71	1.34	0.61	0.51	0.93	0.72	0.48
有效硅（mg/kg）	59.71	92.1	149.15	148.72	183.78	141.09	125.41	44.96	43.21
有效硫（mg/kg）	275.69	171.80	319.00	355.60	635.20	384.22	35.48	383.15	311.60

八等地有机质含量为一级（>25.0g/kg）的面积为8.76khm²，占比38.98%；有机质含量为二级（20.0～25.0g/kg）的面积为10.99khm²，占比48.91%；有机质含量为三级（15.0～20.0g/kg）的面积为2.06khm²，占比9.14%；有机质含量为四级（10.0～15.0g/kg）的面积为0.61khm²，占比2.70%；有机质含量为五级（≤10.0g/kg）的面积为0.06khm²，占比0.27%。表明阿克苏地区八等地有机质含量以中等偏上为主，偏低的面积和比例较少。

八等地全氮含量为二级（1.00～1.50g/kg）的面积为7.84khm²，占比34.86%；全氮含量为三级（0.75～1.00g/kg）的面积为12.21khm²，占比54.34%；全氮含量为四级（0.50～0.75g/kg）的面积为2.41khm²，占比10.72%；全氮含量为五级（≤0.50g/kg）的面积为20hm²，占比0.08%。表明阿克苏地区八等地全氮含量以中等为主，偏下和偏上的面积和比例较少。

八等地碱解氮含量为三级（90～120mg/kg）的面积为0.11khm²，占比0.50%；碱解氮含量为四级（60～90gmg/kg）的面积为1.08khm²，占比4.79%；碱解氮含量为五级（≤60mg/kg）的面积为21.29khm²，占比94.71%。表明阿克苏地区八等地碱解氮含量以偏下为主，中等和偏上的面积和比例较少。

八等地有效磷含量为一级（>30.0mg/kg）的面积为0.95khm²，占比4.22%；有效磷含量为二级（20.0~30.0mg/kg）的面积为14.99khm^2，占比66.68%；有效磷含量为三级（15.0~20.0mg/kg）的面积为5.75khm^2，占比25.58%；有效磷含量为四级（8.0~15.0mg/kg）的面积为0.79khm^2，占比3.52%。表明阿克苏地区八等地有效磷含量以中等为主，偏高和偏低的面积和比例较少。

八等地速效钾含量为一级（>250mg/kg）的面积为0.1khm^2，占比0.43%；速效钾含量为二级（200~250mg/kg）的面积为1.5khm^2，占比6.69%；速效钾含量为三级（150~200mg/kg）的面积为11.61khm^2，占比51.66%；速效钾含量为四级（100~150mg/kg）的面积为8.87khm^2，占比39.44%；速效钾含量为五级（≤100mg/kg）的面积为0.4khm^2，占比1.78%。表明阿克苏地区八等地速效钾含量以中等偏下为主，偏高的面积和比例较少。详见表4-77

表4-77　八等地土壤养分各级别面积与比例

养分等级	一级		二级		三级		四级		五级	
	面积（khm^2）	比例（%）	面积（khm^2）	比例（%）	面积（khm^2）	比例（%）	面积（khm^2）	比例（%）	面积（khm^2）	比例（%）
有机质	8.76	38.98	10.99	48.91	2.06	9.14	0.61	2.70	0.06	0.27
全氮			7.84	34.86	12.21	54.34	2.41	10.72	0.02	0.08
碱解氮					0.11	0.50	1.08	4.79	21.29	94.71
有效磷	0.95	4.22	14.99	66.68	5.75	25.58	0.79	3.52		
速效钾	0.10	0.43	1.50	6.69	11.61	51.66	8.87	39.44	0.40	1.78

第十节　九等地耕地质量等级特征

一、九等地分布特征

（一）区域分布

阿克苏地区九等地耕地面积37.25khm^2，占阿克苏地区耕地面积的5.64%。其中，阿克苏市0.56khm^2，占阿克苏市耕地的0.55%；温宿县3.98khm^2，占温宿县耕地的4.23%；库车市9.10khm^2，占库车市耕地的9.48%；沙雅县7.96khm^2，占沙雅县耕地的9.66%；新和县0.56khm^2，占新和县耕地的1.24%；拜城县2.81khm^2，占拜城县耕地的3.38%；乌什县无九等地；阿瓦提县11.71khm^2，占阿瓦提县耕地的12.21%；柯坪县0.58khm^2，占柯坪县耕地的6.30%（表4-78）。

表4-78　各县市九等地面积及占辖区耕地面积的比例

县市	面积（khm^2）	占比（%）	县市	面积（khm^2）	占比（%）
阿克苏市	0.56	0.55	拜城县	2.81	3.38
温宿县	3.98	4.23	新和县	0.56	1.24
库车市	9.10	9.48	阿瓦提县	11.71	12.21
沙雅县	7.96	9.66	柯坪县	0.58	6.30

九等地在县域的分布上的差异较小。九等地面积占全县耕地面积的比例在10%~20%间的仅有1个，为阿瓦提县。

九等地面积占全县耕地面积的比例在10%以下的有7个，分别是阿克苏市、拜城县、库车市、温宿县、柯坪县、沙雅县和新和县。

（二）土壤类型

从土壤类型来看，阿克苏地区九等地分布面积和比例最大的土壤类型分别是潮土、草甸土和灌淤土，分别占九等地总面积的33.49%、27.87%和13.97%，其次是棕漠土、风沙土等，其他土类分布面积较少。详见表4-79。

表4-79　九等地耕地主要土壤类型耕地面积与比例

土壤类型	面积（khm^2）	比例（%）
潮土	12.47	33.49
草甸土	10.38	27.87
灌淤土	5.21	13.97
棕漠土	3.24	8.69
风沙土	2.68	7.19
棕钙土	1.14	3.07
沼泽土	0.96	2.59
林灌草甸土	0.71	1.90
龟裂土	0.28	0.76
水稻土	0.12	0.32
栗钙土	0.05	0.15
总计	37.25	100.00

二、九等地属性特征

（一）地形部位

九等地的地形部位面积与比例如表4-80所示。九等地在平原高阶分布面积为2.17khm^2，占九等地总面积的5.83%，占阿克苏地区耕地平原高阶总面积的2.34%；九等地在平原中阶分布最多，面积为21.92khm^2，占九等地总面积的58.84%，占阿克苏地区耕地平原中阶总面积的5.88%；九等地在平原低阶分布面积为9.51khm^2，占九等地总面积的25.53%，占阿克苏地区耕地平原低阶总面积的6.09%；九等地在沙漠边缘和山地坡下分布面积为3.65khm^2，占九等地总面积的9.80%。

表4-80　九等地的地形部位面积与比例

地形部位	面积（khm^2）	比例（%）	占相同地形部位的比例（%）
山地坡下	1.75	4.70	26.53
平原高阶	2.17	5.83	2.34
平原中阶	21.92	58.84	5.88

（续表）

地形部位	面积（khm^2）	比例（%）	占相同地形部位的比例（%）
平原低阶	9.51	25.53	6.09
沙漠边缘	1.90	5.10	5.83

（二）灌溉能力

九等地中，灌溉能力为不满足的耕地面积为 18.45khm^2，占九等地面积的 49.52%，占阿克苏地区相同灌溉能力耕地总面积的 15.72%；灌溉能力为基本满足的耕地面积为 3.61khm^2，占九等地面积的 9.69%，占阿克苏地区相同灌溉能力耕地总面积的 3.65%；灌溉能力为满足的耕地面积为 11.56khm^2，占九等地面积的 31.03%，占阿克苏地区相同灌溉能力耕地总面积的 3.30%；灌溉能力为充分满足的耕地面积为 3.64khm^2，占九等地面积的 9.76%，占阿克苏地区相同灌溉能力耕地总面积的 3.84%（表 4-81）。

表 4-81　不同灌溉能力下九等地的面积与比例

灌溉能力	面积（khm^2）	比例（%）	占相同灌溉能力的比例（%）
不满足	18.45	49.52	15.72
基本满足	3.61	9.69	3.65
满足	11.56	31.03	3.30
充分满足	3.64	9.76	3.84

（三）质地

耕层质地在阿克苏地区九等地中的面积及占比如表 4-82 所示。九等地中，耕层质地以中壤为主，面积达 14.90khm^2，占比为 39.99%；其次是砂壤，面积为 8.59khm^2，占比为 23.06%；另外轻壤占九等地总面积的 19.40%，其他质地所占比例较低。

表 4-82　九等地与耕层质地

质地	面积（khm^2）	比例（%）	占相同质地耕地面积（%）
砂土	2.24	6.01	9.27
砂壤	8.59	23.06	7.20
轻壤	7.23	19.40	5.48
中壤	14.90	39.99	5.21
重壤	2.80	7.51	3.60
黏土	1.50	4.04	6.82
总计	37.25	100.00	37.58

（四）盐渍化程度

九等地的盐渍化程度见表 4-83。无盐渍化的耕地面积为 6.07khm^2，占九等地总面积的 16.31%；轻度盐渍化的耕地面积为 23.91khm^2，占九等地总面积的 64.19%；中度盐渍化的耕地面积为 6.86khm^2，占九等地总面积的 18.43%；重度盐渍化的耕地面积为 0.40khm^2，占九等地总面积的 1.08%。

表 4-83　九等地的盐渍化程度

盐渍化程度	面积（khm^2）	比例（%）	占相同盐渍化程度耕地面积（%）
无	6.07	16.31	2.70
轻度	23.91	64.19	7.00
中度	6.86	18.43	19.50
重度	0.40	1.08	5.60
总计	37.25	100.00	22.70

（五）养分状况

对阿克苏地区九等地耕层养分进行统计如表 4-84 所示。九等地的养分含量平均值分别为：有机质 15.1g/kg、全氮 0.73g/kg、碱解氮 48.1mg/kg、有效磷 26.2mg/kg、速效钾 116mg/kg、缓效钾 960mg/kg、有效硼 1.7mg/kg、有效钼 0.09mg/kg、有效铜 11.30mg/kg、有效铁 20.4mg/kg、有效锰 11.7mg/kg、有效锌 1.05mg/kg、有效硅 97.44mg/kg、有效硫 434.70mg/kg。

表 4-84　九等地耕地土壤养分含量

项目	平均值	标准差
有机质（g/kg）	15.1	5.18
全氮（g/kg）	0.73	0.18
碱解氮（mg/kg）	48.1	9.13
有效磷（mg/kg）	26.2	4.34
速效钾（mg/kg）	116	26.83
缓效钾（mg/kg）	960	198.94
有效硼（mg/kg）	1.7	2.1
有效钼（mg/kg）	0.09	0.06
有效铜（mg/kg）	11.30	3.16
有效铁（mg/kg）	20.4	3.53
有效锰（mg/kg）	11.7	2.3
有效锌（mg/kg）	1.05	2.16
有效硅（mg/kg）	97.44	53.66
有效硫（mg/kg）	434.70	286.69

对阿克苏地区九等地中各县市的土壤养分含量平均值比较见表 4-85，可以发现有机质含量沙雅县最高，为 21.3g/kg，温宿县最低，为 11.8g/kg；全氮含量库车市最高，为 1.00g/kg，阿克苏市最低，为 0.87g/kg；碱解氮含量阿克苏市最高，为 59.5mg/kg，沙雅县最低，为 35.0mg/kg；有效磷含量新和县最高，为 27.5mg/kg，柯坪县最低，为 19.9mg/kg；速效钾含量库车市最高，为 165mg/kg，温宿县最低，为 126mg/kg；缓效钾含量库车市最高，为 1 139mg/kg，阿克苏市最低，为 647mg/kg。微量元素硼、钼、铜、铁、锰、锌的有效含量各有高低，差异不明显。

表 4-85　九等地中各县市土壤养分含量平均值比较

养分项目	阿克苏市	温宿县	库车市	沙雅县	新和县	拜城县	阿瓦提县	柯坪县
有机质（g/kg）	17.6	11.8	14.0	21.3	13.7	21.0	12.9	18.4
全氮（g/kg）	0.87	0.93	1.00	0.88	0.90	0.97	0.96	0.93
碱解氮（mg/kg）	59.5	42.0	40.1	35.0	43.2	40.9	38.3	37.2
有效磷（mg/kg）	23.5	25.6	21.5	20.9	27.5	21.8	21.4	19.9
速效钾（mg/kg）	134	126	165	164	131	130	153	140
缓效钾（mg/kg）	647	802	1 139	1 122	1 135	1 122	800	741
有效硼（mg/kg）	1.6	8.2	0.6	0.5	0.8	0.7	2.3	1.2
有效钼（mg/kg）	0.07	0.09	0.15	0.14	0.09	0.14	0.04	0.08
有效铜（mg/kg）	7.05	13.17	9.87	12.22	13.37	11.55	11.35	11.63
有效铁（mg/kg）	18.1	18.7	21.3	21.6	17.3	20.8	21.3	20.3
有效锰（mg/kg）	7.5	10.1	12.4	11.8	9.3	11.5	12.1	12.2
有效锌（mg/kg）	0.92	7.94	0.84	2.02	0.62	0.53	0.58	0.57
有效硅（mg/kg）	62.93	60.65	143.73	149.61	172.28	146.94	44.93	49.19
有效硫（mg/kg）	247.66	167.30	303.35	359.41	628.50	364.54	557.84	306.00

九等地有机质含量为一级（>25.0g/kg）的面积为12.53khm^2，占比33.62%；有机质含量为二级（20.0~25.0g/kg）的面积为22.31khm^2，占比59.89%；有机质含量为三级（15.0~20.0g/kg）的面积为1.99khm^2，占比5.34%；有机质含量为四级（10.0~15.0g/kg）的面积为0.43khm^2，占比1.15%；有机质含量为五级（≤10.0g/kg）的面积为2hm^2，占比0.04‰。表明阿克苏地区九等地有机质含量以偏上为主，中等偏低的面积和比例较少。

九等地全氮含量为二级（1.00~1.50g/kg）的面积为10.38khm^2，占比27.86%；全氮含量为三级（0.75~1.00g/kg）的面积为21.43khm^2，占比57.53%；全氮含量为四级（0.50~0.75g/kg）的面积为5.44khm^2，占比14.61%。表明阿克苏地区九等地全氮含量以中等为主。

九等地碱解氮含量为三级（90~120mg/kg）的面积为0.04khm^2，占比0.11%；碱解氮含量为四级（60~90gmg/kg）的面积为0.5khm^2，占比1.33%；碱解氮含量为五级（≤60mg/kg）的面积为36.71khm^2，占比98.55%。表明阿克苏地区九等地碱解氮含量以偏下为主，中等的面积和比例较少。

九等地有效磷含量为一级（>30.0mg/kg）的面积为0.74khm^2，占比1.98%；有效磷含量为二级（20.0~30.0mg/kg）的面积为24.24khm^2，占比65.07%；有效磷含量为三级（15.0~20.0mg/kg）的面积为11.29khm^2，占比30.32%；有效磷含量为四级（8.0~15.0mg/kg）的面积为0.98khm^2，占比2.62%。表明阿克苏地区九等地有效磷含量以中等为主，偏高和偏低的面积和比例较少。

九等地速效钾含量为一级（>250mg/kg）的面积为0.16khm^2，占比0.44%；速效钾含量为二级（200~250mg/kg）的面积为1.6khm^2，占比4.31%；速效钾含量为三级

（150～200mg/kg）的面积为 17.28khm²，占比 46.39%；速效钾含量为四级（100～150mg/kg）的面积为 16.77khm²，占比 45.03%；速效钾含量为五级（≤100mg/kg）的面积为 1.43khm²，占比 3.83%。表明阿克苏地区九等地速效钾含量以中等偏下为主，偏高的面积和比例较少。详见表 4-86

表 4-86　九等地土壤养分各级别面积与比例

养分等级	一级		二级		三级		四级		五级	
	面积（khm²）	比例（%）	面积（khm²）	比例（%）	面积（khm²）	比例（%）	面积（khm²）	比例（%）	面积（khm²）	比例（%）
有机质	12.53	33.62	22.31	59.89	1.99	5.34	0.43	1.15	0.002	0.004
全氮			10.38	27.86	21.43	57.53	5.44	14.61		
碱解氮					0.04	0.11	0.50	1.33	36.71	98.55
有效磷	0.74	1.98	24.24	65.07	11.29	30.32	0.98	2.62		
速效钾	0.16	0.44	1.60	4.31	17.28	46.39	16.77	45.03	1.43	3.83

第十一节　十等地耕地质量等级特征

一、十等地分布特征

（一）区域分布

阿克苏地区十等地耕地面积 66.47khm²，占阿克苏地区耕地面积的 10.06%。其中，阿克苏市 80hm²，占阿克苏市耕地的 0.08%；温宿县 3.67khm²，占温宿县耕地的 3.90%；库车市 29.79khm²，占库车市耕地的 31.05%；沙雅县 10.79khm²，占沙雅县耕地的 13.10%；新和县 70hm²，占新和县耕地的 0.15%；拜城县 2.46khm²，占拜城县耕地的 2.96%；乌什县无十等地；阿瓦提县 19.61khm²，占阿瓦提县耕地的 20.44%；柯坪县 10hm²，占柯坪县耕地的 0.09%（表 4-87）。

表 4-87　各县市十等地面积及占辖区耕地面积的比例

县市	面积（khm²）	占比（%）	县市	面积（khm²）	占比（%）
阿克苏市	0.08	0.08	新和县	0.07	0.15
温宿县	3.67	3.90	拜城县	2.46	2.96
库车市	29.79	31.05	阿瓦提县	19.61	20.44
沙雅县	10.79	13.10	柯坪县	0.01	0.09

十等地在县域的分布上的差异较大。十等地面积占全县耕地面积的比例在 30%～40%间的有 1 个，为库车市。

十等地面积占全县耕地面积的比例在 20%～30%间的有 1 个，为阿瓦提县。

十等地面积占全县耕地面积的比例在 10%～20%间的有 1 个，为沙雅县。

十等地面积占全县耕地面积的比例在10%以下的有5个，分别是阿克苏市、拜城县、温宿县、柯坪县和新和县。

（二）土壤类型

从土壤类型来看，阿克苏地区十等地分布面积和比例最大的土壤类型分别是潮土、草甸土和灌淤土，分别占十等地总面积的38.62%、22.68%和10.06%，其次是风沙土和林灌草甸土等，其他土类分布面积较少。详见表4-88。

表4-88　十等地耕地主要土壤类型耕地面积与比例

土壤类型	面积（khm^2）	比例（%）
潮土	25.67	38.62
草甸土	15.06	22.68
灌淤土	6.69	10.06
风沙土	6.68	10.04
林灌草甸土	3.90	5.86
棕钙土	2.20	3.31
棕漠土	2.20	3.31
沼泽土	2.12	3.19
栗钙土	1.49	2.23
水稻土	0.34	0.51
龟裂土	0.12	0.19
总计	66.47	100.00

二、十等地属性特征

（一）地形部位

十等地的地形部位面积与比例如表4-89所示。十等地在平原高阶和山地坡下分布面积为6.07khm^2，占十等地总面积的9.12%；十等地在平原中阶分布最多，面积为23.64khm^2，占十等地总面积的35.56%，占阿克苏地区耕地平原中阶总面积的6.35%；十等地在平原低阶分布面积为17.01khm^2，占十等地总面积的25.59%，占阿克苏地区耕地平原低阶总面积的10.89%；十等地在沙漠边缘分布面积为19.76khm^2，占十等地总面积的29.73%，占阿克苏地区耕地沙漠边缘总面积的60.63%。

表4-89　十等地的地形部位面积与比例

地形部位	面积（khm^2）	比例（%）	占相同地形部位的比例（%）
山地坡下	3.64	5.47	55.13
平原高阶	2.43	3.65	2.62
平原中阶	23.64	35.56	6.35
平原低阶	17.01	25.59	10.89
沙漠边缘	19.76	29.73	60.63

（二）灌溉能力

十等地中，灌溉能力为不满足的耕地面积为 28.91khm²，占十等地面积的 43.49%，占阿克苏地区相同灌溉能力耕地总面积的 24.63%；灌溉能力为基本满足的耕地面积为 11.84khm²，占十等地面积的 17.81%，占阿克苏地区相同灌溉能力耕地总面积的 11.98%；灌溉能力为满足的耕地面积为 21.92khm²，占十等地面积的 32.97%，占阿克苏地区相同灌溉能力耕地总面积的 6.27%；灌溉能力为充分满足的耕地面积为 3.81khm²，占十等地面积的 5.72%，占阿克苏地区相同灌溉能力耕地总面积的 4.02%（表 4-90）。

表 4-90　不同灌溉能力下十等地的面积与比例

灌溉能力	面积（khm²）	比例（%）	占相同灌溉能力的比例（%）
不满足	28.91	43.49	24.63
基本满足	11.84	17.81	11.98
满足	21.92	32.97	6.27
充分满足	3.81	5.72	4.02

（三）质地

耕层质地在阿克苏地区十等地中的面积及占比如表 4-91 所示。十等地中，耕层质地以砂壤为主，面积达 27.43khm²，占比为 41.27%；其次是中壤，面积为 26.83khm²，占比为 40.37%；其他质地所占比例较低。

表 4-91　十等地与耕层质地

质地	面积（khm²）	比例（%）	占相同质地耕地面积（%）
砂土	3.38	5.09	14.02
砂壤	27.43	41.27	23.01
轻壤	4.59	6.90	3.48
中壤	26.83	40.37	9.39
重壤	3.67	5.52	4.72
黏土	0.57	0.85	2.57
总计	66.47	100.00	57.19

（四）盐渍化程度

十等地的盐渍化程度见表 4-92。无盐渍化的耕地面积为 6.51khm²，占十等地总面积的 9.80%；轻度盐渍化的耕地面积为 42.76khm²，占十等地总面积的 64.33%；中度盐渍化的耕地面积为 16.75khm²，占十等地总面积的 25.20%；重度盐渍化的耕地面积为 0.45khm²，占十等地总面积的 0.67%。

表 4-92　十等地的盐渍化程度

盐渍化程度	面积（khm²）	比例（%）	占相同盐渍化程度耕地面积（%）
无	6.51	9.80	2.90

（续表）

盐渍化程度	面积（khm^2）	比例（%）	占相同盐渍化程度耕地面积（%）
轻度	42.76	64.33	12.40
中度	16.75	25.20	19.50
重度	0.45	0.67	5.60
总计	66.47	100.00	40.44

（五）养分状况

对阿克苏地区十等地耕层养分进行统计如表4-93所示。十等地的养分含量平均值分别为有机质14.4g/kg、全氮0.79g/kg、碱解氮56.1mg/kg、有效磷27.7mg/kg、速效钾122mg/kg、缓效钾974mg/kg、有效硼1.4mg/kg、有效钼0.09mg/kg、有效铜10.98mg/kg、有效铁20.9mg/kg、有效锰12.4mg/kg、有效锌0.74mg/kg、有效硅94.50mg/kg、有效硫396.98mg/kg。

表4-93　十等地耕地土壤养分含量

项目	平均值	标准差
有机质（g/kg）	14.4	0.2
全氮（g/kg）	0.79	3.46
碱解氮（mg/kg）	56.1	2.3
有效磷（mg/kg）	27.7	29.9
速效钾（mg/kg）	122	196
缓效钾（mg/kg）	974	1
有效硼（mg/kg）	1.4	0.1
有效钼（mg/kg）	0.09	2.73
有效铜（mg/kg）	10.98	3.49
有效铁（mg/kg）	20.9	2.1
有效锰（mg/kg）	12.4	0.9
有效锌（mg/kg）	0.74	52.58
有效硅（mg/kg）	94.50	207.5
有效硫（mg/kg）	396.98	0.18

对阿克苏地区十等地中各县市的土壤养分含量平均值比较见表4-94，可以发现有机质含量拜城县最高，为22.4g/kg，阿瓦提县最低，为10.4g/kg；全氮含量库车市最高，为1.03g/kg，阿克苏市最低，为0.76g/kg；碱解氮含量阿克苏市最高，为71.3mg/kg，温宿县最低，为34.8mg/kg；有效磷含量新和县最高，为22.7mg/kg，温宿县最低，为19.0mg/kg；速效钾含量沙雅县最高，为168mg/kg，阿克苏市最低，为111g/kg；缓效钾含量库车市最高，为1 153mg/kg，阿克苏市最低，为647mg/kg。微量元素硼、钼、铜、铁、锰、锌的有效含量各有高低，差异不明显。

表 4-94 十等地中各县市土壤养分含量平均值比较

养分项目	阿克苏市	温宿县	库车市	沙雅县	新和县	拜城县	阿瓦提县	柯坪县
有机质（g/kg）	11.8	20.2	14.1	16.6	12.3	22.4	10.4	14.9
全氮（g/kg）	0.76	0.86	1.03	0.93	0.87	0.96	1.00	0.93
碱解氮（mg/kg）	71.3	34.8	40.9	36.8	40.9	38.2	39.3	36.8
有效磷（mg/kg）	20.0	19.0	21.7	20.8	22.7	21.1	21.4	19.4
速效钾（mg/kg）	111	112	158	168	129	127	145	130
缓效钾（mg/kg）	647	775	1 153	1 135	1 136	1 114	810	879
有效硼（mg/kg）	1.2	7.5	0.6	0.5	0.7	0.6	2.1	1.1
有效钼（mg/kg）	0.08	0.08	0.13	0.14	0.09	0.14	0.05	0.09
有效铜（mg/kg）	10.78	12.13	10.28	11.81	12.89	11.71	10.95	12.88
有效铁（mg/kg）	21.0	19.1	20.2	21.2	17.5	22.0	20.9	20.2
有效锰（mg/kg）	4.6	10.5	12.8	12.0	9.6	11.9	12.4	11.8
有效锌（mg/kg）	0.73	7.31	0.65	1.28	0.62	0.52	0.59	0.7
有效硅（mg/kg）	71.09	49.57	139.42	149.32	172.06	150.41	44.29	37.05
有效硫（mg/kg）	163.4	158.22	299.65	372.49	600.89	352.01	471.8	253.45

十等地有机质含量为一级（>25.0g/kg）的面积为 30.23khm^2，占比 45.47%；有机质含量为二级（20.0~25.0g/kg）的面积为 31.05khm^2，占比 46.72%；有机质含量为三级（15.0~20.0g/kg）的面积为 4.87khm^2，占比 7.32%；有机质含量为四级（10.0~15.0g/kg）的面积为 0.16khm^2，占比 0.24%；有机质含量为五级（≤10.0g/kg）的面积为 0.16khm^2，占比 0.25%。表明阿克苏地区十等地有机质含量以中等偏上为主，偏低的面积和比例较少。

十等地全氮含量为二级（1.00~1.50g/kg）的面积为 27.01khm^2，占比 40.64%；全氮含量为三级（0.75~1.00g/kg）的面积为 33.41khm^2，占比 50.26%；全氮含量为四级（0.50~0.75g/kg）的面积为 5.92khm^2，占比 8.91%；全氮含量为五级（≤0.50g/kg）的面积为 0.13khm^2，占比 0.20%。表明阿克苏地区十等地全氮含量以中等为主，偏下和偏上的面积和比例较少。

十等地解氮含量为四级（60~90mg/kg）的面积为 0.06khm^2，占比 0.09%；碱解氮含量为五级（≤60mg/kg）的面积为 66.41khm^2，占比 99.91%。表明阿克苏地区十等地碱解氮含量以偏下为主。

十等地有效磷含量为一级（>30.0mg/kg）的面积为 0.66khm^2，占比 0.99%；有效磷含量为二级（20.0~30.0mg/kg）的面积为 40.93khm^2，占比 61.58%；有效磷含量为三级（15.0~20.0mg/kg）的面积为 23.85khm^2，占比 35.88%；有效磷含量为四级（8.0~15.0mg/kg）的面积为 1khm^2，占比 1.51%；有效磷含量为五级（≤8.0mg/kg）的面积为 0.02khm^2，占比 0.03%。表明阿克苏地区十等地有效磷含量以中等和偏高为主，偏低的面积和比例较少。

十等地速效钾含量为一级（>250mg/kg）的面积为 0.29khm^2，占比 0.43%；速效钾含量为二级（200～250mg/kg）的面积为 6.62khm²，占比 9.95%；速效钾含量为三级（150～200mg/kg）的面积为 31.59khm²，占比 47.52%；速效钾含量为四级（100～150mg/kg）的面积为 26.69khm²，占比 40.15%；速效钾含量为五级（≤100mg/kg）的面积为 1.29khm²，占比 1.95%。表明阿克苏地区十等地速效钾含量以中等偏下为主，偏高的面积和比例较少。详见表 4-95。

表 4-95　十等地土壤养分各级别面积与比例

养分等级	一级		二级		三级		四级		五级	
	面积（khm²）	比例（%）	面积（khm²）	比例（%）	面积（khm²）	比例（%）	面积（khm²）	比例（%）	面积（khm²）	比例（%）
有机质	30.23	45.47	31.05	46.72	4.87	7.32	0.16	0.24	0.16	0.25
全氮			27.01	40.64	33.41	50.26	5.92	8.91	0.13	0.20
碱解氮							0.06	0.09	66.41	99.91
有效磷	0.66	0.99	40.93	61.58	23.85	35.88	1.00	1.51	0.02	0.03
速效钾	0.29	0.43	6.62	9.95	31.59	47.52	26.69	40.15	1.29	1.95

第十二节　耕地质量提升与改良利用

耕地质量评价的目的是依据评价的结果对阿克苏地区的耕地质量进行提升，以逐步提高阿克苏地区农作物产量，改良中低产田。阿克苏地区气候条件差、地形地貌较为复杂，因此对于本次评价出的不同等级的耕地在耕地质量提升与改良措施上应分别对待，依据各等级及其主要障碍因素，分别采取不同的地力提升与改良措施。本次评价出的一至三等地限制因素相对较少，归为高等地；四至六等地限制因素中等，归为中等地；七至十级耕地肥力退化严重，具有较高的限制因素，因此归为低等地。针对阿克苏地区高、中、低不同质量等级的耕地，要因地制宜地确定改良利用方案，科学规划，合理配置，并制定相应的政策法规，以地力培肥、土壤改良、养分平衡、质量修复为主要出发点，做到因土用地，在保证耕地质量不下降的基础上，实现经济、社会、生态环境的同步发展，着力提升耕地内在质量，为农业生产夯实长远基础。

一、高等地的地力保持途径

阿克苏地区高等地主要分布在具有灌溉条件的平原上，质地壤土，障碍因素较少，熟化程度高，有机质及养分含量高，机械化耕作与收割方便，适种范围广，是阿克苏地区重要的农作物产地。但由于阿克苏地区地力基础较低，因此地力保持途径关键在于以下几点。

一是增施有机肥，以不断培肥地力。通过政府引导、部门示范等途径，逐渐改变农户重化学肥料轻有机肥料的习惯，提高农户秸秆还田和农家肥的施用量，以保持和提高地力。

二是完善灌溉配套设施。充分利用阿克苏地区现有的河流、水库等水利条件，改造陈旧灌溉沟渠，推进高效、节水灌溉方式的推广。

三是用地养地相结合。尽管阿克苏地区的高等地目前而言具有一定程度的优势，但毕竟大部分处于干旱、半干旱地区，易受到多重因素的威胁，因此在利用上除尽可能让高等地发挥作用之外，还应注重耕地的养护。可采取轮作、套种、复种绿肥等形式，以达到培肥地力，维持土壤养分平衡的目的。

二、中等地的地力提升措施

阿克苏地区中等地主要分布在具有一定灌溉条件的平原，这些耕地分布范围广、面积较大，质地中等，土壤质量差别较大，有机质及养分含量中等，灌溉能力多在满足或基本满足，生产潜力巨大。应从以下四个方面提升地力。

第一，大力促进秸秆还田及有机肥的施用，以培肥地力。土壤有机质和养分含量较低是阿克苏地区中等地质量低下的重要原因之一，一方面可以通过发展阿克苏地区具有优势的畜牧业，多积农家肥，另一方面将作物秸秆制肥施入农地，同时也要保证化学肥料的合理投入。

第二，加大农、林、路、渠的配套建设。阿克苏地区中等地所处区域一般较为干旱，生态环境脆弱，易受干旱、大风等危害影响，因此需要尽快建立健全农、林、路、渠相配套的农田防护林体系，同时充分利用现有的河流、水库等水资源，提高中等地的灌溉水平和能力，努力改善农田环境，增强农业抵抗和防御自然灾害的能力。

第三，可以实行耕地休耕制度。阿克苏地区中等地尽管具有较高的潜力，但也不能过度地利用，可以在一些地方试点耕地轮休制度，通过深翻之后让耕地休息 1~2 年后，实现用地养地相结合，保护和提升地力，增强农业发展后劲。

第四，积极推广应用农业新技术，大力推广测土配方施肥技术，在增施农肥的基础上，精细整地，隔年轮翻加深耕等活化土壤。

三、低等地的培肥改良途径

阿克苏地区低等地部分是由于养分贫瘠造成的，其他因素，如盐渍化、荒漠化、水资源短缺等均可能是限制耕地质量的因素，因此可以将阿克苏地区低等地按照限制因素的不同划分成不同的类型，并针对不同的类型提出相应的改良措施。

（一）肥力贫瘠型

此类耕地主要分布在土壤发育微弱，植被覆盖度较低，养分积累困难，有机质及养分含量低地带，因此在改良上应以增施有机肥和补充作物所需氮磷钾肥为主，同时注重秸秆还田，使地力逐渐提高。

（二）水、热限制型

此类耕地主要指由于耕地所处海拔较高，水热成为农作物生长的限制因素，从土壤本身的肥力来看，其有机质及各种养分含量并不算低，但由于全年仅有夏季才会有较高的热量，受到积温的限制，不利于作物的生长。对于此类耕地，应通过抢抓农时，充分利用热量最为丰富的夏季，合理规划农作物种植时间，其次也可以通过引进适宜于热量限制区域的农作物品种进行种植。

（三）盐碱障碍型

这类耕地在阿克苏地区分布面积较广，除部分由于土壤本身盐碱含量较高引起的，大部分是由于不合理的灌溉引起的次生盐渍化。对于此类耕地的改良，第一可以通过建立完善的排灌系统，做到灌、排分开，加强用水管理，严格控制地下水水位，通过灌水冲洗、引洪放淤等，不断淋洗和排出土壤中的盐分。第二通过深耕、平整土地、加填客土、盖草、翻淤、盖沙、增施有机肥等改善土壤成分和结构，增强土壤渗透性能，加速盐分淋洗。第三可以种植和翻压绿肥牧草、秸秆还田、施用菌肥、种植耐盐植物、植树造林等，提高土壤肥力，改良土壤结构，并改善农田小气候，减少地表水分蒸发，抑制返盐。

（四）沙化威胁型

这类耕地主要分布在距离沙漠较近的绿洲、农牧交错区域，由于人为过度放牧或翻耕因此受到沙化威胁，土壤表现出过分疏松，漏水漏肥，有机质缺乏，蒸发量大，保温性能低，肥劲短，后期易脱肥等特点。对于这类耕地，一是大量施用有机肥料。这是改良砂质土壤的最有效方法，即把各种厩肥、堆肥在春耕或秋耕时翻入土中，由于有机质的缓冲作用，可以适当多施可溶性化学肥料，尤其是铵态氮肥和磷肥能够保存在缝中不至流失。二是施用河泥、塘泥。施用河泥不但可以增加土壤养分的补给，亦可以使过度疏松、漏水、漏肥的现象大有改善。同时为了阻止土壤的进一步沙化，在受到沙化威胁的耕地周围建立必要的防护林体系。

（五）水源短缺型

这类耕地主要是由于距离水源地较远，常年缺水，作物收成很低。对于这类耕地，短期内改变灌溉短缺状况也不现实，主要通过改变耕作方式，加强田间水肥管理，通过覆盖地膜等提高水分利用效率，并通过秸秆覆盖减少地面蒸发，这些途径在一定程度上可以提高作物产量。

第五章　耕地土壤有机质及主要营养元素

土壤有机质及主要营养元素是作物生长发育所必需的物质基础，其含量的高低直接影响作物的生长发育及产量与品质。土壤有机质及主要营养元素状况是土壤肥力的核心内容，是土壤生产力的物质基础，农业生产上通常以土壤耕层养分含量作为衡量土壤肥力高低的主要依据。通过对阿克苏地区耕地土壤有机质及主要营养元素状况的测定评价，以期为该区域作物科学施肥制度的建立、高产高效及环境安全的可持续发展提供理论依据与技术支撑。

根据阿克苏地区土壤有机质及养分含量状况，将土壤有机质、全氮、碱解氮、有效磷、速效钾、缓效钾、有效硼、有效钼、有效铜、有效铁、有效锰、有效锌、有效硫等土壤主要营养元素指标分为5个级别，见表5-1。

表5-1　阿克苏地区土壤有机质及主要营养元素分级标准

项目	单位	分级标准				
		一级	二级	三级	四级	五级
有机质	g/kg	>25.0	20.0~25.0	15.0~20.0	10.0~15.0	≤10.0
碱解氮	mg/kg	>150	120~150	90~120	60~90	≤60
全氮	g/kg	>1.50	1.00~1.50	0.75~1.00	0.50~0.75	≤0.50
有效磷	mg/kg	>30.0	30.0~20.0	15.0~20.0	8.0~15.0	≤8.0
速效钾	mg/kg	>250	200~250	150~200	100~150	≤100
缓效钾	mg/kg	>1 200	1 000~1 200	800~1 000	600~800	≤600
有效硼	mg/kg	>2.00	1.50~2.00	1.00~1.50	0.50~1.00	≤0.50
有效钼	mg/kg	>0.20	0.15~0.20	0.10~0.15	0.05~0.10	≤0.05
有效铜	mg/kg	>2.00	1.50~2.00	1.00~1.50	0.50~1.00	≤0.50
有效铁	mg/kg	>20.0	15.0~20.0	10.0~15.0	5.0~10.0	≤5.0
有效锰	mg/kg	>15.0	10.0~15.0	5.0~10.0	3.0~5.0	≤3.0
有效锌	mg/kg	>2.00	1.50~2.00	1.00~1.50	0.50~1.00	≤0.50
有效硅	mg/kg	>250	150~250	100~150	50~100	≤50
有效硫	mg/kg	>50.0	30.0~50.0	15.0~30.0	10.0~15.0	≤10.0

第一节 土壤有机质

土壤有机质是衡量土壤肥力的重要指标之一，它是土壤的重要组成部分，与土壤的发生演变、肥力水平和诸多属性密切相关，而且对于土壤结构的形成、熟化，改善土壤物理性质，调节水肥气热状况也起着重要作用。土壤有机质不仅是植物营养的重要来源，也是微生物生活和活动的能源，它含有作物生长所需的各种养分，既可以直接或间接地为作物生长提供氮、磷、钾、钙、镁、硫和各种微量元素，也影响和制约土壤结构的形成及通气性、渗透性、缓冲性、交换性能和保水保肥性能，是评价耕地地力的重要指标。

一、土壤有机质含量及其空间差异

通过对阿克苏地区 994 个耕层土壤样品有机质含量测定结果分析，阿克苏地区耕层土壤有机质平均值为 16.5g/kg，标准差为 7.50g/kg。平均含量以拜城县含量最高，为 25.5g/kg，其次分别为沙雅县 22.0g/kg、乌什县 16.5g/kg、温宿县 15.2g/kg、库车市 15.0g/kg、阿克苏市 14.1g/kg、柯坪县 13.8g/kg、阿瓦提县 12.3g/kg，新和县含量最低，为 11.9g/kg。阿克苏地区土壤有机质平均变异系数为 45.53%，最大值出现在温宿县，为 44.85%；最小值出现在阿瓦提县，为 26.85%。详见表 5-2。

表 5-2 阿克苏地区各县之间土壤有机质含量差异 (g/kg)

县市名称	点位数（个）	平均值	标准差	变异系数（%）
阿克苏市	155	14.1	5.12	36.26
温宿县	141	15.2	6.82	44.85
库车市	144	15.0	5.14	34.39
沙雅县	122	22.0	8.15	37.02
新和县	67	11.9	4.53	38.02
拜城县	130	25.5	8.07	31.60
乌什县	79	16.5	6.33	38.30
阿瓦提县	142	12.3	3.31	26.85
柯坪县	14	13.8	5.33	38.68
阿克苏地区	994	16.5	7.50	45.53

二、不同土壤类型有机质含量差异

通过对阿克苏地区主要土类土壤有机质测定值平均分析，耕层土壤有机质含量平均最高值出现在棕钙土，为 35.4g/kg，最低值出现在潮土，为 14.8g/kg。

不同土类土壤有机质变异系数以林灌草甸土最高，为52.92%；其次是风沙土，变异系数为47.17%；以棕钙土变异系数最低，为22.30%，详见表5-3。

表5-3 阿克苏地区主要土类土壤有机质含量差异 (g/kg)

序号	土类	点位数（个）	平均值	标准差	变异系数（%）
1	潮土	436	14.8	6.12	41.34
2	草甸土	181	15.8	6.92	43.90
3	灌淤土	177	17.3	6.83	39.46
4	棕漠土	89	19.3	7.43	38.60
5	风沙土	33	16.8	7.94	47.17
6	棕钙土	21	35.4	7.89	22.30
7	沼泽土	18	15.7	7.25	46.14
8	林灌草甸土	16	20.5	10.9	52.92
9	水稻土	16	22.6	10.1	44.84
10	龟裂土	7	21.9	9.68	44.20

三、不同地形、地貌类型土壤有机质含量差异

阿克苏地区不同地形、地貌类型土壤有机质含量平均值由高到低顺序为：山地坡下>平原高阶>平原中阶>平原低阶>沙漠边缘。山地坡下和平原高阶有机质含量较高，分别为36.7g/kg和25.8g/kg，沙漠边缘和平原低阶有机质含量较低，分别为13.8g/kg和15.7g/kg。

不同地形、地貌类型土壤有机质变异系数为34.56%，最大值出现在平原中阶，为44.49%，最小值出现在山地坡下，为11.56%。详见表5-4。

表5-4 阿克苏地区不同地形、地貌类型土壤有机质含量差异 (g/kg)

地貌/平均	地形	点位数（个）	平均值	标准差	变异系数（%）
山地	坡下	4	36.7	4.2	11.56
	高阶	61	25.8	9.3	35.90
平原	中阶	530	16.0	7.1	44.49
	低阶	385	15.7	6.6	42.18
沙漠	边缘	14	13.8	5.3	38.68

四、不同土壤质地土壤有机质含量差异

通过对阿克苏地区不同质地样品土壤有机质含量测试结果分析，土壤有机质平均含量

从高到低的顺序，表现为黏土>轻壤>砂土>砂壤>中壤>重壤，其中黏土最高，为21.8g/kg，重壤最低，为15.5g/kg。

不同质地土壤有机质含量的变异系数平均为45.00%，最高值为砂土71.57%，最低值黏土为23.30%，详见表5-5。

表5-5 阿克苏地区不同质地土壤有机质含量差异 (g/kg)

质地	点位数（个）	平均值	标准差	变异系数（%）
砂土	11	16.6	11.9	71.57
砂壤	179	16.1	8.54	52.90
轻壤	243	18.1	8.90	49.11
中壤	510	15.7	6.29	40.04
重壤	41	15.5	5.13	33.11
黏土	10	21.8	5.09	23.30

五、土壤有机质的分级与分布

从阿克苏地区耕层土壤有机质分级面积统计数据看，阿克苏地区耕地土壤有机质多数在一、二级之间，详见图5-1、表5-6。

（一）一级

阿克苏地区有机质一级面积194.05khm^2，占阿克苏地区总耕地面积的29.37%。一级主要分布在草甸土和灌淤土上，分别占该土类总耕地面积的33.98%和28.78%。库车市有机质一级面积最大，为51.80khm^2，占一级地面积的26.70%，其次为阿瓦提县和沙雅县，分别占25.19%和17.56%。

（二）二级

阿克苏地区有机质二级面积230.83khm^2，占阿克苏地区总耕地面积的34.94%。二级主要分布在潮土和草甸土上，分别占该土类总耕地面积的40.50%和37.44%。沙雅县二级面积最大，为43.83khm^2，占二级面积的18.99%，其次为温宿县和阿瓦提县，分别占18.51%和18.06%。

（三）三级

阿克苏地区有机质三级面积139.0khm^2，占阿克苏地区总耕地面积的21.04%。三级主要分布在潮土和灌淤土上，分别占该土类总耕地面积的21.20%和25.74%。乌什县三级面积最大，为34.76khm^2，占三级面积的25.01%，其次为阿克苏市和温宿县，分别占21.48%和18.90%。

（四）四级

阿克苏地区有机质四级面积89.59khm^2，占阿克苏地区总耕地面积13.56%。四级主要分布在潮土和灌淤土上，分别占该土类总耕地面积的10.68%和18.38%。阿克苏市四级面积最大，为48.36khm^2，占阿克苏地区四级面积的53.99%，其次为拜城县、乌什县，分别占30.46%和12.83%。

（五）五级

阿克苏地区有机质五级面积 7.19khm²，占阿克苏地区总耕地面积的 1.09%。五级主要分布在潮土和草甸土上，分别占该土类总耕地面积的 1.40%和 1.00%。阿克苏市五级分布面积最大，为 3.57khm²，占阿克苏地区五级面积的 49.66%，其次为拜城县和乌什县，分别占 33.58%和 14.50%。

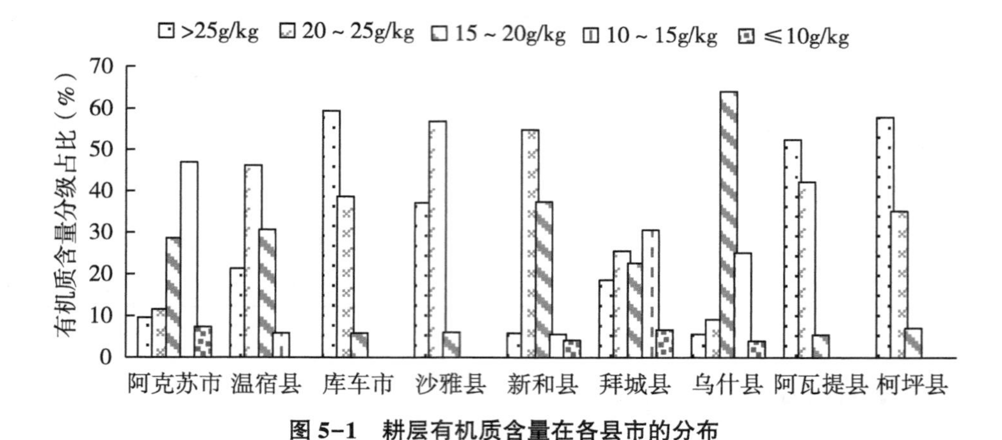

图 5-1　耕层有机质含量在各县市的分布

表 5-6　土壤有机质不同等级在阿克苏地区的分布

县市	含量											
	>25.0g/kg		20.0～25.0g/kg		15.0～20.0g/kg		10.0～15.0g/kg		≤10.0g/kg		合计	
	面积（khm²）	占比（%）	面积（khm²）	占比（%）	面积（khm²）	占比（%）	面积（khm²）	占比（%）	面积（khm²）	占比（%）	面积（khm²）	占比（%）
阿克苏市	9.75	5.03	11.42	4.95	29.85	21.48	48.36	53.99	3.57	49.66	102.96	15.58
温宿县	23.08	11.89	42.72	18.51	26.28	18.90	1.73	1.93	0.16	2.27	93.97	14.22
库车县	51.80	26.70	41.01	17.77	3.12	2.25	—	—	—	—	95.94	14.52
沙雅县	34.07	17.56	43.83	18.99	4.49	3.23	—	—	—	—	82.39	12.47
新和县	3.02	1.56	25.11	10.88	16.05	11.55	0.71	0.79	—	—	44.90	6.80
拜城县	16.06	8.28	18.37	7.96	18.98	13.65	27.29	30.46	2.41	33.58	83.11	12.58
乌什县	0.39	0.20	4.55	1.97	34.76	25.01	11.50	12.83	1.04	14.50	52.24	7.91
阿瓦提县	48.88	25.19	41.69	18.06	5.36	3.86	—	—	—	—	95.93	14.52
柯坪县	6.99	3.60	2.11	0.91	0.11	0.08	—	—	—	—	9.21	1.39
总计	194.05	29.37	230.83	34.94	139.00	21.04	89.59	13.56	7.19	1.0	660.65	100.00

六、土壤有机质调控

土壤有机质在微生物的作用下，不断进行着矿质化过程和腐殖化过程，在增加有机质的前提下，使土壤的腐殖化过程大于矿化过程，土壤有机质含量出现增长，满足作物在连续生产中对土壤肥力的要求，实现了农业可持续发展。秸秆还田、种植绿肥、增施有机肥与合理的养分配比是阿克苏地区土壤有机质提升的有效途径。

（一）大力推广秸秆直接还田

秸秆中含有大量的有机质、氮磷钾和微量元素，将其归还于土壤中，不但可以提高土壤有机质，还可改善土壤的孔隙度和团聚体含量，改善土壤物理性质，达到蓄水保墒、培肥地力，改善农业生态环境，提高农业综合生产能力的目的。由于秸秆的 C/N 大，多在（60～100）：1，碳多氮少，因此在实施秸秆还田时，应配施适量的氮、磷肥料。还田量一般 200～400kg/亩为宜。同时配合使用秸秆腐熟剂，尽量提高还田秸秆的当年利用率，以提高农民参与秸秆还田的积极性。提倡机械化秸秆直接还田，以提高效率，争抢农时。

（二）因地制宜发展绿肥、掩青肥田

绿肥含有丰富的有机质及氮素，种植绿肥可显著改善土壤理化性状。特别是豆科绿肥（如草木樨、苜蓿等）可以固定空气中的氮素，增加土壤氮素的有效供给。非豆科绿肥（如玉米、油菜等）由于生物产量高，柔嫩多汁，翻压到土壤中能快速腐解，也能快速增加土壤有机质含量。目前绿肥的种植模式主要有果园套种绿肥、复播绿肥、小麦套种绿肥等形式。

（三）增施农家肥及商品有机肥

农家肥与商品有机肥有机质含量高，制造原理基本相同，只不过商品有机肥是在工厂发酵，条件可控，发酵彻底。西北地区有机肥资源广，但利用不充分，要充分利用各种废弃物制造有机肥料，提升土壤有机含量，促进农业资源的循环利用。结合饲养业和沼气业的发展，拓宽有机肥来源。改进有机肥制造方法和技术，提高工效，减少损失，增进肥效。充分利用各种渣肥（糖渣、酒渣、菇渣、酱渣）、饼肥（棉饼、豆饼、麻饼）制造有机肥。使有机肥含量高浓度化，形状颗粒化。同时重视商品有机肥和无机复混肥的施用。让农民在施用有机肥时像施用化肥一样省工、省力，当年见效，以提高农民施用有机肥的积极性。

（四）科学施肥，合理调整养分配比

化肥的大量投入增加了作物产量，但与此同时大量的养分流失与蒸发，破坏了环境，特别是不合理的养分配比破坏的土壤肥力。测土配方施肥是一种科学施肥方法。它是在施用有机肥的基础上，通过土壤测试、植株营养诊断、田间试验提出合理的养分配比，满足作物均衡吸收各种养分，达到有机与无机养分平衡，提高肥料利用率，培肥地力。

第二节　土壤全氮

氮是作物生长发育所必需的营养元素之一，也是农业生产中影响作物产量的最主要养分限制因子。土壤中的全氮含量代表着土壤氮素的总贮量和供氮潜力。因此，土壤全氮是土壤肥力的主要指标之一。

土壤中的氮元素可分为有机氮和无机氮，两者之和称为全氮。土壤中的氮素绝大部分以有机态的氮存在，无机氮主要是铵态氮、硝态氮和亚硝态氮，它们容易被作物吸收利

用。我国耕地土壤含量一般都在0.2~2.0g/kg，高于2.0g/kg的很少，大部分低于1.0g/kg。西北地区大部分地区土壤耕层含量不足1.0g/kg。

耕作土壤氮素的来源主要为生物固氮、降水、灌水和地下水、施入土壤中的含氮肥料。全氮的含量与有机质含量呈正相关，影响土壤有机质的因素，包括水热条件、土壤质地、微生物种类与数量等，都会对土壤氮素含量产生显著影响。另外，土壤中氮素的含量还受耕作、施肥、灌溉及利用方式的影响，变异性很大。

一、土壤全氮含量及其空间差异

通过对阿克苏地区994个耕层土壤样品全氮含量测定结果分析，阿克苏地区耕层土壤全氮平均值为0.85g/kg，平均含量以乌什县含量最高，为0.98g/kg，其次分别为拜城县0.95g/kg、柯坪县0.93g/kg、库车市和沙雅县为0.91g/kg、温宿县0.83g/kg、阿克苏市0.78g/kg、新和县0.73g/kg，阿瓦提县含量最低，为0.72g/kg。

阿克苏地区土壤全氮平均变异系数为39.69%，最小值出现在阿瓦提县，为28.14%；最大值出现在温宿县，为50.48%。详见表5-7。

表5-7　阿克苏地区各县之间土壤全氮含量差异　(g/kg)

县市名称	点位数（个）	平均值	标准差	变异系数（%）
阿克苏市	155	0.78	0.30	38.09
温宿县	141	0.83	0.42	50.48
库车市	144	0.91	0.33	36.74
沙雅县	122	0.91	0.27	30.00
新和县	67	0.73	0.29	39.26
拜城县	130	0.95	0.27	28.68
乌什县	79	0.98	0.35	35.24
阿瓦提县	142	0.72	0.20	28.14
柯坪县	14	0.93	0.41	44.03
阿克苏地区	994	0.85	0.34	39.69

二、不同土壤类型全氮含量差异

通过对阿克苏地区主要土类土壤全氮测定值平均分析，耕层土壤全氮含量平均最高值出现在棕钙土，为1.32g/kg，最低值出现在草甸土，为0.27g/kg。

不同土类土壤全氮变异系数以水稻土和潮土较高，分别为53.83%和40.41%，以棕钙土变异系数最低，为21.65%，详见表5-8。

表5-8　阿克苏地区主要土类土壤全氮含量差异　(g/kg)

序号	土类	点位数（个）	平均值	标准差	变异系数（%）
1	潮土	436	0.81	0.33	40.41
2	草甸土	181	0.81	0.27	32.72

（续表）

序号	土类	点位数（个）	平均值	标准差	变异系数（%）
3	灌淤土	177	0.91	0.32	34.97
4	棕漠土	89	0.84	0.28	33.11
5	风沙土	33	0.83	0.32	38.47
6	棕钙土	21	1.32	0.29	21.65
7	沼泽土	18	0.83	0.25	29.92
8	林灌草甸土	16	0.83	0.3	36.46
9	水稻土	16	1.24	0.67	53.83
10	龟裂土	7	0.92	0.34	36.63

三、不同地形、地貌类型土壤全氮含量差异

阿克苏地区不同地形、地貌类型土壤全氮含量平均值由高到低顺序为：山地坡下>平原高阶>沙漠边缘>平原中阶>平原低阶。山地坡下和平原高阶全氮含量较高，分别为1.30g/kg和0.95g/kg，平原中阶和平原低阶全氮含量较低，分别为0.83g/kg、0.84g/kg。

不同地形、地貌类型土壤全氮变异系数最大值出现在沙漠边缘，为44.03%，最小值出现在山地坡下，为4.93%。详见表5-9。

表5-9　阿克苏地区不同地形、地貌类型土壤全氮含量差异　(g/kg)

地貌/平均	地形	点位数（个）	平均值	标准差	变异系数（%）
山地	坡下	4	1.30	0.06	4.93
	高阶	61	0.95	0.32	33.12
平原	中阶	530	0.84	0.36	42.53
	低阶	385	0.83	0.29	34.83
沙漠	边缘	14	0.93	0.41	44.03

四、不同土壤质地土壤全氮含量差异

通过对阿克苏地区不同质地样品土壤全氮含量测试结果分析，土壤全氮平均含量从高到低的顺序，表现为黏土>轻壤>重壤>中壤>砂壤>砂土，其中黏土最高，为1.16g/kg，砂土最低，为0.70g/kg。

不同质地土壤全氮含量的变异系数最高值为砂壤47.11%，最低值为黏土，26.30%，详见表5-10。

表5-10　阿克苏地区不同质地土壤全氮含量差异　(g/kg)

质地	点位数（个）	平均值	标准差	变异系数（%）
砂土	11	0.70	0.31	44.80

（续表）

质地	点位数（个）	平均值	标准差	变异系数（%）
砂壤	179	0.77	0.36	47.11
轻壤	243	0.89	0.33	37.05
中壤	510	0.84	0.33	38.59
重壤	41	0.89	0.32	35.86
黏土	10	1.16	0.30	26.30

五、土壤全氮的分级与分布

从阿克苏地区耕层土壤全氮分级面积统计数据看，阿克苏地区耕地土壤全氮多数在二、三级之间，详见图5-2、表5-11。

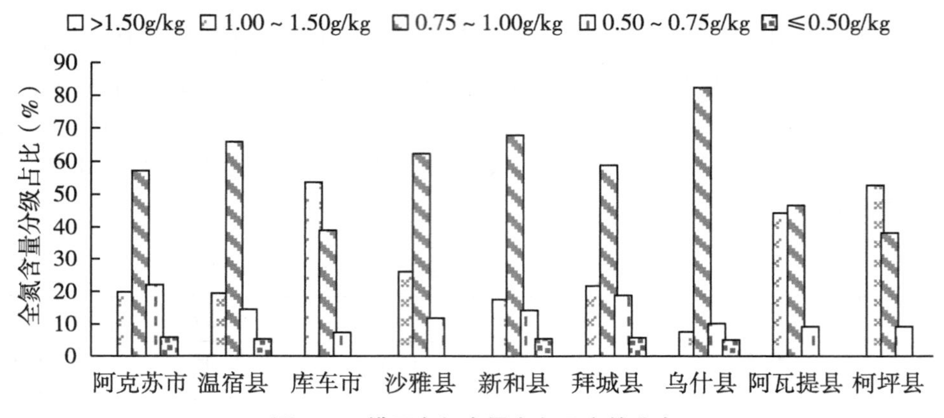

图5-2　耕层全氮含量在各县市的分布

（一）二级

阿克苏地区二级地面积191.37khm²，占阿克苏地区总耕地面积的28.97%。二级地主要分布在潮土和灌淤土上，分别占该土类总耕地面积的29.84%和28.50%。库车市二级地面积最大，为48.25khm²，占二级地面积的25.21%，其次为阿瓦提县和沙雅县，分别占21.60%和12.42%。

（二）三级

阿克苏地区三级地面积377.49khm²，占阿克苏地区总耕地面积的57.14%。三级地主要分布在潮土和灌淤土上，分别占该土类总耕地面积的57.90%和60.14%。温宿县三级地面积最大，为59.30khm²，占三级地面积的15.71%，其次为阿克苏市和沙雅县，分别占15.56%和13.18%。

（三）四级

阿克苏地区四级地面积89.68khm²，占阿克苏地区总耕地面积的13.57%。四级地主要分布在潮土和灌淤土上，分别占该土类总耕地面积的4.31和1.69%。阿克苏市四级地面积最大，为 23.54khm²，占阿克苏地区四级地面积的 26.25%，其次为拜城县，为 17.61%。

（四）五级

阿克苏地区五级地面积 2.11khm²，占阿克苏地区总耕地面积的 0.32%。五级地主要分布在潮土和草甸土上，分别占该土类总耕地面积的 0.09%和 0.09%。阿克苏市五级地面积最大，为 0.87khm²，占阿克苏地区五级地面积的 41.37%，其次为拜城县和温宿县，分别占 32.33%和 17.19%。

表 5-11　土壤全氮不同等级在阿克苏地区的分布

县市	含量											
	>1.50g/kg		1.00~1.50g/kg		0.75~1.00g/kg		0.50~0.75g/kg		≤0.50g/kg		合计	
	面积（khm²）	占比（%）	面积（khm²）	占比（%）	面积（khm²）	占比（%）	面积（khm²）	占比（%）	面积（khm²）	占比（%）	面积（khm²）	占比（%）
阿克苏市	—	—	19.79	10.34	58.75	15.56	23.54	26.25	0.87	41.37	102.96	15.58
温宿县	—	—	20.86	10.90	59.30	15.71	13.45	14.99	0.36	17.19	93.97	14.22
库车市	—	—	48.25	25.21	39.94	10.58	7.75	8.64	—	—	95.94	14.52
沙雅县	—	—	23.77	12.42	49.76	13.18	8.87	9.89	—	—	82.39	12.47
新和县	—	—	8.11	4.24	30.33	8.04	6.39	7.12	0.06	2.98	44.90	6.80
拜城县	—	—	19.79	10.34	46.85	12.41	15.79	17.61	0.68	32.33	83.11	12.58
乌什县	—	—	3.31	1.73	44.05	11.67	4.76	5.31	0.13	6.14	52.24	7.91
阿瓦提县	—	—	41.33	21.60	45.77	12.12	8.83	9.85	—	—	95.93	14.52
柯坪县	—	—	6.16	3.22	2.75	0.73	0.30	0.34	—	—	9.21	1.39
总计	—	—	191.37	28.97	377.49	57.14	89.68	13.57	2.11	0.32	660.65	100

六、土壤全氮调控

土壤全氮反映土壤氮素的总贮量和供氮潜力，土壤速效氮反映近期土壤的氮素供应能力。土壤氮的有效化过程（包括氨化作用和硝化作用）和无效化过程（包括反硝化作用、化学脱氮作用和矿物晶格固定）是土壤氮素的调控关键。合理施肥、耕作、灌溉等，控制土壤氮素的有机矿化速率和减少有效的固定量，促使土壤氮素既能满足作物需要，有利于氮素的保存和周转，以尽量减少氮素损失的数量，又能达到提高土壤氮素利用率的效果。

（一）调节土壤 C/N

土壤全氮含量与施入的氮肥呈正相关，施入的氮肥越高，土壤全氮的含量也会随之增加。利用有机物质 C/N 比值与土壤有效氮的相互关系，来调节土壤氮素状况。在有机物质开始分解时，其 C/N >30，矿化作用所释放的有效氮量远少于微生物吸收同化的数量，此时微生物要从土壤中吸收一部分原有的氮，转为微生物体中的有机氮。随着有机物的不断分解，其中碳被用作微生物活动的能源所消耗，剩余的物质 C/N 迅速下降。当 C/N 达到 15~30 时，矿化释放的氮量和同化的固氮量基本相等，此时土壤中的氮素无亏损。全氮进一步分解，微生物种类更迭，全氮的 C/N 继续不断下降，当下降到 C/N<15 时，氮的矿化量超过了同化量，土壤的有效氮有了盈余，作物的氮营养条件也开始得到改善。

（二）合理施用氮肥

合理施用氮肥的目的在于减少氮素的损失，提高氮肥利用率，充分发挥氮肥增产效益。要做到合理施用，必须根据下列因素来考虑氮肥的分配和施用。

1. 土壤条件

一般石灰性土或碱性土，可以施酸性或生理酸性的氮肥，如硫铵等，这些肥料除了它们能中和土壤碱性外，在碱性条件下铵态氮比较容易被作物吸收；而在酸性土，可选施碱性或生理碱性氮肥，如硝酸钠、硝酸钙、硝酸铵钙或石灰氮等，它们一方面可降低土壤酸性，另一方面在酸性条件下转化为作物容易吸收的硝态氮。在盐碱土中不宜施用含氯的氯化铵，以免增加盐分，影响作物生长。肥沃的土壤施氮量宜少，保肥能力强的土壤施肥次数可少些；反之，则施氮量适当增加，分次施用。

2. 作物营养特性

不同作物不同时期对氮的需求也是不一样的，如水稻、玉米、小麦等作物需要较多氮肥，而豆科作物有根瘤固定空气中的氮素，因而对氮肥需要较少。不同作物对氮肥品种的反应也不同，如水稻施用铵态氮肥，尤以碳铵和尿素效果好，而硫铵虽然也是铵态氮肥，但在水田中常还原生成硫化氢，妨碍水稻根的呼吸。马铃薯也是施用铵态氮肥好，尤其是硫铵，因硫对马铃薯生长有利。忌氯作物如淀粉类作物、核桃、香梨、葡萄等应少施或不施氯化铵。多数蔬菜施用硝态氮肥效果好，如萝卜施用铵态氮肥会抑制其生长。甜菜用硝酸钠效果好。作物不同生育期施氮肥的效果也不一样。在作物施肥的关键时期如营养临界期或最高效率期进行施肥，增产作用显著。如玉米在抽穗开花前后需要养分最多，重施穗肥都能获得显著增产。所以考虑作物不同生育期对养分的要求，掌握适宜的施肥时期和施肥量，是经济有效施用氮肥的关键。

3. 氮肥本身的性质

凡是铵态肥（特别是碳铵、氨水）都要深施盖土，防止挥发，由于它们都是速效肥料，在土壤中又不易流失，故可作基肥和追肥，适宜水田、旱地施用；硝态氮肥在土中移动性大，肥效快，适宜作旱地追肥；酰胺态氮肥（如尿素）作为底肥、基肥、追肥都可以。总之，要根据氮肥的特性来考虑它的施用方法。

4. 氮肥与其他肥料配施

在缺乏有效磷和有效钾的土壤上，单施氮肥效果很差，增施氮肥还有可能减产。因为在缺磷、钾的情况下，蛋白质和许多重要含氮化合物很难形成，严重地影响了作物的生长。各地试验已经证明，氮肥与适量磷钾肥配合，增产效果显著。

（三）其他措施

1. 采用氮肥抑制剂

工厂生产肥料时，在肥料表面包一层薄膜，以减缓氮素释放速度，起到缓效之作用，提高氮肥的利用率，如缓释肥料。

2. 控制氮肥的施用量

采取配方施肥技术，确定氮肥用量，以达到发挥氮肥最佳经济效益的效果。

3. 合理施肥与灌水

在石灰性土壤上，施用铵态肥时，应采取深施复土、随施随灌水或分次施肥方法。对水稻田来说，将 NH_4^+施在还原层，把 NO_3^-施入氧化层，防止反硝化作用产生所引起氮的损失。总之，应用耕作、灌溉措施，采取合理的施肥方法做到尽量减少氮的损失，达到提高氮肥利用率的目的。

第三节 土壤碱解氮

碱解氮包括无机态氮和结构简单能为作物直接吸收利用的有机态氮，它可供作物近期吸收利用，故又称速效氮。碱解氮含量的高低，取决于有机质含量的高低和质量的好坏以及放入氮素化肥数量的多少。碱解氮在土壤中的含量不够稳定，易受土壤水热条件和生物活动的影响而发生变化，但它能反映近期土壤的氮素供应能力。

一、各县之间土壤碱解氮含量及其空间差异

通过对阿克苏地区 994 个耕层土壤样品碱解氮含量测定结果分析，阿克苏地地区耕层土壤碱解氮平均值为 63.1mg/kg，平均含量以阿瓦提县含量最高，为 86.2mg/kg，其次分别为乌什县和新和县为 77.5mg/kg、柯坪县 74.4mg/kg、阿克苏市 70.8mg/kg、库车市 66.1mg/kg、温宿县 54.7mg/kg 和沙雅县 42.0mg/kg，拜城县含量最低，为 37.1mg/kg。

阿克苏地区土壤碱解氮平均变异系数为 53.67%，最小值出现在沙雅县，为 18.85%；最大值出现在温宿县，为 65.96%。详见表 5-12。

表 5-12 阿克苏地区各县之间土壤碱解氮含量差异 (mg/kg)

县市名称	点位数（个）	平均值	标准差	变异系数（%）
阿克苏市	155	70.8	29.6	41.77
温宿县	141	54.7	36.1	65.96
库车市	144	66.1	28.7	43.44
沙雅县	122	42.0	7.9	18.85
新和县	67	77.5	30.9	39.90
拜城县	130	37.1	10.2	27.40
乌什县	79	77.5	30.3	39.13
阿瓦提县	142	86.2	43.0	49.91
柯坪县	14	74.4	37.7	50.61
阿克苏地区	994	63.13	33.9	53.67

二、不同土壤类型碱解氮含量差异

通过对阿克苏地区主要土类土壤碱解氮测定值平均分析，耕层土壤碱解氮含量平均最高值出现在水稻土，为77.6mg/kg，最低值出现在棕漠土，为46.0mg/kg。

不同土类土壤碱解氮变异系数以水稻土最高，为64.5%；其次是潮土变异系数为55.86%；以林灌草甸土变异系数最低，为29.36%，详见表5-13。

表5-13　阿克苏地区主要土类土壤碱解氮含量差异　(mg/kg)

序号	土类	点位数（个）	平均值	标准差	变异系数（%）
1	潮土	436	65.4	36.5	55.86
2	草甸土	181	65.4	33.8	51.60
3	灌淤土	177	65.9	28.2	42.83
4	棕漠土	89	46.0	26.7	57.93
5	风沙土	33	54.2	28.8	53.09
6	棕钙土	21	56.8	25.0	43.99
7	沼泽土	18	73.3	39.7	54.09
8	林灌草甸土	16	47.4	13.9	29.36
9	水稻土	16	77.6	50.0	64.50
10	龟裂土	7	47.6	21.6	45.49

三、不同地形、地貌类型土壤碱解氮含量差异

阿克苏地区不同地形、地貌类型土壤碱解氮含量平均值由高到低顺序为：沙漠边缘>平原低阶>平原中阶>山地坡下>平原高阶。沙漠边缘和平原低阶碱解氮含量较高，分别为74.4mg/kg和67.5mg/kg，山地坡下和平原高阶碱解氮含量较低，分别为49.0mg/kg和36.9mg/kg。

不同地形、地貌类型土壤碱解氮变异系数最大值出现在平原低阶，为54.0%，最小值出现在山地坡下，为15.27%。详见表5-14。

表5-14　阿克苏地区不同地形、地貌类型土壤碱解氮含量差异　(mg/kg)

地貌/平均	地形	点位数（个）	平均值	标准差	变异系数（%）
山地	坡下	4	49.0	7.5	15.27
	高阶	61	36.9	11.2	30.32
平原	中阶	530	62.8	32.3	51.44
	低阶	385	67.5	36.4	54.00
沙漠	边缘	14	74.4	37.7	50.61

四、不同土壤质地土壤碱解氮含量差异

通过对阿克苏地区不同质地样品土壤碱解氮含量测试结果分析，土壤碱解氮平均含量从高到低的顺序，表现为黏土>重壤>中壤>砂壤>砂土，其中黏土最高，为 73.4mg/kg，砂土最低，为 54.9mg/kg。

不同质地土壤碱解氮含量的变异系数最高为砂壤 70.07%，最低为黏土 16.50%，详见表 5-15。

表 5-15　阿克苏地区不同质地土壤碱解氮含量差异　(mg/kg)

质地	点位数（个）	平均值	标准差	变异系数（%）
砂土	11	54.9	31.9	16.50
砂壤	179	62.0	43.4	48.31
轻壤	243	60.4	29.2	70.07
中壤	510	64.2	32.2	58.14
重壤	41	71.2	36.5	50.11
黏土	10	73.4	12.1	51.26

五、土壤碱解氮的分级与分布

从阿克苏区耕层土壤碱解氮分级面积统计数据看，阿克苏地区耕地土壤碱解氮多数在四级和五级，详见图 5-5、表 5-16。

（一）二级

阿克苏地区二级地面积 0.17khm^2，占阿克苏地区总耕地面积的 0.03%。二级地主要分布在潮土和棕钙土，分别占该土类总耕地面积的 0.05%和 0.25%。阿克苏市二级地面积最大，为 0.13khm^2，占二级地面积的 72.40%；其次为拜城县，为 27.60%。

（二）三级

阿克苏地区三级地面积 20.38khm^2，占阿克苏地区总耕地面积的 3.08%。三级地主要分布在灌淤土和潮土，分别占该土类总耕地面积的 4.63%和 4.05%。阿克苏市三级地面积最大，为 12.96khm^2，占三级地面积的 63.60%；其次为拜城县，为 36.40%。

（三）四级

阿克苏地区四级地面积 108.18khm^2，占阿克苏地区总耕地面积的 16.37%。四级地主要分布在潮土和灌淤土，分别占该土类总耕地面积的 322.43%和 30.24%。阿克苏市四级地面积最大，为 47.85khm^2，占阿克苏地区四级地面积的 44.24%；其次为乌什县和拜城县，为 26.05%和 24.90%。

（四）五级

阿克苏地区五级地面积 531.92khm^2，占阿克苏地区总耕地面积的 80.51%。五级地主要分布在潮土和灌淤土，分别占该土类总耕地面积的 99.99%和 99.98%。阿瓦提县五级

地面积最大，为95.88khm²，占阿克苏地区五级地面积的18.03%；其次为库车市和温宿县，分别占18.0%和17.18%。

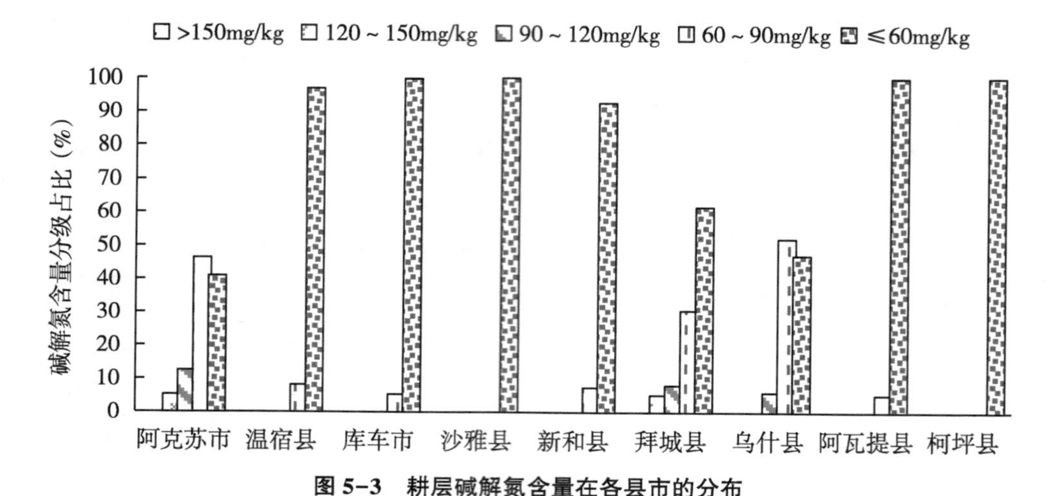

图5-3 耕层碱解氮含量在各县市的分布

表5-16 土壤碱解氮不同等级在阿克苏地区的分布

县市	含量											
	>150mg/kg		120～150mg/kg		90～120mg/kg		60～90mg/kg		≤60mg/kg		合计	
	面积（khm²）	占比（%）	面积（khm²）	占比（%）	面积（khm²）	占比（%）	面积（khm²）	占比（%）	面积（khm²）	占比（%）	面积（khm²）	占比（%）
阿克苏市	—	—	0.13	72.40	12.96	63.60	47.85	44.24	42.02	7.90	102.96	15.58
温宿县	—	—	—	—	—	—	2.57	2.38	91.39	17.18	93.97	14.22
库车市	—	—	—	—	—	—	0.19	0.18	95.75	18.00	95.94	14.52
沙雅县	—	—	—	—	—	—	—	—	82.39	15.49	82.39	12.47
新和县	—	—	—	—	—	—	2.39	2.21	42.51	7.99	44.90	6.80
拜城县	—	—	0.05	27.60	7.42	36.40	26.94	24.90	48.71	9.16	83.11	12.58
乌什县	—	—	—	—	—	—	28.18	26.05	24.06	4.52	52.24	7.91
阿瓦提县	—	—	—	—	—	—	0.05	0.05	95.88	18.03	95.93	14.52
柯坪县	—	—	—	—	—	—	—	—	9.21	1.73	9.21	1.39
总计	—	—	0.17	0.03	20.38	3.08	108.18	16.37	531.92	80.51	660.65	100

六、土壤碱解氮调控

（一）合理控制氮肥用量

氮肥是用量最高的肥料品种之一，氮肥的使用在一定程度上使作物产量得到了很大提高。但与此同时，大面积过量施用氮肥也造成了局部地区的环境污染。因此控制氮肥用量一方面要与磷肥、钾肥等配合使用，另一方面要少量多次施用，避免一炮轰，造成浪费，同时还可与其他的控氮措施一起使用，如硝化抑制剂、尿素增效剂等。

（二）选择适宜的氮肥品种

尿素、硫酸铵、硝酸铵、碳酸氢铵都是较好的速效氮肥，不同的氮肥肥效差异很大，其用法与用量也需掌握恰当。基本上所有的氮肥水溶性都较好，要注意氮素的挥发与淋失。在作物出现缺氮症状时，叶面喷施含氮肥料能迅速缓解症状。

（三）确定合理的施肥时期

氮肥的施用时间也直接影响着肥效的发挥。在干旱少雨地区，施完氮肥一般要先覆土，避免挥发，其次要及时浇水，以提高肥效，俗语肥随水来肥随水去。氮肥一般可以用作基肥，于播种或移栽前耕地时施入，通过耕耙使之与土壤混合。此外氮肥还可作为追肥使用，也可作为叶面喷施使用。

第四节　土壤有效磷

土壤有效磷是土壤中可被植物吸收的磷组分，包括全部水溶性磷、部分吸附态磷及有机态磷，有的土壤中还包括某些沉淀态磷。土壤有效磷是土壤磷素养分供应水平高低的指标，土壤磷素含量高低在一定程度反映了土壤中磷素的贮量和供应能力。土壤中有效磷含量低于 3. 0mg/kg 时，作物往往表现出缺磷症状。土壤中的磷主要来源于含磷矿物质，在长期的风化和成土过程中，经过生物的积累而逐渐聚积到土壤的上层。开垦后，则主要来源于施用磷肥。

一、土壤有效磷含量及其空间差异

通过对阿克苏地区 994 个耕层土壤样品有效磷含量测定结果分析，阿克苏地区耕层土壤有效磷平均值为 25. 6mg/kg，平均含量以沙雅县含量最高，为 34. 0mg/kg，其次分别为阿瓦提县 32. 1mg/kg、库车市 27. 7mg/kg、阿克苏市 24. 6mg/kg、温宿县 23. 1mg/kg、柯坪县 22. 6mg/kg、拜城县 21. 3mg/kg、乌什县 20. 6mg/kg，新和县含量最低，为 19. 5mg/kg。

阿克苏地区土壤有效磷平均变异系数为 76. 56%，最小值出现在柯坪县，为 40. 35%；最大值出现在温宿县，为 115. 40%。详见表 5-17。

表 5-17　阿克苏地区各县之间土壤有效磷含量差异　（mg/kg）

县市名称	点位数（个）	平均值	标准差	变异系数（%）
阿克苏市	155	24. 6	16. 0	65. 03
温宿县	141	23. 1	26. 6	115. 40
库车市	144	27. 7	20. 4	73. 59
沙雅县	122	34. 0	16. 8	49. 43
新和县	67	19. 5	12. 3	63. 08

（续表）

县市名称	点位数（个）	平均值	标准差	变异系数（%）
拜城县	130	21.3	10.4	48.86
乌什县	79	20.6	11.3	54.61
阿瓦提县	142	32.1	17.6	54.75
柯坪县	14	22.6	9.1	40.35
阿克苏地区	994	25.6	19.6	76.56

二、不同土壤类型有效磷含量差异

通过对阿克苏地区主要土类土壤有效磷测定值平均分析，耕层土壤有效磷含量平均最高值出现在水稻土，为 49.3mg/kg；最低值出现在沼泽土，为 20.3mg/kg。

不同土类土壤有效磷变异系数以水稻土最高，为 112.03%；其次是潮土变异系数为 77.82%；以风沙土变异系数最低，为 35.09%，详见表 5-18。

表 5-18　阿克苏地区主要土类土壤有效磷含量差异　（mg/kg）

序号	土类	点位数（个）	平均值	标准差	变异系数（%）
1	潮土	436	24.2	18.9	77.82
2	草甸土	181	26.8	16.2	60.45
3	灌淤土	177	25.1	17.4	69.36
4	棕漠土	89	22.0	10.2	46.48
5	风沙土	33	28.7	10.1	35.09
6	棕钙土	21	20.9	8.9	42.42
7	沼泽土	18	20.3	9.8	48.43
8	林灌草甸土	16	40.0	20.5	51.26
9	水稻土	16	49.3	55.2	112.03
10	龟裂土	7	39.0	28.5	72.98

三、不同地形、地貌类型土壤有效磷含量差异

阿克苏地区不同地形、地貌类型土壤有效磷含量平均值由高到低顺序为：平原低阶>平原中阶>沙漠边缘>平原高阶>山地坡下。平原低阶和平原中阶有效磷含量较高，分别为 30.4mg/kg 和 23.2mg/kg，平原高阶和山地坡下有效磷含量较低，分别为 22.2mg/kg 和 16.8mg/kg。

不同地形、地貌类型土壤有效磷变异系数最大值出现在平原中阶，为 87.23%，最小值出现在山地坡下，为 5.44%。详见表 5-19。

表 5-19 阿克苏地区不同地形、地貌类型土壤有效磷含量差异 (mg/kg)

地貌/平均	地形	点位数（个）	平均值	标准差	变异系数（%）
山地	坡下	4	16.8	0.9	5.44
	高阶	61	22.2	7.6	34.04
平原	中阶	530	23.2	20.3	87.23
	低阶	385	30.4	19.2	63.12
沙漠	边缘	14	22.6	9.1	40.35

四、不同土壤质地土壤有效磷含量差异

通过对阿克苏地区不同质地样品土壤有效磷含量测试结果分析，土壤有效磷平均含量从高到低的顺序，表现为砂土>砂壤>中壤>重壤>黏土>轻壤，其中砂土最高，为35.6mg/kg，轻壤最低，为22.8mg/kg。

不同质地土壤有效磷含量的变异系数最高值为重壤114.98%，最低值为轻壤62.09%，详见表5-20。

表 5-20 阿克苏地区不同质地土壤有效磷含量差异 (mg/kg)

质地	点位数（个）	平均值	标准差	变异系数（%）
砂土	11	35.6	24.9	70.03
砂壤	179	28.9	20.6	71.24
轻壤	243	22.8	14.1	62.09
中壤	510	25.8	20.3	78.64
重壤	41	24.2	27.9	114.98
黏土	10	23.7	19.7	82.92

五、土壤有效磷的分级与分布

从阿克苏地区耕层土壤有效磷分级面积统计数据看，阿克苏地区耕地土壤有效磷多数在一、二、三级之间，详见图5-4、表5-21。

（一）一级

阿克苏地区一级地面积78.55khm^2，占阿克苏地区总耕地面积的11.89%。一级地主要分布在潮土和草甸土，分别占该土类总耕地面积的12.33%和11.77%。温宿县一级地面积最大，为27.62khm^2，占一级地面积的35.15%；其次为新和县和阿克苏市，分别占26.02%和21.00%。

（二）二级

阿克苏地区二级地面积362.25khm^2，占阿克苏地区总耕地面积的54.83%。二级地主要分布在草甸土和潮土，分别占该土类总耕地面积的56.24%和55.28%。阿瓦提县二级地面积最大，为66.05khm^2，占二级地面积的18.23%；其次为库车市和阿克苏市，分别

占17.70%和15.38%。

（三）三级

阿克苏地区三级地面积186.24khm²，占阿克苏地区总耕地面积的28.19%。三级地主要分布在灌淤土和潮土，分别占该土类总耕地面积的36.14%和26.32%。库车市三级地面积最大，为32.44khm²，占三级地面积的17.42%；其次为阿瓦提县和乌什县，分别占15.88%和14.90%。

（四）四级

阿克苏地区四级地面积33.58khm²，占阿克苏地区总耕地面积的5.08%。四级地主要分布在潮土和灌淤土，分别占该土类总耕地面积的9.05%和5.92%。乌什县四级地面积最大，为14.94khm²，占阿克苏地区四级地面积的44.49%；其次为阿克苏市，为14.58%。

（五）五级

阿克苏地区五级地面积0.02khm²，占阿克苏地区总耕地面积的0.003%。五级地主要分布在灌淤土和潮土上，分别占该土类总耕地面积的0.52%和0.14%。新和县五级地面积最大，为0.02khm²，占阿克苏地区五级地面积的100%。

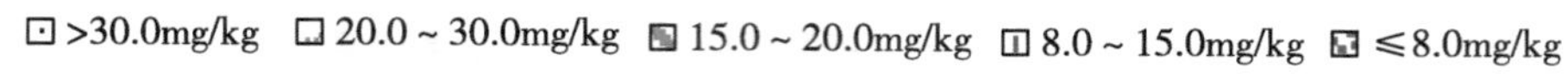

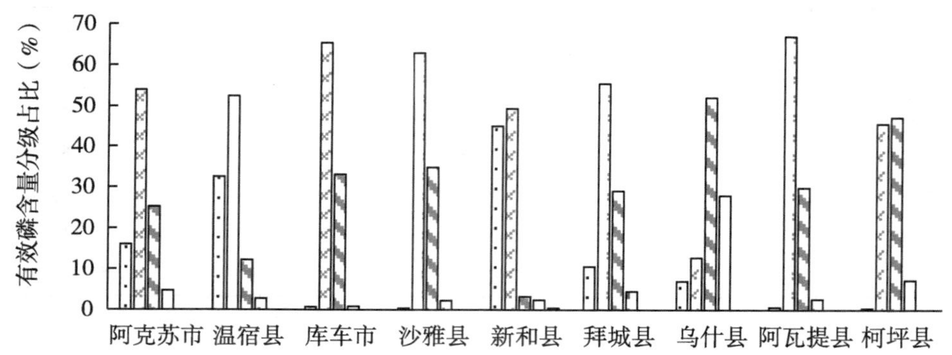

图5-4 耕层有效磷含量在各县市的分布

表5-21 土壤有效磷不同等级在阿克苏地区的分布

县市	含量											
	>30mg/kg		20～30mg/kg		15～20mg/kg		8～15mg/kg		≤8mg/kg		合计	
	面积（khm²）	占比（%）	面积（khm²）	占比（%）	面积（khm²）	占比（%）	面积（khm²）	占比（%）	面积（khm²）	占比（%）	面积（khm²）	占比（%）
阿克苏市	16.50	21.00	55.70	15.38	26.07	14.00	4.90	14.58	—	—	103.17	15.62
温宿县	27.62	35.15	44.57	12.30	10.37	5.57	2.39	7.12	—	—	84.94	12.86
库车市	0.71	0.91	64.11	17.70	32.44	17.42	0.83	2.47	—	—	98.09	14.85
沙雅县	0.01	0.02	47.95	13.24	26.54	14.25	1.74	5.17	—	—	76.25	11.54
新和县	20.44	26.02	22.44	6.19	1.50	0.81	1.11	3.31	0.02	100.00	45.51	6.89

（续表）

县市	含量											
	>30mg/kg		20~30mg/kg		15~20mg/kg		8~15mg/kg		≤8mg/kg		合计	
	面积（khm^2）	占比（%）	面积（khm^2）	占比（%）	面积（khm^2）	占比（%）	面积（khm^2）	占比（%）	面积（khm^2）	占比（%）	面积（khm^2）	占比（%）
拜城县	9.20	11.71	48.08	13.27	25.24	13.55	3.97	11.83	—	—	86.49	13.09
乌什县	3.79	4.83	6.81	1.88	27.74	14.90	14.94	44.49	—	—	53.29	8.07
阿瓦提县	0.28	0.36	66.05	18.23	29.57	15.88	2.65	7.88	—	—	98.55	14.92
柯坪县	0.001	—	6.54	1.81	6.76	3.63	1.06	3.15	—	—	14.36	2.17
总计	78.55	11.89	362.25	54.83	186.24	28.19	33.58	5.08	0.02	0.003	660.65	100.00

六、土壤有效磷调控

一般磷肥都有后效，提高土壤中磷的有效性，一般要从以下三方面调控。一是采取增施速效态磷肥来增加土壤中有效磷的含量，以保证供给当季作物对磷的吸收利用。二是调节土壤环境条件，如在酸性土壤上施石灰，在碱性土壤上施石膏，尽量减弱土壤中的固磷机制。三是要促使土壤中难溶态磷的溶解，提高磷的活性，使难溶性磷逐渐转化为有效态磷。

根据土壤条件和固磷机制的不同，一般可采取以下农业措施。

（一）调节土壤 pH

西北地区多为石灰性土壤，因此在施肥中应多施用酸性肥料，以中和土壤中的碱性，如有机肥、过磷酸钙等。由于土壤酸度适中，有利于微生物的活动，从而增强了磷的活化过程。

（二）因土、因作物施磷肥

在施用磷肥时要考虑不同的土壤条件和作物不同种类选择适宜的磷肥品种。如在碱性土壤上施用过磷酸钙，有利于提高磷肥的有效性。磷矿粉适合在豆科作物和油菜作物上施用，因为这种作物吸收利用磷的能力比一般作物强得多。

（三）磷肥与有机肥混施

磷肥与有机肥混合堆、沤后一起施用，效果较好。因为有机肥在分解过程中所产生的中间产物（有机酸类），对铁、铝、钙能够起一定的络合作用，因而降低了 Fe^{3+}、Al^{3+}、Ca^{2+}的离子浓度，可减弱磷的化学固定作用。另外，形成的腐殖质还可在土壤固体表面形成胶膜，可减弱磷的表面固定作用。在石灰性土壤上结合施用大量的有机肥（道理同上）也可降低磷的固定作用，从而提高磷的有效性。

（四）集中施磷肥

采取集中施用磷肥的方法，尽量减少或避免与土壤的接触面，把磷肥施在根系附近效果较好。因为磷的活动性很小，穴施、条施或把磷肥制成颗粒肥、采取叶面喷肥等，均可提高磷肥的有效性。在碱性土壤上施用酸性磷肥，如磷矿粉、钙镁磷肥、过磷酸钙等，应采用撒施效果较好。磷肥剂型以粉状为好，其细度越细，效果越好，尽量多与土壤接触才能提高其有效性。

第五节　土壤速效钾

钾是作物生长发育过程中所必需的营养元素之一，与作物的生理代谢、抗逆及品质的改善密切相关，被认为是品质元素。土壤中的钾素基本呈无机形态存在，根据钾的存在形态和作物吸收能力，可把土壤中的钾素分为四个部分：土壤矿物态钾（难溶性钾）、非交换态钾（缓效钾）、吸附性钾（交换性钾）、水溶性钾。后两种合称为速效性钾（速效钾），一般占全钾的 1%～2%，可以被当季作物吸收利用，是反映土壤肥力高低的标志之一。

一、土壤速效钾含量及其空间差异

通过对阿克苏地区 994 个耕层土壤样品速效钾含量测定结果分析，阿克苏地区耕层土壤速效钾平均值为 147mg/kg，平均含量以柯坪县含量最高，为 192mg/kg，其次分别为库车市 170mg/kg、新和县 162mg/kg、阿瓦提县 161mg/kg、温宿县 157mg/kg、拜城县 137mg/kg、阿克苏市 130mg/kg、沙雅县 119mg/kg，乌什县含量最低，为 111mg/kg。

阿克苏地区土壤速效钾平均变异系数为 52.42%，最小值出现在柯坪县，为 28.42%；最大值出现在温宿县，为 59.13%。详见表 5-22。

表 5-22　阿克苏地区各县之间土壤速效钾含量差异　(mg/kg)

县市名称	点位数（个）	平均值	标准差	变异系数（%）
阿克苏市	155	130	72	55.82
温宿县	141	157	93	59.13
库车市	144	170	77	45.23
沙雅县	122	119	55	46.30
新和县	67	162	71	43.73
拜城县	130	137	66	47.99
乌什县	79	111	57	50.82
阿瓦提县	142	161	67	41.97
柯坪县	14	192	55	28.42
阿克苏地区	994	147	77	52.42

二、不同土壤类型速效钾含量差异

通过对阿克苏地区主要土类土壤速效钾测定值平均分析，耕层土壤速效钾含量平均最高值出现在沼泽土，为163mg/kg，最低值出现在龟裂土，为85mg/kg。

不同土类土壤速效钾变异系数以林灌草甸土和水稻土较高，分别为110.65%和72.27%，以龟裂土变异系数最低，为23.41%，详见表5-23。

表5-23　阿克苏地区主要土类土壤速效钾含量差异　(mg/kg)

序号	土类	点位数（个）	平均值	标准差	变异系数（%）
1	潮土	436	158	84	53.02
2	草甸土	181	127	60	47.27
3	灌淤土	177	144	65	44.79
4	棕漠土	89	126	61	48.32
5	风沙土	33	145	77	53.03
6	棕钙土	21	158	50	31.83
7	沼泽土	18	163	61	37.36
8	林灌草甸土	16	113	125	110.65
9	水稻土	16	139	100	72.27
10	龟裂土	7	85	20	23.41

三、不同地形、地貌类型土壤速效钾含量差异

阿克苏地区不同地形、地貌类型土壤速效钾含量平均值由高到低顺序为：沙漠边缘>平原低阶>山地坡下>平原中阶>平原高阶。沙漠边缘和平原低阶速效钾含量较高，分别为192mg/kg和154mg/kg，平原高阶和平原中阶速效钾含量较低，分别为124mg/kg和133mg/kg。

不同地形、地貌类型土壤速效钾变异系数最大值出现在平原中阶，为56.86%，最小值出现在山地坡下，为22.75%。详见表5-24。

表5-24　阿克苏地区不同地形、地貌类型土壤速效钾含量差异　(mg/kg)

地貌/平均	地形	点位数（个）	平均值	标准差	变异系数（%）
山地	坡下	4	148	55	22.75
	高阶	61	124	82	43.08
平原	中阶	530	133	71	56.86
	低阶	385	154	34	46.17
沙漠	边缘	14	192	55	28.42

四、不同土壤质地土壤速效钾含量差异

通过对阿克苏地区不同质地样品土壤速效钾含量测试结果分析，土壤速效钾平均含量从高到低的顺序，表现为砂土>重壤>中壤>轻壤>砂壤>黏土，其中砂土最高，为

168mg/kg，黏土最低，为106mg/kg。

不同质地土壤速效钾含量的变异系数最高值为砂土92.50%，最低值为重壤39.02%。详见表5-25。

表5-25 阿克苏地区不同质地土壤速效钾含量差异 (mg/kg)

质地	点位数（个）	平均值	标准差	变异系数（%）
砂土	11	168	155	92.50
砂壤	179	133	72	54.27
轻壤	243	146	72	49.16
中壤	510	151	79	52.60
重壤	41	159	62	39.02
黏土	10	106	61	57.62

五、土壤速效钾的分级与分布

从阿克苏地区耕层土壤速效钾分级面积统计数据看，阿克苏地区耕地土壤速效钾多数在三、四级，详见图5-5、表5-26。

（一）一级

阿克苏地区一级地面积2.81khm^2，占阿克苏地区总耕地面积的0.42%。一级地主要分布在林灌草甸土和风沙土，分别占该土类总耕地面积的4.27%和4.13%。阿克苏市一级地面积最大，为1.34khm^2，占一级地面积的47.61%，其次为沙雅县，占33.63%。

（二）二级

阿克苏地区二级地面积40.20khm^2，占阿克苏地区总耕地面积的6.08%。二级地主要分布在潮土，占该土类总耕地面积的17.93%。阿克苏市二级地面积最大，为11.99khm^2，占二级地面积的29.82%，其次为库车市和阿瓦提县，分别占27.50%和17.52%。

（三）三级

阿克苏地区三级地面积218.83khm^2，占阿克苏地区总耕地面积的33.12%。三级地主要分布在草甸土和潮土，分别占该土类总耕地面积的39.13%和35.05%。库车市三级地面积最大，为56.67khm^2，占三级地面积的25.90%，其次为沙雅县和阿瓦提县，分别占21.29%和20.37%。

（四）四级

阿克苏地区四级地面积318.22khm^2，占阿克苏地区总耕地面积的48.17%。四级地主要分布在潮土和灌淤土，分别占该土类总耕地面积的50.18%和46.63%。温宿县四级地面积最大，为65.50khm^2，占阿克苏地区四级地面积的20.58%，其次为阿克苏市，为16.63%。

（五）五级

阿克苏地区五级地面积80.59khm^2，占阿克苏地区总耕地面积的12.20%。五级地主要分布在潮土和灌淤土，分别占该土类总耕地面积的16.58%和11.70%。乌什县五级地面积最大，为27.17khm²，占阿克苏地区五级地面积的33.71%，其次为拜城县，占23.81%。

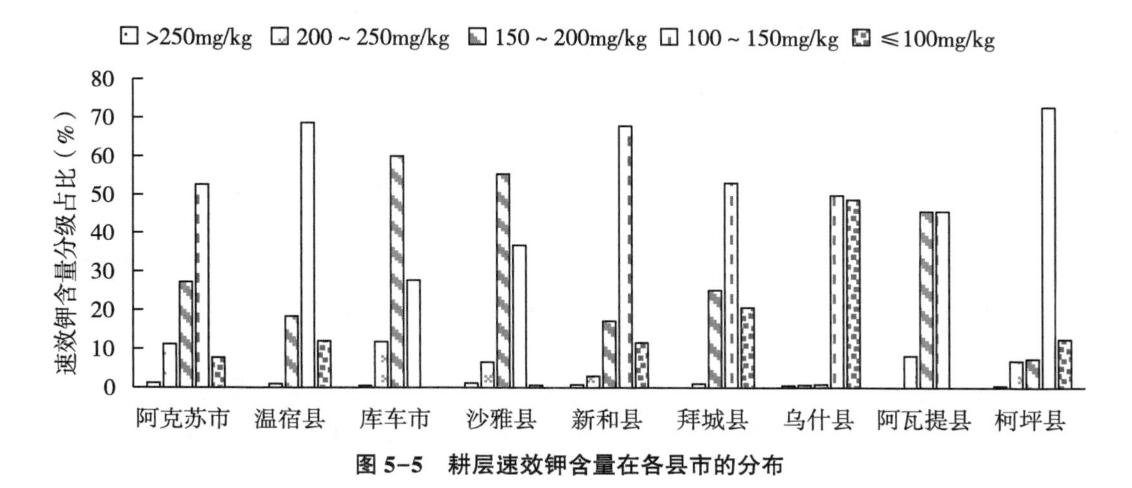

图5-5 耕层速效钾含量在各县市的分布

表5-26 土壤速效钾不同等级在阿克苏地区的分布

县市	含量											
	>250mg/kg		200～250mg/kg		150～200mg/kg		100～150mg/kg		≤100mg/kg		合计	
	面积（khm²）	占比（%）	面积（khm²）	占比（%）	面积（khm²）	占比（%）	面积（khm²）	占比（%）	面积（khm²）	占比（%）	面积（khm²）	占比（%）
阿克苏市	1.34	47.61	11.99	29.82	27.73	12.67	52.93	16.63	8.97	11.14	102.96	15.58
温宿县	—	—	0.83	2.07	15.69	7.17	65.50	20.58	11.95	14.82	93.97	14.22
库车市	0.39	14.06	11.05	27.50	56.67	25.90	24.55	7.71	3.27	4.05	95.94	14.52
沙雅县	0.95	33.63	5.55	13.80	46.60	21.29	26.67	8.38	2.63	3.27	82.39	12.47
新和县	0.13	4.62	1.00	2.49	7.75	3.54	30.89	9.71	5.13	6.36	44.90	6.80
拜城县	—	—	0.73	1.83	17.54	8.02	45.64	14.34	19.19	23.81	83.11	12.58
乌什县	—	—	—	—	0.01	—	25.07	7.88	27.17	33.71	52.24	7.91
阿瓦提县	—	—	7.04	17.52	44.58	20.37	42.33	13.30	1.98	2.46	95.93	14.52
柯坪县	—	0.07	2.00	4.98	2.26	1.03	4.63	1.46	0.31	0.38	9.21	1.39
总计	2.81	0.42	40.20	6.08	218.83	33.12	318.22	48.17	80.59	12.20	660.65	100

六、土壤速效钾调控

提高土壤中钾的有效性，一般要从以下三方面调控。一是采取增施速效态钾肥来增加土壤中钾的含量，以保证供给当季作物对钾的吸收利用。二是调节土壤环境条件，使土壤中的缓效钾快速转化为速效钾。三是要促使土壤中难溶态钾的溶解，提高钾的活性，使难溶性钾逐渐转化为速效钾。

根据土壤条件和作物对钾的吸收，一般可采取以下农业措施。

（一）调节土壤 pH

在酸性土壤上施用碱性肥料，降低土壤的酸性，以减少土壤中速效性钾的淋溶，增强土壤对钾的固定。在碱性土壤上使用酸性肥料，减少土壤对钾的固定，提高钾的活性。

（二）因土、因作物施钾肥

在施用钾肥时要考虑不同的土壤条件和作物不同种类，选择适宜的钾肥品种。由于钾肥多数水溶性较强，作物后期对钾的吸收较强，提倡钾肥后移，提高钾肥的利用率。

（三）使用有机肥料

在缺钾的土壤上，增施有机肥能起到一定的补钾作用。因为有机肥的钾含量较高，有机肥在腐熟后，能将有机态的钾肥转化为无机钾，供植物吸收利用。

（四）集中施钾肥

采取集中施用钾肥的方法，尽量减少或避免与土壤的接触面，把钾肥施在根系附近效果较好。或采取叶面喷施磷酸二氢钾等，均可提高钾肥的有效性，达到迅速补充钾肥的目的。

第六节　土壤缓效钾

缓效钾主要指 2∶1 型层状硅酸盐矿物层间和颗粒边缘的一部分钾，通常占全钾量的 1%～10%。缓效钾是速效钾的贮备库，当速效钾因作物吸收和淋失，浓度降低时，部分缓效钾可以释放出来转化为交换性钾和溶液钾，成为速效钾。因此，判断土壤供钾能力应综合考虑土壤速效钾和土壤缓效钾两项指标。如果土壤速效钾含量低，而缓效钾含量较高时，土壤的供钾能力并不一定很低，施用钾肥往往效果不明显。只有土壤速效钾和缓效钾含量都低的情况下，施用钾肥的效果才十分显著。

一、土壤缓效钾含量及其差异

通过对阿克苏地区耕层土壤样品缓效钾含量测定结果分析，阿克苏地区耕层土壤缓效钾平均值为 1 052mg/kg，平均含量以新和县含量最高，为 1 187mg/kg，其次分别为库车市 1 174mg/kg、拜城县 1 112mg/kg、沙雅县 1 106mg/kg、温宿县 908mg/kg、柯坪县 829mg/kg、阿克苏市 776mg/kg、阿瓦提县 768mg/kg，乌什县含量最低，为 425mg/kg。

阿克苏地区土壤缓效钾平均变异系数为 24.19%，最小值出现在拜城县，为 14.70%；最大值出现在柯坪县，为 55.90%。详见表 5-27。

表 5-27　阿克苏地区各县之间土壤缓效钾含量差异　（mg/kg）

县市名称	平均值	标准差	变异系数（%）
阿克苏市	776	260	33.52

（续表）

县市名称	平均值	标准差	变异系数（%）
温宿县	908	396	43.61
库车市	1 174	317	26.98
沙雅县	1 106	172	15.60
新和县	1 187	181	15.25
拜城县	1 112	163	14.70
乌什县	425	183	43.01
阿瓦提县	768	257	33.53
柯坪县	829	463	55.90
阿克苏地区	1052	255	24.19

二、土壤缓效钾的分级与分布

从阿克苏地区耕层土壤缓效钾分级面积统计数据看，阿克苏地区耕地土壤缓效钾多数在二、三、四级，详见图5-6、表5-28。

（一）一级

阿克苏地区一级地面积86.68khm²，占阿克苏地区总耕地面积的13.12%。一级地主要分布在潮土和灌淤土，分别占该土类总耕地面积的15.60%和14.82%。库车市一级地面积最大，为46.49khm²，占一级地面积的53.63%；其次为沙雅县，占22.12%。

（二）二级

阿克苏地区二级地面积209.23khm²，占阿克苏地区总耕地面积的31.67%。二级地主要分布在草甸土和潮土，分别占该土类总耕地面积的39.22%和26.71%。拜城县二级地面积最大，为64.68khm²，占二级地面积的30.91%；其次为沙雅县和新和县，分别占26.18%和15.32%。

（三）三级

阿克苏地区三级地面积151.69khm²，占阿克苏地区总耕地面积的22.96%。三级地主要分布在草甸土和灌淤土，分别占该土类总耕地面积的19.15%和16.82%。阿瓦提县三级地面积最大，为65.86khm²，占三级地面积的43.42%；其次为阿克苏市和温宿县，分别占21.33%和13.19%。

（四）四级

阿克苏地区四级地面积127.53khm²，占阿克苏地区总耕地面积的19.30%。四级地主要分布在草甸土和潮土，分别占该土类总耕地面积的28.76%和19.34%。阿克苏市四级地面积最大，为60.37khm²，占阿克苏地区四级地面积的47.33%；其次为阿瓦提县和温宿县，分别为22.87%、18.33%。

（五）五级

阿克苏地区五级地面积85.53khm²，占阿克苏地区总耕地面积的12.95%。五级地主要分布在潮土和灌淤土，分别占该土类总耕地面积的 28. 82%和 13. 79%。乌什县五级地面积最大，为 47. 57khm²，占阿克苏地区五级地面积的 55. 62%；其次为温宿县，占 38. 96%。

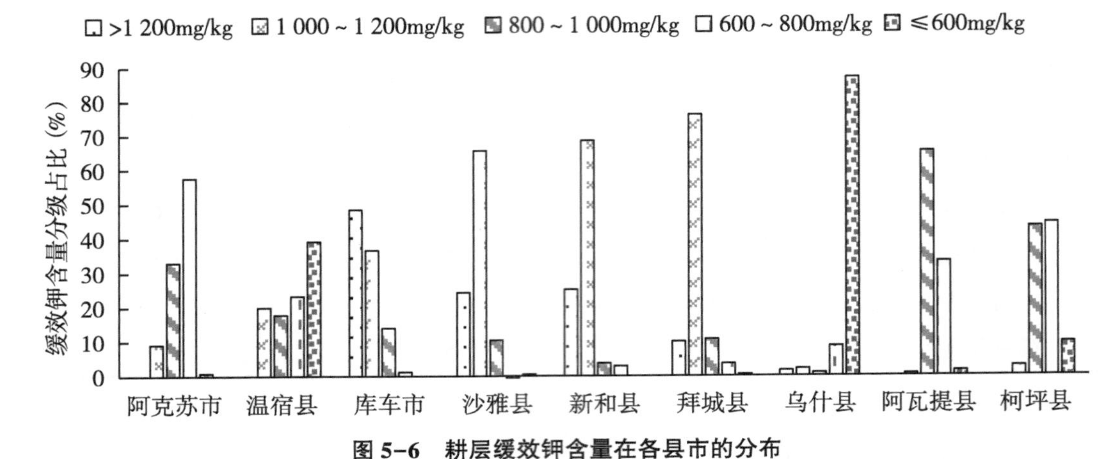

图 5-6 耕层缓效钾含量在各县市的分布

表 5-28 土壤缓效钾不同等级在阿克苏地区的分布

县市	含量											
	>1 200mg/kg		1 000～1 200mg/kg		800～1 000mg/kg		600～800mg/kg		≤600mg/kg		合计	
	面积（khm²）	占比（%）	面积（khm²）	占比（%）	面积（khm²）	占比（%）	面积（khm²）	占比（%）	面积（khm²）	占比（%）	面积（khm²）	占比（%）
阿克苏市	9. 39	10. 84	9. 47	4. 53	32. 35	21. 33	60. 37	47. 33	0. 77	0. 90	112. 35	17. 01
温宿县	—	—	17. 25	8. 25	20. 01	13. 19	23. 38	18. 33	33. 33	38. 96	93. 97	14. 22
库车市	46. 49	53. 63	30. 77	14. 71	15. 81	10. 42	2. 09	1. 64	0. 77	0. 91	95. 94	14. 52
沙雅县	19. 17	22. 12	54. 77	26. 18	7. 96	5. 25	—	—	0. 49	0. 57	82. 39	12. 47
新和县	11. 63	13. 41	32. 05	15. 32	1. 03	0. 68	—	—	0. 19	0. 23	44. 90	6. 80
拜城县	—	—	64. 68	30. 91	6. 58	4. 34	2. 24	1. 76	0. 21	0. 25	73. 71	11. 16
乌什县	—	—	—	—	0. 20	0. 13	4. 47	3. 50	47. 57	55. 62	52. 24	7. 91
阿瓦提县	—	—	0. 23	0. 11	65. 86	43. 42	29. 16	22. 87	0. 69	0. 81	95. 93	14. 52
柯坪县	—	—	—	—	1. 88	1. 24	5. 83	4. 57	1. 49	1. 75	9. 21	1. 39
总计	86. 68	13. 12	209. 23	31. 67	151. 69	22. 96	127. 53	19. 30	85. 53	12. 95	660. 65	100

三、土壤缓效钾调控

（一）土壤缓效钾的钾含量变化及影响因素

土壤钾素含量变化的影响因素很多，主要是施肥和种植制度。已有部分地区出现土壤钾素亏缺，西北地区一般土壤不缺乏钾素，但施用钾肥往往能起到一定增产效果，究其原因大概有以下几方面。

1. 有机肥投入不足

西北地区虽然土壤速效钾、缓效钾含量不低，但容易被土壤固定，不如施入的钾肥水溶性高，容易被作物吸收。有机肥不仅富含作物生长发育的多种营养元素，还含有丰富的钾素，不但能改良培肥土壤，还可提高土壤钾素供应能力，对土壤钾素的循环十分重要。但有机肥料肥效缓慢、周期长、见效慢，不如化肥养分含量高、施用方便、见效快，因此投入相对不足。

2. 土壤钾素含量出现下滑

人们对钾肥的认识不足，生产上一直存在着"重氮磷肥，轻钾肥"的施肥现象。北方地区土壤速效钾的含量出现了急剧下降。施用化学钾肥，水溶性好，因而能够被作物迅速吸收，从而达到增产目的。

3. 作物产量和复种指数提高

随着农业的迅猛发展，高产品种的引进和科学栽培技术的应用，复种指数和产量不断提高，从土壤中带走的钾越来越多，加剧了土壤钾素的消耗，一些地区土壤钾素亏缺严重。

（二）土壤钾素调控

合理施用钾肥应以土壤钾素丰缺状况为依据。因为在土壤缺钾的情况下，钾肥的增产效果极为显著，一般可增产10%~25%。当土壤速效钾含量达到高或极高时，一般就没有必要施钾肥了，因为土壤中的钾已能满足作物的需要。总的来说，西北大部分地区的缺钾现象并不十分严重，但某些地区也存在着钾肥施用不合理、钾肥利用率低的现象，造成了钾素资源的大量浪费。因此，科学合理地评价土壤供钾特性，充分发挥土壤的供钾潜力，有效施用和分配钾肥显得尤为重要。针对土壤钾素状况，可以通过以下几种途径进行调控。

1. 提高对钾肥投入的认识

利用一切形式广泛深入地宣传增施钾肥的重要性，以增强农户的施用钾肥意识，增加钾肥投入的自觉性。另外，还应当认识到：①钾肥的肥效一定要在满足作物对氮、磷营养的基础上才能显现出来；②土壤速效钾的丰缺标准会随着作物产量的提高和氮、磷化肥用量的增加而变化，例如，原来不缺钾的土壤，这几年施钾也有效了；③我国钾肥资源紧缺，多年来依靠进口，因此有限的钾肥应优先分配在缺钾土壤和喜钾作物上。

2. 深翻晒垡

这一措施可改良土壤结构，协调土壤水、肥、气、热状况，有利于土壤钾素释放。

3. 增施有机肥

一般每亩施用优质有机肥1 500~2 000kg为宜。作物秸秆还田对增加土壤钾素尤为明显，秸秆可通过过腹、堆沤和直接覆盖3种形式还田。另外，发展绿肥生产也是提高土壤钾素含量的有效途径，可利用秋收后剩余光热资源、种植一季绿肥进行肥田。

4. 施用生物钾肥

土壤中钾素含量比较丰富，但90%~98%是一般作物难以吸收的形态。施用生物钾肥可将难溶性钾转变为有效钾，挖掘土壤钾素潜力，从而增加土壤有效钾含量，达到补钾目的。

5. 优化配方施肥，增施化学钾肥

改变多氮、磷肥，少钾肥的施肥现状，充分利用各地地力监测和试验示范结果，因土壤因作物制定施肥方案，协调氮、磷、钾，有机肥与无机肥之间的比例。根据不同土壤及作物，在增施有机肥的基础上，适量增加钾肥用量，逐步扭转钾素亏缺局面。

第七节　土壤有效铁

铁（Fe）是地壳中较丰富的元素。铁在土壤中广泛存在，是土壤的染色剂，和土壤的颜色有直接相关性。土壤中铁的含量主要与土壤 pH 值、氧化还原条件、土壤全氮、碳酸钙含量和成土母质等有关。容易发生缺铁的土壤一般有：盐碱土、施用大量磷肥土壤、风沙土和砂土等。由于铁的有效性差，植物容易出现缺铁症状，其土壤本身可能不缺铁。在酸性和淹水还原条件下，铁以亚铁形式出现，易使植物亚铁中毒。

土壤铁的有效性受到很多因素的影响，如土壤 pH、$CaCO_3$ 含量、水分、孔隙度等。铁的有效性与 pH 值呈负相关。pH 值高的土壤易生成难溶的氢氧化铁，降低土壤有效性。长期处于还原条件的酸性土壤，铁被还原成溶解度大的亚铁，铁的有效性增加。干旱少雨地区土壤中氧化环境占优势，降低了铁的溶解度。土壤中有效铁含量与全氮成正比。碱性土壤中，铁能与碳酸根生成难溶的碳酸盐，降低铁的有效性。而在酸性土壤上很难观察到缺铁现象。成土母质影响全铁含量。土壤母质含铁高，土壤表层含铁量也高。

铁作为含量相对较大的微量元素，其在植物生长过程中具有重要的生理意义，因此，明确土壤有效铁含量变化及其分布，对于合理调控土壤肥力，促进作物高产具有重要意义。

一、土壤有效铁含量及其差异

通过对阿克苏地区耕层土壤样品有效铁含量测定结果分析，阿克苏地区耕层土壤有效铁平均值为 25.71mg/kg，平均含量以温宿县含量最高，为 52.62mg/kg，其次分别为乌什县 22.16mg/kg、拜城县 21.94mg/kg、新和县 19.20mg/kg、沙雅县 18.26mg/kg、阿克苏市 18.18mg/kg、阿瓦提县 13.13mg/kg 和库车市 9.24mg/kg，柯坪县含量最低，为 9.05mg/kg。

阿克苏地区土壤有效铁平均变异系数为 156.10%，最小值出现在柯坪县，为 11.72%；最大值出现在温宿县，为 138.57%。详见表 5-29。

表 5-29　阿克苏地区各县之间土壤有效铁含量差异　（mg/kg）

县市名称	平均值	标准差	变异系数（%）
阿克苏市	18.18	8.76	48.17
温宿县	52.62	72.92	138.57
库车市	9.24	4.78	51.76

（续表）

县市名称	平均值	标准差	变异系数（%）
沙雅县	18.26	8.76	48.00
新和县	19.20	15.61	81.28
拜城县	21.94	5.32	24.26
乌什县	22.16	7.51	33.88
阿瓦提县	13.13	4.78	36.43
柯坪县	9.05	1.06	11.72
阿克苏地区	25.71	40.13	156.10

二、土壤有效铁的分级与分布

从阿克苏区耕层土壤有效铁分级面积统计数据看，阿克苏地区耕地土壤有效铁多数在一级和二级，详见图5-7、表5-30。

（一）一级

阿克苏地区一级地面积249.83khm²，占阿克苏地区总耕地面积的37.82%。一级地主要分布在草甸土和潮土，分别占该土类总耕地面积的40.35%和37.39%。阿瓦提县一级地面积最大，为55.57khm²，占一级地面积的22.24%；其次为库车市和沙雅县，分别占20.0%和17.7%。

（二）二级

阿克苏地区二级地面积246.61khm²，占阿克苏地区总耕地面积的37.33%。二级地主要分布在草甸土和潮土，分别占该土类总耕地面积的41.49%和37.19%。温宿县二级地面积最大，为46.97khm²，占二级地面积的19.05%；其次为库车市和阿瓦提县，分别占18.64%和16.37%。

（三）三级

阿克苏地区三级地面积89.11khm²，占阿克苏地区总耕地面积的13.49%。三级地主要分布在潮土和灌淤土，分别占该土类总耕地面积的13.80%和11.48%。阿克苏市三级地面积最大，为24.82khm²，占三级地面积的27.85%；其次为温宿县和新和县，分别占25.69%和25.93%。

（四）四级

阿克苏地区四级地面积30.81khm²，占阿克苏地区总耕地面积的4.66%。四级地主要分布在草甸土和潮土，分别占该土类总耕地面积的6.22%和3.46%。阿克苏市四级地面积最大，为16.57khm²，占阿克苏地区四级地面积的53.78%；其次为拜城县，为32.96%。

（五）五级

阿克苏地区五级地面积44.27khm²，占阿克苏地区总耕地面积的6.70%。五级地主要分布在灌淤土和潮土，分别占该土类总耕地面积的 18. 40%和 8. 16%。新和县五级地面积最大，为 44. 27khm²，占阿克苏地区五级地面积的 100%。

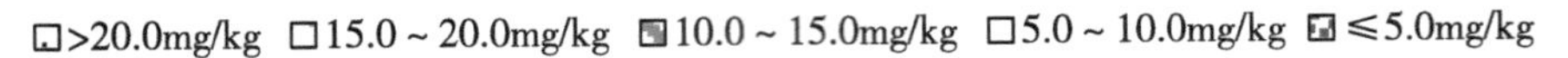

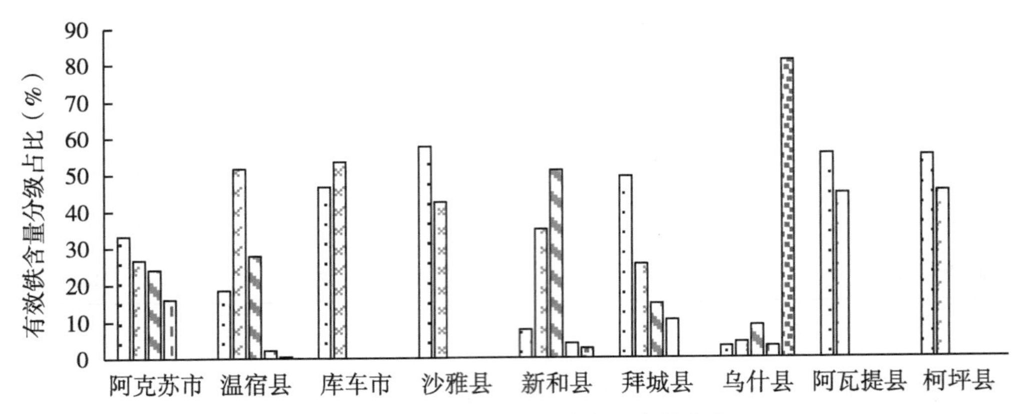

图 5-7　耕层有效铁含量在各县市的分布

表 5-30　土壤有效铁不同等级在阿克苏地区的分布

县市	含量											
	>20mg/kg		15～20mg/kg		10～15mg/kg		5～10mg/kg		≤5mg/kg		合计	
	面积（khm²）	占比（%）	面积（khm²）	占比（%）	面积（khm²）	占比（%）	面积（khm²）	占比（%）	面积（khm²）	占比（%）	面积（khm²）	占比（%）
阿克苏市	33. 98	13. 60	27. 59	11. 19	24. 82	27. 85	16. 57	53. 78	—	—	102. 96	15. 58
温宿县	22. 24	8. 90	46. 97	19. 05	22. 89	25. 69	1. 86	6. 03	—	—	93. 97	14. 22
库车市	49. 96	20. 00	45. 98	18. 64	—	—	—	—	—	—	95. 94	14. 52
沙雅县	44. 21	17. 70	38. 18	15. 48	—	—	—	—	—	—	82. 39	12. 47
新和县	3. 40	1. 36	16. 64	6. 75	23. 11	25. 93	1. 75	5. 69	44. 27	100	89. 17	13. 50
拜城县	37. 61	15. 05	21. 77	8. 83	13. 57	15. 22	10. 16	32. 96	—	—	83. 11	12. 58
乌什县	0. 13	0. 05	2. 63	1. 07	4. 73	5. 31	0. 47	1. 54	—	—	7. 97	1. 21
阿瓦提县	55. 57	22. 24	40. 37	16. 37	—	—	—	—	—	—	95. 93	14. 52
柯坪县	2. 73	1. 09	6. 48	2. 63	—	—	—	—	—	—	9. 21	1. 39
总计	249. 83	37. 82	246. 61	37. 33	89. 11	13. 49	30. 81	4. 66	44. 27	6. 70	660. 65	100

三、土壤有效铁调控

一般认为，土壤缺铁的临界含量为 4. 5mg/kg，有效铁低于 4. 5mg/kg 时，即表现缺铁；低于 2. 5mg/kg 时，属于严重缺铁。

（一）作物缺铁状况

由于作物产量大幅提高、微肥投入不足以及北方石灰性土壤自身碱性反应及氧化作用，使铁形成难溶性化合物而降低其有效性，致使植物缺铁现象连年发生，涉及的植物品种较为广泛。植物这种缺铁病害，不但影响作物的生长发育、产量及品质，更重要的是影响人体健康，如缺铁营养病、缺铁性贫血病等。而合理施用铁肥有助于提高植物性产品的铁含量，改善人类的铁营养。另外高位泥炭土、砂质土、通气性不良的土壤、富含磷或大量施用磷肥的土壤、全氮含量低的酸性土壤、过酸的土壤上也易发生缺铁。通过合理施铁肥调控改善土壤缺铁状况。

作物缺铁常出现在游离碳酸钙含量高的碱性土壤上，一些落叶果树（桃、苹果、山楂等）在高温多雨季节叶片缺铁失绿现象十分明显。对缺铁敏感的有花生、大豆、草莓、苹果、梨、桃和柑橘等。单子叶植物如玉米、小麦等很少缺铁，其原因是由于它们的根可分泌一种能螯合铁的有机物—麦根酸，活化土壤中的铁，增加对铁的吸收利用。由于铁在植物体内很难移动，又是叶绿素形成的必需元素，所以缺铁常见的症状是幼叶的失绿症。开始时叶色变淡，进而叶脉间失绿黄化，叶脉仍保持绿色。缺铁严重时整个叶片变白，并出现坏死的斑点。

（二）铁肥类型及合理使用技术

1. 铁肥类型

铁肥可分为无机铁肥、有机铁肥两大类。硫酸亚铁和硫酸铁是常用的无机铁肥。有机铁肥包括络合、螯合、复合有机铁肥，如乙二胺四乙酸（EDTA）、二乙酰三胺五醋酸铁（DTPA）、羟乙基乙二胺三乙酸铁（HEEDTA）等，这类铁肥可适用的 pH、土壤类型范围广，肥效高，可混性强。但其成本昂贵、售价极高，多用作叶面喷施。柠檬酸铁、葡萄糖酸铁十分有效。柠檬酸土施可提高土壤铁的溶解吸收，可促进土壤钙、磷、铁、锰、锌的释放，提高铁的有效性。

2. 铁肥施用方法及注意问题

（1）铁肥在土壤中易转化为无效铁，其后效弱。因此，每年都应向缺铁土壤施用铁肥，土施铁肥应以无机铁肥为主，即七水硫酸亚铁，价格非常低廉，约 2 元/kg。施铁量一般为 22.5～45kg/hm^2。

（2）根外施铁肥，以有机铁肥为主，其用量小，效果好。螯合铁肥、柠檬酸铁类有机铁肥价格极为昂贵，约 12 元/kg 以上，土壤施用成本非常高，其主要用于根外施肥，即叶面喷施或茎秆钻孔施用。果树类可采用叶片喷施，吊针输液，及树干钉铁钉或钻孔置药法。

（3）叶面喷施是最常用的校正植物缺铁黄化病的高效方法，也就是采用均匀喷雾的方法将含铁营养液喷到叶面上，其可与酸性农药混合喷施。叶面喷施铁肥的时间一般选在晴朗无风的下午 4 点以后，如喷施后遇雨，应在天晴后再补喷 1 次。无机铁肥随喷随配，肥液不宜久置，以防止氧化失效。叶面喷施铁肥的浓度一般为 5～30g/kg，可与酸性农药混合喷施。单喷铁肥时，可在肥液中加入尿素或表面活性剂（非离子型洗衣粉），以促进肥液在叶面的附着及铁素的吸收。由于叶面喷施肥料持效期短，因此，果树或长生育期作物缺铁矫正时，一般每半月左右喷施 1 次，连喷 2～3 次，可起到良好的效果。

吊针输液与人体输液一样，向树皮输含铁营养液。树干钉铁钉是将铁钉直接钉入树干，其缓慢释放供铁，效果较差。钻孔置药法是在茎秆较为粗大的果树茎秆上钻孔置入颗粒状或片状有机铁肥。

（4）土施铁肥与生理酸性肥料混合施用能起到较好的效果，如硫酸亚铁和硫酸钾造粒合施的肥效明显高于各自单独施用的肥效之和。

（5）浸种和种子包衣。对于易缺铁作物种子或缺铁土壤上播种，用铁肥浸种或包衣可矫正缺铁症。浸种溶液浓度为 1g/kg 硫酸亚铁，包衣剂铁含量为 100g/kg 铁。

（6）肥灌铁肥。对于具有喷灌或滴灌设备的农田缺铁防治或矫正，可将铁肥加入到灌溉水中，效果良好。

第八节　土壤有效锰

锰（Mn）在地壳中是一个分布很广的元素，至少能在大多数岩石中，特别是铁镁物质中找到微量锰的存在。土壤中全锰含量比较丰富，一般在 100～5 000mg/kg。土壤中锰的含量因母质的种类、质地、成土过程以及土壤的酸度、全氮的积累程度等而异，其中母质的影响尤为明显。锰在植株中的正常浓度一般是 20～500mg/kg。土壤中的有效锰主要包括水溶态锰、交换态锰和一部分易还原态锰。北方地区土壤有效锰含量一般在 1～20mg/kg，土壤 pH 值愈低，锰有效性愈高，在碱性或石灰性土壤中锰易形成 MnO 沉淀，有效性降低。大多数中性或碱性土壤有可能缺锰。石灰性土壤，尤其是排水不良和全氮含量高的土壤易缺锰。

对锰较敏感的作物有麦类、水稻、玉米、马铃薯、甘薯、甜菜、豆类、花生、棉花、油菜和果树等。作物施用锰肥对种子发芽、苗期生长及生殖器官的形成、促进根茎的发育等都有良好作用。

一、土壤有效锰含量及其差异

通过对阿克苏地区耕层土壤样品有效锰含量测定结果分析，阿克苏地区耕层土壤有效锰平均值为 7.44mg/kg，平均含量以拜城县含量最高，为 12.15mg/kg，其次分别为温宿县 9.64mg/kg、乌什县 8.57mg/kg、沙雅县 7.71mg/kg、阿克苏市 6.69mg/kg、新和县 4.84mg/kg、柯坪县 4.80mg/kg 和库车市 4.40mg/kg，阿瓦提县含量最低，为 3.28mg/kg。

阿克苏地区土壤有效锰平均变异系数为 75.29%，最小值出现在柯坪县，为 5.89%；最大值出现在温宿县，为 92.12%。详见表 5-31。

表 5-31　阿克苏地区各县之间土壤有效锰含量差异　（mg/kg）

名称	平均值	标准差	变异系数（%）
阿克苏市	6.69	3.81	56.99
温宿县	9.64	8.88	92.12
库车市	4.40	1.37	31.19
沙雅县	7.71	2.07	26.92
新和县	4.84	0.98	20.33

（续表）

名称	平均值	标准差	变异系数（%）
拜城县	12.15	3.52	28.94
乌什县	8.57	2.21	25.82
阿瓦提县	3.28	0.83	25.41
柯坪县	4.80	0.28	5.89
阿克苏地区	7.44	5.60	75.29

二、土壤有效锰的分级与分布

从阿克苏地区耕层土壤有效锰分级面积统计数据看，阿克苏地区耕地土壤有效锰多数在二级和三级，详见图5-8、表5-32。

（一）一级

阿克苏地区一级地面积21.94khm²，占阿克苏地区总耕地面积的3.32%。一级地主要分布在潮土和草甸土，分别占该土类总耕地面积的4.10%和2.56%。库车市一级地面积最大，为10.79khm²，占一级地面积的49.17%；其次为阿瓦提县，分别占33.46%。

（二）二级

阿克苏地区二级地面积309.25khm²，占阿克苏地区总耕地面积的46.81%。二级地主要分布在草甸土和潮土，分别占该土类总耕地面积的60.01%和46.46%。阿瓦提县二级地面积最大，为72.75khm²，占二级地面积的23.52%；其次为库车市和沙雅县，分别占22.89%和22.20%。

（三）三级

阿克苏地区三级地面积214.96khm²，占阿克苏地区总耕地面积的32.54%。三级地主要分布在灌淤土和潮土，分别占该土类总耕地面积的26.18%和33.22%。温宿县三级地面积最大，为49.99khm²，占三级地面积的23.26%；其次为阿克苏市，占22.76%。

（四）四级

阿克苏地区四级地面积69.98khm²，占阿克苏地区总耕地面积的10.59%。四级地主要分布在潮土和棕漠土，分别占该土类总耕地面积的8.04%和21.78%。阿克苏市四级地面积最大，为39.09khm²，占阿克苏地区四级地面积的55.86%；其次为拜城县，为35.23%。

（五）五级

阿克苏地区五级地面积44.51khm²，占阿克苏地区总耕地面积的6.74%。五级地主要分布在灌淤土和潮土，分别占该土类总耕地面积的18.48%和8.18%。乌什县五级地面积最大，为44.27khm²，占阿克苏地区五级地面积的99.46%；其次为阿克苏市，占0.32%。

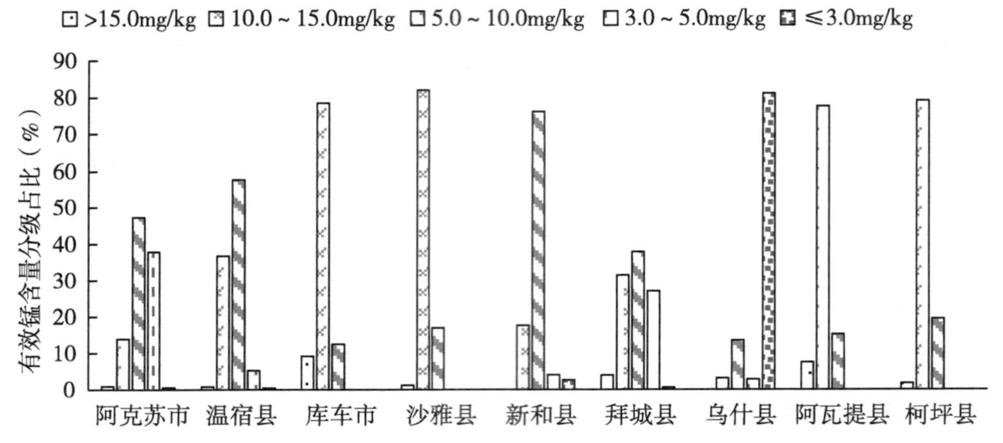

图 5-8 耕层有效锰含量在各县市的分布

表 5-32 土壤有效锰不同等级在阿克苏地区的分布

县市	含量											
	>15. 0mg/kg		10. 0~15. 0mg/kg		5. 0~10. 0mg/kg		3. 0~5. 0mg/kg		≤3. 0mg/kg		合计	
	面积（khm^2）	占比（%）	面积（khm^2）	占比（%）	面积（khm^2）	占比（%）	面积（khm^2）	占比（%）	面积（khm^2）	占比（%）	面积（khm^2）	占比（%）
阿克苏市	0. 27	1. 22	14. 55	4. 70	48. 92	22. 76	39. 09	55. 86	0. 14	0. 32	102. 96	15. 58
温宿县	0. 31	1. 39	39. 04	12. 62	49. 99	23. 26	4. 63	6. 62	—	—	93. 97	14. 22
库车市	10. 79	49. 17	70. 78	22. 89	14. 37	6. 69	—	—	—	—	95. 94	14. 52
沙雅县	0. 90	4. 09	68. 65	22. 20	12. 85	5. 98	—	—	—	—	82. 39	12. 47
新和县	—	—	9. 13	2. 95	34. 17	15. 90	1. 60	2. 28	—	—	44. 90	6. 80
拜城县	1. 53	6. 96	25. 59	8. 28	31. 23	14. 53	24. 65	35. 23	0. 10	0. 22	83. 11	12. 58
乌什县	—	—	1. 17	0. 38	6. 79	3. 16	0. 01	0. 01	44. 27	99. 46	52. 24	7. 91
阿瓦提县	7. 34	33. 46	72. 75	23. 52	15. 84	7. 37	—	—	—	—	95. 93	14. 52
柯坪县	0. 81	3. 70	7. 61	2. 46	0. 79	0. 37	—	—	—	—	9. 21	1. 39
总计	21. 94	3. 32	309. 25	46. 81	214. 96	32. 54	69. 98	10. 59	44. 51	6. 74	660. 65	100

三、土壤有效锰调控

土壤中锰的有效性与土壤 pH、通气性和碳酸盐含量有一定关系，在 pH 值 4~9 的范围内，随着土壤 pH 的提高，锰的有效性降低，在酸性土壤中，全锰和交换性锰（有效锰）含量都较高。一般来说，有些土壤锰的含量比较高，但它的有效态含量却很低，生长在这种土壤中的农作物，依然会因缺锰而出现缺素的生理症状。另外，随着作物产量的增加和复种指数的提高，从土壤中带走的锰也越来越多，而且氮磷化肥的施用量越来越大，有机肥料施用不足，致使锰大面积的缺乏，有的地块以明显表现出缺素症状。

西北地区，大部分为中性或碱性土壤，较易出现缺锰现象，尤其是排水不良和石灰性含量高的土壤极易缺锰。针对土壤缺锰状况，一般是通过施用含锰肥料（锰肥）的方式进行补充。常用的锰肥有硫酸锰、氯化锰、碳酸锰、氧化锰等。在实际施用锰肥时，应注意以下原则。

（一）根据土壤锰丰缺情况和作物种类确定施用

一般情况下，在土壤锰有效含量低时易产生缺素症，所以应采取缺什么补什么的原则，才能达到理想的效果。不同的作物种类，对锰肥的敏感程度不同，其需要量也不一样，如对锰敏感的作物有豆科作物、小麦、马铃薯、洋葱、菠菜、苹果、草莓等，需求量大；其次是大麦、甜菜、三叶草、芹菜、萝卜、西红柿、棉花等，需求量一般；对锰不敏感的作物有玉米、黑麦、牧草等，需求量则较小。

（二）注意施用量及浓度

只有在土壤严重缺乏锰元素时，才向土壤施用锰肥，因为一般作物对微量元素的需要量都很少，而且从适量到过量的范围很窄，因此要防止锰肥用量过大。土壤施用时必须施得均匀，否则会引起植物中毒，污染土壤与环境。锰肥可用作基肥和种肥。在播种前结合整地施入土中，或者与氮、磷、钾等化肥混合在一起均匀施入，施用量要根据作物和锰肥种类而定，一般不宜过大。土壤施用锰肥有后效，一般可每隔 3~4 年施用一次。

（三）注意改善土壤环境条件

微量元素锰的缺乏，往往不是因为土壤中锰含量低，而是其有效性低，通过调节土壤条件，如土壤酸碱度、土壤质地、全氮含量、土壤含水量等，可以有效改善土壤的锰营养条件。

（四）注意与大量元素肥料配合施用

注意与大量元素肥料配合施用。微量元素和氮、磷、钾等营养元素都是同等重要、不可代替的，只有在满足了植物对大量元素需要的前提下，施用微量元素肥料才能充分发挥肥效，表现出明显的增产效果。

第九节　土壤有效铜

地壳中铜（Cu）的平均含量约为 70mg/kg，全球土壤中铜的含量范围一般在 2~100mg/kg，平均含量为 20mg/kg。我国土壤中铜的含量在 3~300mg/kg，平均含量为 22mg/kg。土壤铜含量常常与其母质来源和抗风化能力有关，与土壤质地间接相关。土壤中的铜大部分来自含铜矿物（孔雀石、黄铜矿及含铜砂岩等）。一般情况下，基性岩发育的土壤，其含铜量多于酸性岩发育的土壤，沉积岩中以砂岩含铜最低。我国土壤表层或耕层中铜含量的背景值范围为 7.3~55.1mg/kg。

一、土壤有效铜含量及其差异

通过对阿克苏地区耕层土壤样品有效铜含量测定结果分析，阿克苏地区耕层土壤有效铜平均值为 5.16mg/kg，平均含量以沙雅县含量最高，为 18.95mg/kg，其次分别为拜城县 11.07mg/kg、温宿县 4.32mg/kg、乌什县 2.07mg/kg、阿克苏市 1.85mg/kg、新和县

1.79mg/kg、阿瓦提县1.38mg/kg、库车市1.25mg/kg，柯坪县含量最低，为1.05mg/kg。

阿克苏地区土壤有效铜平均变异系数为204.32%，最小值出现在柯坪县，为20.20%；最大值出现在温宿县，为194.16%。详见表5-33。

表5-33　阿克苏地区各县之间土壤有效铜含量差异　(mg/kg)

县市名称	平均值	标准差	变异系数（%）
阿克苏市	1.85	0.63	34.09
温宿县	4.32	8.40	194.16
库车市	1.25	0.57	45.22
沙雅县	18.95	25.15	132.75
新和县	1.79	0.56	31.58
拜城县	11.07	4.17	37.65
乌什县	2.07	0.55	26.55
阿瓦提县	1.38	0.42	30.83
柯坪县	1.05	0.21	20.20
阿克苏地区	5.16	10.55	204.32

二、土壤有效铜的分级与分布

从阿克苏地区耕层土壤有效铜分级面积统计数据看，阿克苏地区耕地土壤有效铜多数在一级，详见图5-9、表5-34。

（一）一级

阿克苏地区一级地面积578.37khm^2，占阿克苏地区总耕地面积的87.55%。一级地主要分布在草甸土和潮土，分别占该土类总耕地面积的91.95%和87.52%。有效铜一级地面积最大出现在库车市，面积为95.94khm^2，占一级地面积的16.59%；其次为阿瓦提县和温宿县，分别占16.59%和16.13%。

（二）二级

阿克苏地区二级地面积18.28khm^2，占阿克苏地区总耕地面积的2.77%。二级地主要分布在潮土和棕漠土，分别占该土类总耕地面积的2.82%和6.43%。乌什县二级地面积最大，为11.21khm^2，占二级地面积的61.30%；其次为阿克苏市，占22.15%。

（三）三级

阿克苏地区三级地面积53.45khm^2，占阿克苏地区总耕地面积的8.09%。三级地主要分布在灌淤土和潮土，分别占该土类总耕地面积的17.13%和8.77%。乌什县三级地面积最大，为32.59khm^2，占三级地面积的60.96%；其次为阿克苏市，占24.30%。

（四）四级

阿克苏地区四级地面积9.67khm^2，占阿克苏地区总耕地面积的1.46%。四级地主要分布在草甸土和潮土，分别占该土类总耕地面积的2.41%和0.72%。阿克苏市四级地面积最大，为 5.90khm²，占阿克苏地区四级地面积的 61.06%；其次为拜城县，为 38.61%。

（五）五级

阿克苏地区五级地面积 0.89khm²，占阿克苏地区总耕地面积的 0.13%。五级地主要分布在潮土和灌淤土，分别占该土类总耕地面积的 0.17%和 0.22%。乌什县五级地面积最大，为 0.48khm²，占该等级总面积的 54.46%；其次为阿克苏市，为 28.26%。

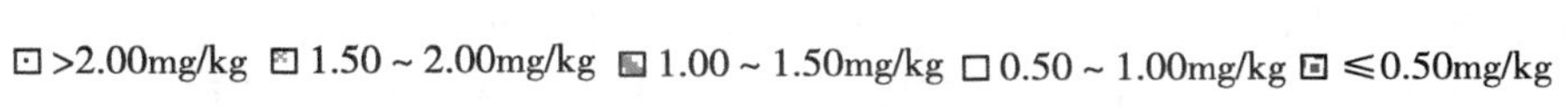

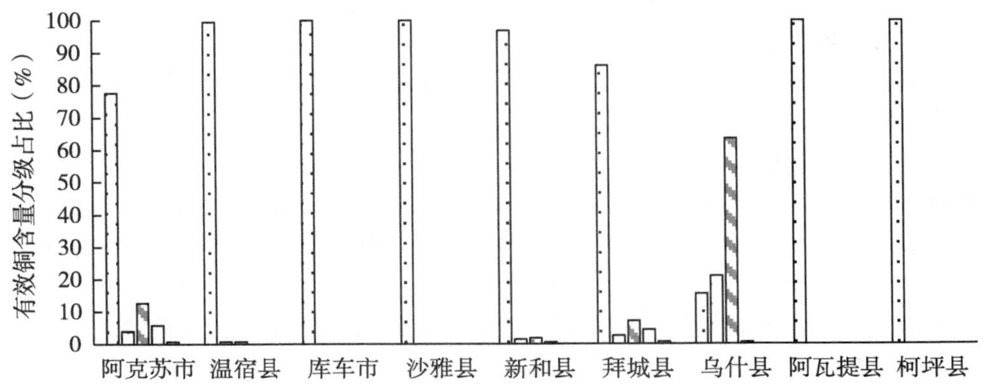

图 5-9 耕层有效铜含量在各县市的分布

表 5-34 土壤有效铜不同等级在阿克苏地区的分布

县市	含量											
	>2.0mg/kg		1.5~2.0mg/kg		1.0~1.5mg/kg		0.5~1.0mg/kg		≤0.5mg/kg		合计	
	面积（khm²）	占比（%）	面积（khm²）	占比（%）	面积（khm²）	占比（%）	面积（khm²）	占比（%）	面积（khm²）	占比（%）	面积（khm²）	占比（%）
阿克苏市	79.77	13.79	4.05	22.15	12.99	24.30	5.90	61.06	0.25	28.26	102.96	15.58
温宿县	93.31	16.13	0.30	1.65	0.32	0.60	0.03	0.33	—	—	93.97	14.22
库车市	95.94	16.59	—	—	—	—	—	—	—	—	95.94	14.52
沙雅县	82.39	14.25	—	—	—	—	—	—	—	—	82.39	12.47
新和县	44.77	7.74	0.07	0.38	0.07	0.12	—	—	—	—	44.90	6.80
拜城县	69.08	11.94	2.65	14.52	7.49	14.01	3.73	38.61	0.15	17.28	83.11	12.58
乌什县	7.97	1.38	11.21	61.30	32.59	60.96	—	—	0.48	54.46	52.24	7.91
阿瓦提县	95.93	16.59	—	—	—	—	—	—	—	—	95.93	14.52
柯坪县	9.21	1.59	—	—	—	—	—	—	—	—	9.21	1.39
总计	578.37	87.55	18.28	2.77	53.45	8.09	9.67	1.46	0.89	0.13	660.65	100

三、土壤有效铜调控

一般认为，土壤缺铜的临界含量为 0.5mg/kg，土壤有效铜低于 0.5mg/kg 时，属于缺铜；低于 0.2mg/kg 时，属于严重缺铜。针对土壤缺铜的情况，一般通过施用铜肥进行调控。

（一）铜的生理作用

铜参与植物的光合作用，以 Cu^{2+} 的形式被植物吸收，它可以畅通无阻地催化植物的氧化还原反应，从而促进碳水化合物和蛋白质的代谢与合成，使植物抗寒、抗旱能力大为增强；铜还参与植物的呼吸作用，影响到作物对铁的利用，在叶绿体中含有较多的铜，因此铜与叶绿素形成有关；铜具有提高叶绿素稳定性的能力，避免叶绿素过早遭受破坏，这有利于叶片更好地进行光合作用。缺铜时，叶绿素减少，叶片出现失绿现象，幼叶的叶尖因缺绿而黄化并干枯，最后叶片脱落；还会使繁殖器官的发育受到破坏。植物需铜量很微，植物一般不会缺铜。

（二）土壤铜的变化特性

不同作物种植区土壤铜含量变化不一。土壤中铜的形态包括水溶态铜、有机态铜、离子态铜。水溶态铜在土壤全铜中所占比例较低，土壤中水溶性铜占全铜的比例仅为 1.2%~2.8%，离子态铜占全铜及水溶态铜的比例分别为 0.0003%~0.018%和 0.01%~1.4%。使用有机肥会降低活性态铜含量，增加有机结合态铜含量，在铜缺乏土壤上应该避免过量使用有机肥。

（三）铜肥类型及合理施用技术

铜肥的主要品种有硫酸铜、氧化铜、氧化亚铜、碱式硫酸铜、铜矿渣等。

1. 硫酸铜。

分子式为 $CuSO_4 \cdot 5H_2O$，含铜量为 25.5%，或失水成为 $CuSO_4 \cdot H_2O$，含铜量为 35%，能溶于水、醇、甘油及氨液，水溶液呈酸性。适用于各种施肥方法，但要注意在磷肥施用量较大的土壤上，最好采用种子处理或叶面喷施，以防止磷与铜结合成难溶的盐，降低铜的有效性。基施和拌种可促进玉米对铜的吸收，增产 6%~15%。

2. 氧化铜

分子式为 CuO，含铜量 78.3%，不溶于水和醇，但可在氨溶液中缓慢溶解。只能用作基肥，一般施入酸性土壤为好，每亩施用量为 0.4~0.6kg，每隔 3~5 年施用 1 次。

3. 氧化亚铜

分子式为 Cu_2O，含铜量为 84.4%。不溶于水、醇；溶于盐酸、浓氨水、浓碱。在干燥空气中稳定，在湿润空气中逐渐氧化成黑色氧化铜。由于难溶于水，只能作基肥，每亩施 0.3~0.5kg，每隔 3~5 年施 1 次。

4. 碱式硫酸铜

分子式为 $CuSO_4 \cdot 3Cu(OH)_2 \cdot H_2O$，含铜量为 13%~53%。只溶于无机酸，不溶于水，只适用于基肥，用于酸性土壤，每亩施 0.5~1kg。

5. 铜矿渣

含铜（Cu）、铁（Fe）、氧化硅（SiO_2）、氧化镁（MgO）等，含铜量为 0.3%~1.0%，该产品为矿山生产副产品，难溶于水，也可作铜肥使用，亩施 30~40kg，于秋耕或春耕时施入。对改良泥炭土和腐殖质湿土效果显著。但若含有大量镉、铅、汞等元素，应先加工处理，去掉镉、铅、汞有害物质后再进行施用。

第十节　土壤有效锌

锌（Zn）是一种浅灰色的过渡金属，是第四种“常见”的金属，仅次于铁、铝及铜。我国土壤全锌含量为3~790mg/kg，平均含量为100mg/kg。土壤锌含量因土壤类型而异，并受成土母质的影响。锌是一些酶的重要组成成分，这些酶在缺锌的情况下活性大大降低。绿色植物的光合作用，必需要有含锌的碳酸酐酶的参与，它主要存在于植株的叶绿体中，催化二氧化碳的水合作用，提高光合强度，促进碳水化合物的转化。锌能促进氮素代谢。缺锌植株体内的氮素代谢要发生紊乱，造成氨的大量累积，抑制了蛋白质的合成。植株的失绿现象，在很大程度上与蛋白质的合成受阻有关。施锌促进植株生长发育的效应显著，并能增强抗病、抗寒能力，对防治水稻的赤枯II型病（即缺锌坐兜症），玉米花叶白苗病、柑橘小叶病，减轻小麦条锈病、大麦和冬黑麦的坚黑穗病、冬黑麦的秆黑粉病、向日葵的白腐和灰腐病的危害，增强玉米植株的耐寒性。

锌作为作物生长必需的微量元素，其在土壤中的含量及变化状况直接影响作物产量和产品品质，影响农业的高产高效生产，因此进行微量元素锌的调查分析具有重要意义。

一、土壤有效锌含量及其差异

通过对阿克苏地区耕层土壤样品有效锌含量测定结果分析，阿克苏地区耕层土壤有效锌平均值为1.24mg/kg，平均含量以温宿县含量最高，为2.57mg/kg，其次分别为沙雅县1.57mg/kg、乌什县0.84mg/kg、库车市0.79mg/kg、阿瓦提县0.67mg/kg、新和县0.66mg/kg、拜城县0.48mg/kg，柯坪县含量最低，为0.45mg/kg。

阿克苏地区土壤有效锌平均变异系数为377.42%，最小值出现在柯坪县，为15.71%；最大值出现在温宿县，为348.33%。详见表5-35。

表5-35　阿克苏地区各县之间土壤有效锌含量差异　(mg/kg)

县市名称	平均值	标准差	变异系数（%）
阿克苏市	0.65	0.24	36.37
温宿县	2.57	8.94	348.33
库车市	0.79	0.57	72.05
沙雅县	1.57	4.00	255.65
新和县	0.66	0.20	30.25
拜城县	0.48	0.18	38.38
乌什县	0.84	0.20	23.59
阿瓦提县	0.67	0.68	101.96
柯坪县	0.45	0.07	15.71
阿克苏地区	1.24	4.68	377.42

二、土壤有效锌的分级与分布

从阿克苏地区耕层土壤有效锌分级面积统计数据看，阿克苏地区耕地土壤有效锌多数在三、四、五级，详见图 5-10、表 5-36。

（一）一级

阿克苏地区一级地面积 67.50khm²，占阿克苏地区总耕地面积的 10.22%。一级地主要分布在草甸土和潮土，分别占该土类总耕地面积的 17.69%和 7.88%。有效锌一级地面积最大出现在温宿县，面积为 36.12khm²，占一级地面积的 53.51%；其次为沙雅县，占 28.89%。

（二）二级

阿克苏地区二级地面积 74.06khm²，占阿克苏地区总耕地面积的 11.21%。二级地主要分布在潮土和沼泽土，分别占该土类总耕地面积的 11.58%和 29.30%。温宿县二级地面积最大，为 26.20khm²，占二级地面积的 35.38%；其次为阿瓦提县和沙雅县，分别占 20.64%和 19.57%。

（三）三级

阿克苏地区三级地面积 152.57khm²，占阿克苏地区总耕地面积的 23.09%。三级地主要分布在潮土和灌淤土，分别占该土类总耕地面积的 17.74%和 36.26%。乌什县三级地面积最大，为 38.29khm²，占三级地面积的 25.10%；其次为温宿县和阿克苏市，分别占 16.35%和 14.37%。

（四）四级

阿克苏地区四级地面积 245.74khm²，占阿克苏地区总耕地面积的 37.20%。四级地主要分布在潮土和草甸土，分别占该土类总耕地面积的 42.43%和 31.73%。阿克苏市四级地面积最大，为 65.42khm²，占阿克苏地区四级地面积的 26.62%；其次为拜城县，为 18.33%。

（五）五级

阿克苏地区五级地面积 120.77khm²，占阿克苏地区总耕地面积的 18.28%。五级地主要分布在潮土和棕漠土，分别占该土类总耕地面积的 20.37%和 32.74%。拜城县五级地面积最大，为 36.52khm²，占阿克苏地区五级地面积的 30.24%；其次为库车市，为 23.45%。

表 5-36　土壤有效锌不同等级在阿克苏地区的分布

县市	含量											
	>2.0mg/kg		1.5~2.0mg/kg		1.0~1.5mg/kg		0.5~1.0mg/kg		≤0.5mg/kg		合计	
	面积（khm²）	占比（%）	面积（khm²）	占比（%）	面积（khm²）	占比（%）	面积（khm²）	占比（%）	面积（khm²）	占比（%）	面积（khm²）	占比（%）
阿克苏市	0.97	1.44	6.09	8.22	21.92	14.37	65.42	26.62	8.56	7.09	102.96	15.58
温宿县	36.12	53.51	26.20	35.38	24.95	16.35	5.73	2.33	0.97	0.80	93.97	14.22

（续表）

县市	含量											
	>2. 0mg/kg		1. 5~2. 0mg/kg		1. 0~1. 5mg/kg		0. 5~1. 0mg/kg		≤0. 5mg/kg		合计	
	面积（khm^2）	占比（%）	面积（khm^2）	占比（%）	面积（khm^2）	占比（%）	面积（khm^2）	占比（%）	面积（khm^2）	占比（%）	面积（khm^2）	占比（%）
库车市	5. 21	7. 72	5. 94	8. 02	18. 18	11. 92	38. 29	15. 58	28. 32	23. 45	95. 94	14. 52
沙雅县	19. 50	28. 89	14. 49	19. 57	18. 70	12. 25	12. 80	5. 21	16. 90	14. 00	82. 39	12. 47
新和县	1. 47	2. 19	2. 77	3. 74	6. 58	4. 31	30. 59	12. 45	3. 48	2. 88	44. 90	6. 80
拜城县	—	—	0. 02	0. 03	1. 53	1. 00	45. 04	18. 33	36. 52	30. 24	83. 11	12. 58
乌什县	—	—	3. 26	4. 40	38. 29	25. 10	10. 69	4. 35	—	—	52. 24	7. 91
阿瓦提县	4. 22	6. 26	15. 29	20. 64	22. 43	14. 70	32. 76	13. 33	21. 23	17. 58	95. 93	14. 52
柯坪县	—	—	—	—	—	—	4. 42	1. 80	4. 78	3. 96	9. 21	1. 39
总计	67. 50	10. 22	74. 06	11. 21	152. 57	23. 09	245. 74	37. 20	120. 77	18. 28	660. 65	100

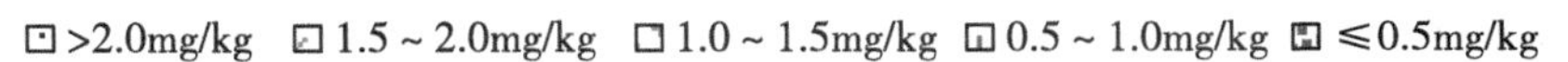

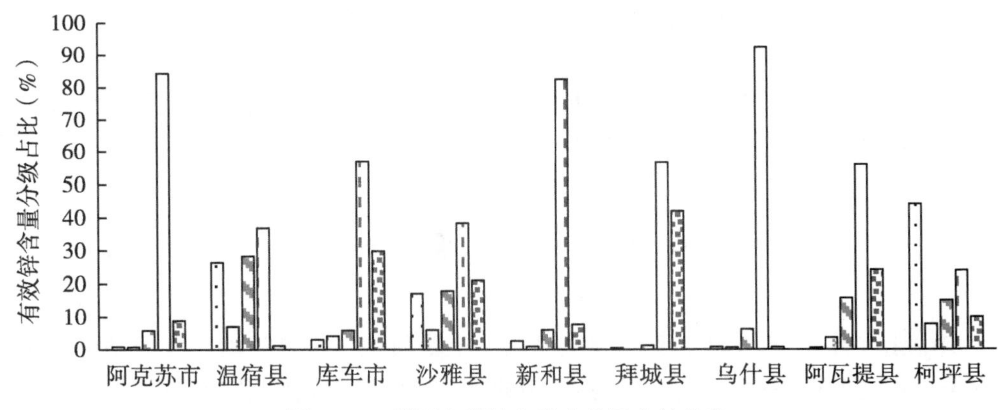

图 5-10　耕层有效锌含量在各县市的分布

三、土壤有效锌调控

一般认为，土壤缺锌的临界含量为 0. 5mg/kg，有效锌含量低于 0. 5mg/kg 时，属于缺锌；低于 0. 3mg/kg 时，属于严重缺锌。针对土壤缺锌的情况，一般通过施用锌肥进行调控。

（一）锌肥类型

常见的锌肥包括硫酸锌、氯化锌、氧化锌等。硫酸锌（$ZnSO_4 \cdot 7H_2O$），含 Zn 量为 23%~24%，白色或橘红色结晶，易溶于水。氯化锌（$ZnCl_2$），含 Zn 量为 40%~48%，白色结晶，易溶于水。氧化锌（ZnO），含 Zn 量为 70%~80%，白色的粉末，难溶于水。

（二）施用方法

锌肥可以基施、追施、浸种、拌种、喷施，一般以叶面肥喷施效果最好。

（三）锌肥施用注意事项

（1）锌肥施用在对锌过敏感作物上：像玉米、水稻、花生、大豆、甜菜、菜豆、果树、番茄等施用锌肥效果较好。

（2）施在缺锌的土壤上：在缺锌的土壤上施用锌肥较好，在不缺锌的土壤上不用施锌肥。如果植株早期表现出缺锌症状，可能是早春气温低，微生物活动弱，肥没有完全溶解，秧苗根系活动弱，吸收能力差；磷-锌的拮抗作用，土壤环境影响可能缺锌。但到后期气温升高，此症状就消失了。

（3）做基肥隔年施用：锌肥做基肥每公顷用硫酸锌 20~25kg，要均匀施用，同时要隔年施用，因为锌肥在土壤中的残效期较长，不必每年施用。

（4）不要与农药一起拌种：拌种用硫酸锌 2g/kg 左右，以少量水溶解，喷于种子上或浸种，待种子干后，再进行农药处理，否则影响效果。

（5）不要与磷肥混用：因为锌-磷有拮抗作用，锌肥要与干细土或酸性肥料混合施用，撒于地表，随耕地翻入土中，否则将影响锌肥的效果。

（6）不要表施，要埋入土中：追施硫酸锌时，施硫酸锌 1.0kg/亩左右，开沟施用后覆土，表施效果较差。

（7）浸秧根不要时间过长，浓度不宜过大，以 1%的浓度为宜，浸半分钟即可，时间过长会发生药害。

（8）叶面喷施效果好：用浓度为 0.1%~0.2%硫酸锌、锌宝溶液进行叶面喷雾，每隔 6~7 天喷一次，喷 2~3 次，但注意不要把溶液灌进心叶，以免灼伤植株。

第十一节　土壤有效钼

土壤中钼（Mo）的含量主要与成土母质、土壤质地、土壤类型、气候条件及全氮含量等有关。钼主要存在地壳中，自然界中钼的主要来源是含钼矿藏。钼对动植物的营养及代谢具有重要作用，于 1953 年被公认为生物体必需的微量元素。土壤中的钼来自含钼矿物（主要含钼矿物是辉钼矿）。含钼矿物经过风化后，钼则以钼酸离子（MoO_4^{2-}或$HMoO_4^-$）的形态进入溶液。

土壤中的钼可区分成四部分。①水溶态钼，包括可溶态的钼酸盐；②代换态钼，MoO_4^{2-}离子被黏土矿物或铁锰的氧化物所吸附。以上两部分称为有效态钼，是植物能够吸收的；③难溶态钼，包括原生矿物、次生矿物、铁锰结核中所包被的钼；④有机结合态的钼。

我国缺钼土壤主要有两大区域：一为北方黄土和黄河冲积物发育的各种土壤，缺钼的原因是母质含钼量低；另一为南方的砖红壤、赤红壤和红壤地区，土壤全钼含量高，但因土壤酸性，有效钼含量也很低。因此需注意探明土壤有效钼含量高低，为合理施肥、促进作物高产奠定基础。同时，也要防止钼过量带来的危害。

一、土壤有效钼含量及其差异

通过对阿克苏地区耕层土壤样品有效钼含量测定结果分析，阿克苏地区耕层土壤有效钼平均值为0.09mg/kg，平均含量以拜城县含量最高，为0.16mg/kg，其次分别为温宿县0.11mg/kg、沙雅县0.10mg/kg、阿克苏市0.08mg/kg、柯坪县0.07mg/kg、乌什县0.05mg/kg、阿瓦提县0.05mg/kg，库车市、新和县含量最低，为0.04mg/kg。

阿克苏地区土壤有效钼平均变异系数为116.02%，最小值出现在柯坪县，为10.55%；最大值出现在温宿县，为144.83%。详见表5-37。

表5-37　阿克苏地区各县之间土壤有效钼含量差异　(mg/kg)

县市名称	平均值	标准差	变异系数（%）
阿克苏市	0.08	0.07	83.04
温宿县	0.11	0.16	144.83
库车市	0.04	0.03	74.69
沙雅县	0.10	0.06	57.96
新和县	0.04	0.01	33.99
拜城县	0.16	0.09	55.76
乌什县	0.05	0.03	59.63
阿瓦提县	0.05	0.03	73.65
柯坪县	0.07	0.01	10.55
阿克苏地区	0.09	0.10	116.02

二、土壤有效钼的分级与分布

从阿克苏地区耕层土壤有效钼分级面积统计数据看，阿克苏地区耕地土壤有效钼多数在四级和五级，详见图5-11、表5-38。

（一）一级

阿克苏地区一级地面积84.67khm^2，占阿克苏地区总耕地面积的12.82%。一级地主要分布在潮土和灌淤土，分别占该土类总耕地面积的12.36%和13.51%。库车市一级地面积最大，为37.95khm^2，占阿克苏地区一级地面积的44.82%；其次为沙雅县，为34.36%。

（二）二级

阿克苏地区二级地面积23.63khm^2，占阿克苏地区总耕地面积的3.58%。二级地主要分布在潮土和草甸土，分别占该土类总耕地面积的5.66%和3.30%。沙雅县二级地面积最大，为6.85khm^2，占阿克苏地区二级地面积的28.99%；其次为库车市，为25.61%。

（三）三级

阿克苏地区三级地面积98.73khm^2，占阿克苏地区总耕地面积的14.94%。三级地主要分布在潮土和草甸土，分别占该土类总耕地面积的15.62%和20.07%。阿克苏市三级地面积最大，为26.73khm²，占阿克苏地区三级地面积的27.08%；其次为沙雅县，为23.56%。

（四）四级

阿克苏地区四级地面积312.29khm²，占阿克苏地区总耕地面积的47.27%。四级地主要分布在灌淤土和潮土，分别占该土类总耕地面积的48.95%和55.52%。阿克苏市四级地面积最大，为69.91khm²，占阿克苏地区四级地面积的22.39%；其次为温宿县，为16.83%。

（五）五级

阿克苏地区五级地面积141.34khm²，占阿克苏地区总耕地面积的21.39%。五级地主要分布在潮土，占该土类总耕地面积的19.77%。阿瓦提县五级地面积最大，为72.01khm²，占阿克苏地区五级地面积的50.95%；其次为乌什县，为16.55%。

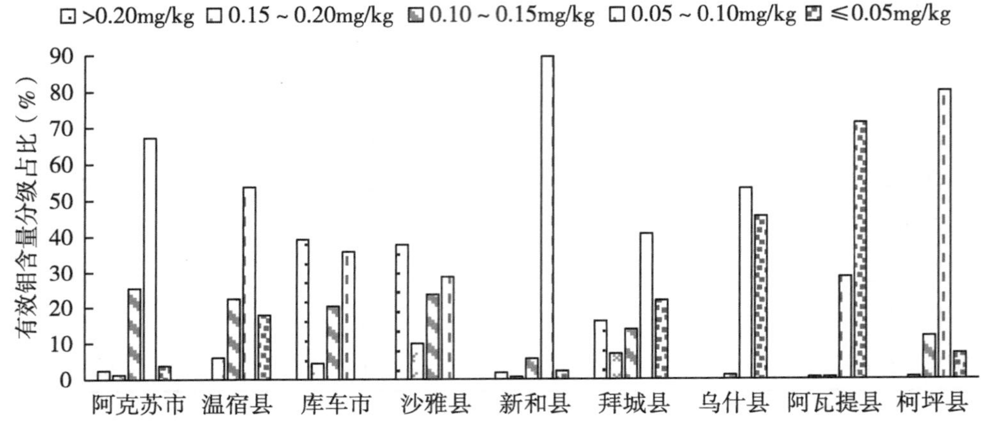

图5-11　耕层有效钼含量在各县市的分布

表5-38　土壤有效钼不同等级在阿克苏地区的分布

县市	含量											
	>0.20mg/kg		0.15～0.20mg/kg		0.10～0.15mg/kg		0.05～0.10mg/kg		≤0.05mg/kg		合计	
	面积（khm²）	占比（%）	面积（khm²）	占比（%）	面积（khm²）	占比（%）	面积（khm²）	占比（%）	面积（khm²）	占比（%）	面积（khm²）	占比（%）
阿克苏市	2.55	3.00	1.23	5.19	26.73	27.08	69.91	22.39	2.55	1.80	102.96	15.58
温宿县	—	—	5.10	21.57	19.03	19.27	52.55	16.83	17.29	12.23	95.93	14.52
库车市	37.95	44.82	6.05	25.61	15.27	15.46	36.06	11.55	0.61	0.43	83.11	12.58
沙雅县	29.09	34.36	6.85	28.99	23.26	23.56	21.76	6.97	1.43	1.01	9.21	1.39
新和县	1.09	1.28	0.41	1.72	2.49	2.53	39.79	12.74	1.13	0.80	95.94	14.52
拜城县	13.99	16.53	3.79	16.07	10.59	10.73	33.32	10.67	21.41	15.15	82.39	12.47
乌什县	—	—	—	—	0.18	0.19	28.66	9.18	23.39	16.55	93.97	14.22
阿瓦提县	—	—	0.20	0.85	0.01	0.01	23.71	7.59	72.01	50.95	52.24	7.91

（续表）

县市	含量											
	>0. 20mg/kg		0. 15~0. 20mg/kg		0. 10~0. 15mg/kg		0. 05~0. 10mg/kg		≤0. 05mg/kg		合计	
	面积（khm^2）	占比（%）	面积（khm^2）	占比（%）	面积（khm^2）	占比（%）	面积（khm^2）	占比（%）	面积（khm^2）	占比（%）	面积（khm^2）	占比（%）
柯坪县	—	—	—	—	1. 17	1. 18	6. 52	2. 09	1. 52	1. 07	44. 90	6. 80
总计	84. 67	12. 82	23. 63	3. 58	98. 73	14. 94	312. 29	47. 27	141. 34	21. 39	660. 65	100

三、土壤有效钼调控

我国缺钼的土壤面积较大。缺钼与作物种类密切相关，以豆科作物最为敏感，如紫云英、苕子、苜蓿、大豆、花生等。高含量钼对植物有不良影响。针对土壤缺钼的不同类型，通过合理施用钼肥进行调控。

（一）根据作物种类

各种作物需钼的情况不一样，对钼肥也有不同的反应。在各种作物中，豆科和十字花科作物对钼肥的反应最好。由于钼与固氮作用有密切关系，豆科作物对钼肥有特殊的需要，所以钼肥应当首先集中施用在豆科作物上。

1. 大豆

大豆使用钼肥使苗壮早发，根系发达，根瘤多而大，色泽鲜艳，株高、叶宽、总节数、分枝数、荚数、三粒荚数、蛋白质含量等都增加，因而能提高产量。

2. 花生

施用钼肥能使花生的单株荚果数、百粒重提高，空壳率降低，产量提高。

3. 其他玉米施用钼肥拌种

平均增产 8. 7%。小麦施用钼肥，平均增产 13%～16%，谷子施用钼肥，增产 4. 5%～18%。

（二）根据肥料种类

钼肥主要有钼酸铵、钼酸钠、三氧化钼和含钼矿渣，可作基肥、种肥和追肥施用。

1. 基肥

含钼矿渣难溶解，以作基肥施用为好。钼肥可以单独施用，也可和其他常用化肥或有机肥混合施用，如单独施用，用量少，不易施匀，可拌干细土 5kg，搅拌均匀后施用。施用时可以撒施后犁入土中或耙入耕层内。钼肥的价格高，为节约用肥，可采取沟施、穴施的办法。基施工业含钼废渣，每公顷 3. 75kg 左右，钼酸铵、钼酸钠每公顷用 0. 75～1. 5kg。

2. 种肥

种肥是一种常用的施肥方法，既省工，又省肥，操作方便，效果很好。①浸种，用 0. 05%～0. 1%的钼酸铵溶液浸种 12h 左右，肥液用量要淹没种子。用浸种方法，要考虑当时的土壤墒情，如果墒情不好，浸种处理过的种子中的水分反被土壤吸走，造成芽干而不能出苗。②拌种，每公斤种子用钼酸铵 2g，先用少量的热水溶解，再兑水配成 2%～3%的溶液，用喷雾器在种子上薄薄地喷一层肥液，边喷边搅拌，溶液不要用得过多，以免种皮起皱，造成烂种。拌好后，将种子阴干即可播种。如果种子还要进行农药处理，一定要等种子阴干后进行。浸过或拌过钼肥的种子，人畜不能食用，以免引起钼中毒。

3. 追肥

多采用根外追肥的办法。叶面喷施要求肥液溶解彻底，不可有残渣。钼酸铵要先用热水溶解完全，再用凉水兑至所需的浓度。一般喷雾用0.02%~0.05%的钼酸铵溶液，每次每公顷用溶液750~1 125kg。一般要连续喷施2次为好，大豆需钼量多，拌种时可用3%的钼酸铵溶液，均匀地喷在豆种上，阴干即可播种。浸种用的浓度需严格控制，用0.05%~0.1%的肥液。大豆开花结荚是需钼的临界期，此时叶面喷钼会取得很好的效果。可在开花始期喷第一次，以后每隔7~10天喷1次，连续2~3次，每次每公顷用0.02%~0.05%的肥液900~1 125kg。

钼与磷有相互促进的作用，磷能增强钼肥的效果。可将钼肥与磷肥配合施用，也可再配合氮肥。每公顷磷酸钙加水1 125kg，搅拌溶解放置过夜，第二天将沉淀的渣滓滤去，加入钼肥及尿素即可进行喷雾。另外，硫能抑制作物对钼的吸收，含硫多的土壤或施用硫肥过量会降低钼肥作用。

总体来说，作物对钼的需求总量还是相对较少的；有效钼的供应过多，可能会对作物产生毒害，因此在钼肥的施用上，要严格控制用量，避免过量。由于钼肥用量较少，作为基肥施用时，要力求达到均匀施用，可与土或其他肥料充分混合后施用；根外追肥也要浓度适宜，不可随意增加用量或浓度，避免局部浓度过高。

4. 使用钼肥应注意的问题

（1）拌种或浸种及配制药液时，不能使用铁、铝等金属容器。

（2）应选择无风天气进行叶面喷施，以增强喷施效果。

（3）钼肥与磷酸二氢钾混喷效果极佳，可在50kg的药液加100~200g磷酸二氢钾。

（4）钼酸铵有一定的毒性。经钼酸铵处理的种子人畜不能食用。

第十二节　土壤有效硼

硼（B）是作物生长必需的营养元素之一，虽然需求总量不高，但硼所起的作用不可忽视。我国土壤中全硼含量范围0~500mg/kg，平均为64mg/kg。土壤中的硼大部分存在于土壤矿物中，小部分存在于有机物中。受成土母质、土壤质地、土壤pH、土壤类型、气候条件等因素的影响，土壤全硼含量由北向南逐渐降低。北方干旱地区土壤中全硼含量一般在30mg/kg以上。

土壤中的硼通常分为酸不溶态、酸溶态和水溶态三种形式，其中水溶性硼对作物是有效的，属有效硼。土壤水溶性硼占全硼的0.1%~10%，一般只有0.05~5.0mg/kg。土壤有效硼含量与盐渍化程度密切相关，盐化土壤有效硼含量高，盐渍化程度越高，有效硼含量也越高，碱土和碱化土则低。影响土壤硼有效性的因素有气候条件、土壤全氮含量、土壤质地、pH等。降水量影响有效硼的含量，硼是一种比较容易淋失的元素，降水量大，有效硼淋失多。在降水量小的情况下，全氮的分解受到影响，硼的供应减少；同时由于土壤干旱增加硼的固定，硼的有效性降低。所以，降水过多或过少都降低硼的有效性。有效硼含量与全氮含量呈正相关，一般土壤中的硼含量随全氮含量的增加有增加的趋势。土壤全氮含量高，有效硼含量也高。这是因为土壤全氮与硼结合，防止了硼的淋失；在全氮被矿化后，其中的硼即被释放出来。由于种植结构、施肥习惯的不同，各地土壤硼含量差异很大。我国主要农业土壤含硼量是偏低的，硼的缺乏通常发生在湿润地区或在质地较砂、pH 较高的土壤上；硼中毒一般在干旱、半干旱地区较为常见。滨海地区盐碱地容易发生硼中毒的现象。

一、土壤有效硼含量及其差异

通过对阿克苏地区耕层土壤样品有效硼含量测定结果分析，阿克苏地区耕层土壤有效硼平均值为 1.41mg/kg，平均含量以库车市含量最高，为 3.00mg/kg，其次分别为阿瓦提县 2.15mg/kg、柯坪县 1.90mg/kg、阿克苏市 1.42mg/kg、温宿县 1.08mg/kg、沙雅县 0.97mg/kg、新和县 0.96mg/kg、乌什县 0.69mg/kg，拜城县含量最低，为 0.54mg/kg。

阿克苏地区土壤有效硼平均变异系数为 81.92%，最小值出现在拜城县，为 19.04%；最大值出现在阿克苏市，为 79.89%。详见表 5-39。

表 5-39　阿克苏地区各县之间土壤有效硼含量差异　(mg/kg)

县市名称	平均值	标准差	变异系数（%）
阿克苏市	1.42	1.13	79.89
温宿县	1.08	0.84	77.54
库车市	3.00	1.51	50.24
沙雅县	0.97	0.38	39.31
新和县	0.96	0.50	52.54
拜城县	0.54	0.10	19.04
乌什县	0.69	0.21	30.85
阿瓦提县	2.15	0.93	43.11
柯坪县	1.90	0.85	44.66
阿克苏地区	1.41	1.15	81.92

二、土壤有效硼的分级与分布

从阿克苏地区耕层土壤有效硼分级面积统计数据看，阿克苏地区耕地土壤有效硼多数在一级和四级，详见图 5-12、表 5-40。

（一）一级

阿克苏地区一级地面积 157.61khm^2，占阿克苏地区总耕地面积的 23.86%。一级地主要分布在草甸土和潮土，分别占该土类总耕地面积的 47.08%和 21.97%。阿瓦提县一级地面积最大，为 70.90khm^2，占阿克苏地区一级地面积的 44.99%；其次为温宿县，为 24.29%。

（二）二级

阿克苏地区二级地面积 79.66khm^2，占阿克苏地区总耕地面积的 12.06%。二级地主要分布在沼泽土和潮土，分别占该土类总耕地面积的 31.97%和 11.06%。阿克苏市二级地面积最大，为 27.82khm^2，占阿克苏地区二级地面积的 34.93%；其次为温宿县，为 27.88%。

（三）三级

阿克苏地区三级地面积 80.32khm^2，占阿克苏地区总耕地面积的 12.16%。三级地主要分布在草甸土和潮土，分别占该土类总耕地面积的 13.57%和 13.11%。阿克苏市三级地面积最大，为 28.07khm^2，占阿克苏地区三级地面积的 34.95%；其次为温宿县，为 21.66%。

（四）四级

阿克苏地区四级地面积 301.95khm^2，占阿克苏地区总耕地面积的 45.71%。四级地主要分布在灌淤土和潮土，分别占该土类总耕地面积的 62.09%和 47.94%。库车市四级地面积最大，为 84.73khm^2，占阿克苏地区四级地面积的 28.06%；其次为沙雅县，为 20.48%。

（五）五级

阿克苏地区五级地面积 41.10khm^2，占阿克苏地区总耕地面积的 6.22%。五级地主要分布在草甸土和潮土，分别占该土类总耕地面积的 10.81%和 5.91%。沙雅县五级地面积最大，为 20.54khm^2，占阿克苏地区四级地面积的 49.99%；其次为库车市，为 25.59%。

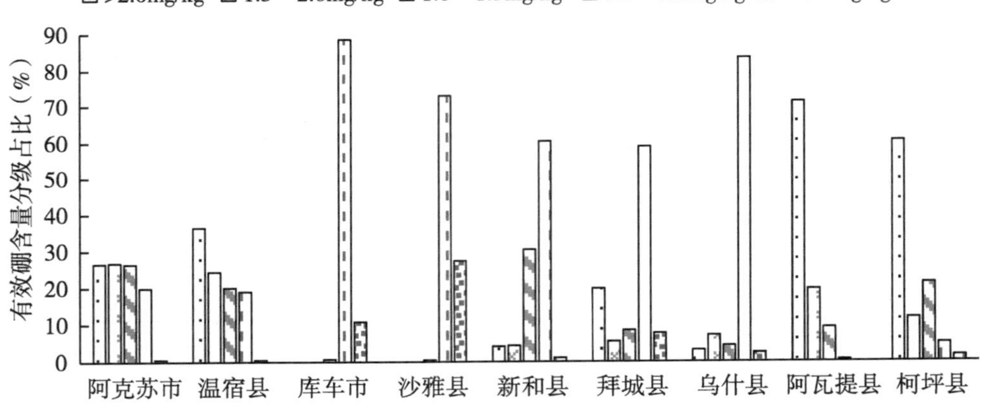

图 5-12　耕层有效硼含量在各县市的分布

表 5-40　土壤有效硼不同等级在阿克苏地区的分布

县市	含量											
	>2.0mg/kg		1.5～2.0mg/kg		1.0～1.5mg/kg		0.5～1.0mg/kg		≤0.5mg/kg		合计	
	面积（khm^2）	占比（%）	面积（khm^2）	占比（%）	面积（khm^2）	占比（%）	面积（khm^2）	占比（%）	面积（khm^2）	占比（%）	面积（khm^2）	占比（%）
阿克苏市	26.01	16.50	27.82	34.93	28.07	34.95	20.49	6.79	0.57	1.38	102.96	15.59

（续表）

县市	含量											
	>2.0mg/kg		1.5~2.0mg/kg		1.0~1.5mg/kg		0.5~1.0mg/kg		≤0.5mg/kg		合计	
	面积（khm^2）	占比（%）	面积（khm^2）	占比（%）	面积（khm^2）	占比（%）	面积（khm^2）	占比（%）	面积（khm^2）	占比（%）	面积（khm^2）	占比（%）
温宿县	38.28	24.29	22.21	27.88	17.39	21.66	15.44	5.11	0.65	1.57	93.97	14.22
库车市	—	—	—	—	0.69	0.86	84.73	28.06	10.52	25.59	95.94	14.52
沙雅县	—	—	—	—	—	—	61.85	20.48	20.54	49.99	82.39	12.47
新和县	1.24	0.79	1.67	2.10	13.70	17.06	27.41	9.08	0.87	2.13	44.90	6.80
拜城县	18.20	11.55	5.55	6.96	7.39	9.20	45.28	15.00	6.69	16.28	83.11	12.58
乌什县	0.02	0.01	2.89	3.62	1.34	1.67	46.75	15.48	1.25	3.05	52.24	7.91
阿瓦提县	70.90	44.99	18.94	23.77	6.09	7.59	—	—	—	—	95.93	14.52
柯坪县	2.96	1.88	0.59	0.74	5.64	7.03	0.01	—	—	0.01	9.21	1.39
总计	157.61	23.86	79.66	12.06	80.32	12.16	301.95	45.71	41.10	6.22	660.65	100.00

三、土壤有效硼调控

一般认为，土壤缺硼的临界含量为0.5mg/kg，水溶性硼低于0.5mg/kg时，属于缺硼；低于0.25mg/kg时，属于严重缺硼。针对土壤缺硼的情况，一般通过施用硼肥进行调控。在硼含量较高的地区，可以采取适当施用石灰的方法，防止硼的毒害。硼肥在棉花、苹果、花生、蔬菜等作物上已经得到大面积的推广应用。在水溶性硼低于0.5mg/kg时，在油菜、小麦、棉花、花生、大豆、甘薯上施用增产效果明显。硼肥对于防止苹果、梨、山楂、桃等果树的落花落果和花而不实，效果显著，还能增加产量，改善果品品质。

（一）针对土壤和作物情况施用硼肥

土壤缺硼时，施硼肥能明显增产。不同土壤和作物，临界指标也有所差别。一般来说，双子叶植物的需硼量比单子叶植物高，多年生植物需硼量比一年生植物高，谷类作物一般需硼较少。甜菜是敏感性最强的作物之一；各种十字花科作物，如萝卜、油菜、甘蓝、花椰菜等需硼量高，对缺硼敏感；果树中的苹果对缺硼也特别敏感。作物体内硼的浓度一般在2~100mg/kg，小于10mg/kg时，作物就可能缺硼；如果大于200mg/kg，则有可能出现中毒现象。因此硼肥的施用要因土壤、因作物而异，根据土壤硼含量和作物种类确定是否施用硼肥以及施用量。

（二）因硼肥种类选择适宜的施肥方式

硼肥主要有硼酸（含硼17%）、硼砂（含硼11%）、硼泥（碱性，含硼量较低，是硼砂、硼酸工业的废渣），其中硼酸易溶于水，硼砂易溶于热水，而硼泥则部分溶于水。因此，硼酸适宜根外追肥；硼砂可以作为根外追肥，也可以作为基肥；硼泥适宜作基肥。

（三）因土壤酸碱性施用硼肥

硼在石灰性土壤或碱性土壤上有效性较低，在酸性土壤中有效性较高，但易淋失。因此，为了提高肥料的有效性，在石灰性土壤或碱性土壤上，硼肥适宜作为根外追肥进行沾根、喷施（不适宜拌种）；而酸性土壤上，则可以作为基肥直接施入土壤中，同时注意尽量避免淋溶损失。

（四）控制用量，均匀施用

总体来说，作物对硼的需求总量还是相对较少的；硼的供应过多，可能会对作物产生毒害，因此在硼肥的施用上，要严格控制用量，避免过量。由于硼肥用量较少，作为基肥施用时，要力求达到均匀施用，可与氮肥和磷肥混合施用，也可单独施用；单独施用时必须均匀，最好与干土混匀后施入土壤。

在土壤缺硼的情况下，施用硼肥效果较好。一般基肥硼砂 0.5kg/亩左右，施用一次一般可持续 3~5 年。根外追肥喷施浓度为 0.1%~0.25%，用量 0.75kg/亩左右。

由于作物对硼肥的适宜量和过量之间的差异较小，因此对硼肥的用量和施用技术应特别注意，以免施用过量造成中毒。在缓冲性较小的沙质土壤上，用量宜适当减小。如果引起作物毒害，可适当施用石灰以减轻毒害。

（五）合理使用不同硼含量等级的灌溉水

灌溉水的硼含量，会影响土壤的硼含量，也会影响作物的生长发育。例如，柠檬以含硼 1g/L 的水灌溉时，产生不良影响；但苜蓿在含硼 1~2g/L 时生长最旺盛。因此对于不同的作物，在灌溉时要考虑灌溉水中的硼含量对作物生长发育的影响。

第十三节　土壤有效硫

有效硫，是指土壤中能被植物直接吸收利用的硫。通常包括易溶硫、吸附性硫和部分有机硫。有效硫主要是无机硫酸根 SCT，它以溶解状态存在于土壤溶液中，或被吸附在土壤胶体上，在浓度较大的土壤中则因过饱和而沉淀为硫酸盐固体，这些形态的硫酸盐大多是水溶性的、酸溶性的或代换性的，易于被植物吸收。

一、土壤有效硫含量及其差异

通过对阿克苏地区耕层土壤样品有效硫含量测定结果分析，阿克苏地区耕层土壤有效硫平均值为 362.38mg/kg，平均含量以沙雅县含量最高，为 1 210.17mg/kg，其次分别为柯坪县 1 011.20mg/kg、阿瓦提县 464.58mg/kg、新和县 276.31mg/kg、库车市 271.55mg/kg、阿克苏市 270.26mg/kg、拜城县 269.46mg/kg 和温宿县 159.99mg/kg，乌什县含量最低，为 49.36mg/kg。

阿克苏地区土壤有效硫平均变异系数为 186.65%，最小值出现在乌什县，为 90.89%；最大值出现在新和县，为 241.91%。详见表 5-41。

表 5-41　阿克苏地区各县之间土壤有效硫含量差异　（mg/kg）

名称	平均值	标准差	变异系数（%）
阿克苏市	270.26	352.62	130.47

（续表）

名称	平均值	标准差	变异系数（%）
温宿县	159.99	153.39	95.87
库车市	271.55	387.64	142.75
沙雅县	1 210.17	1 533.47	126.72
新和县	276.31	668.44	241.91
拜城县	269.46	306.52	113.76
乌什县	49.36	44.86	90.89
阿瓦提县	464.58	628.90	135.37
柯坪县	1 011.20	1 031.39	102.00
阿克苏地区	362.38	676.40	186.65

二、土壤有效硫的分级与分布

从阿克苏地区耕层土壤有效硫分级面积统计数据看，阿克苏地区耕地土壤有效硫多数在一级，详见图5-13、表5-42。

（一）一级

阿克苏地区一级地面积629.0khm²，占阿克苏地区总耕地面积的95.21%。一级地主要分布在灌淤土和潮土，分别占该土类总耕地面积的98.28%和96.74%。阿克苏市有效硫一级地面积最大，为101.55khm²，占一级地面积的16.14%；其次为库车市和阿瓦提县，分别占15.25%和15.20%。

（二）二级

阿克苏地区二级地面积27.31khm²，占阿克苏地区总耕地面积的4.13%。二级地主要分布在灌淤土和潮土，分别占该土类总耕地面积的15.63%和6.90%。乌什县二级地面积最大，为23.90khm²，占二级地面积的87.52%；其次为温宿县和阿克苏市，分别占7.85%和3.64%。

（三）三级

阿克苏地区三级地面积3.75khm²，占阿克苏地区总耕地面积的0.57%。三级地主要分布在草甸土和潮土，分别占该土类总耕地面积的0.72%和1.93%。乌什县三级地面积最大，为2.76khm²，占三级地面积的73.66%；其次为温宿县和阿克苏市，分别占14.97%和9.78%。

（四）四级

阿克苏地区四级地面积0.39khm²，占阿克苏地区总耕地面积的0.06%。四级地主要分布在草甸土和潮土，分别占该土类总耕地面积的0.15%和0.16%。四级地仅分布在乌什县、温宿县和阿克苏市，占比分别为47.76%、38.80%和13.44%。

（五）五级

阿克苏地区五级地面积0.20khm²，占阿克苏地区总耕地面积的0.03%。五级地主要分布在草甸土，占该土类总耕地面积的0.29%。温宿县五级地面积最大，为0.17khm²，占阿克苏地区五级地面积的83.76%；其次为乌什，占16.24%。

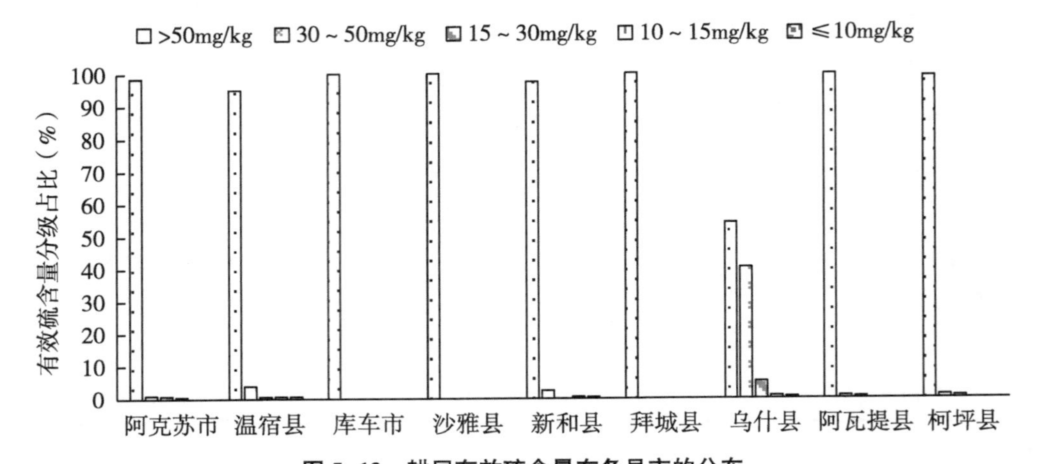

图5-13　耕层有效硫含量在各县市的分布

表5-42　土壤有效硫不同等级在阿克苏地区的分布

县市	含量											
	>50mg/kg		30～50mg/kg		15～30mg/kg		10～15mg/kg		≤10mg/kg		合计	
	面积（khm²）	占比（%）	面积（khm²）	占比（%）	面积（khm²）	占比（%）	面积（khm²）	占比（%）	面积（khm²）	占比（%）	面积（khm²）	占比（%）
阿克苏市	101.55	16.14	0.99	3.64	0.37	9.78	0.05	13.44	—	—	102.96	15.58
阿瓦提县	95.61	15.20	0.27	0.99	0.06	1.59	—	—	—	—	95.93	14.52
拜城县	83.11	13.21	—	—	—	—	—	—	—	—	83.11	12.58
柯坪县	9.21	1.46	—	—	—	—	—	—	—	—	9.21	1.39
库车市	95.94	15.25	—	—	—	—	—	—	—	—	95.94	14.52
沙雅县	82.39	13.10	—	—	—	—	—	—	—	—	82.39	12.47
温宿县	90.94	14.46	2.14	7.85	0.56	14.97	0.15	38.80	0.17	83.76	93.97	14.22
乌什县	25.36	4.03	23.90	87.52	2.76	73.66	0.19	47.76	0.03	16.24	52.24	7.91
新和县	44.90	7.14	—	—	—	—	v	—	—	—	44.90	6.80
总计	629.00	95.21	27.31	4.13	3.75	0.57	0.39	0.06	0.20	0.03	660.65	100

三、土壤有效硫调控

（一）控制硫肥用量

小麦上适宜的施硫量为60kg/hm²，水稻上为80～190kg/hm²。具体用量视土壤有效硫水平高低而定。就一般作物而言，土壤有效硫低于16mg/kg时，施硫才会有增产效果，若有效硫大于20mg/kg，除喜硫作物外，施硫一般无增产效果。在不缺硫的土壤上施用硫肥不仅不会增产，甚至会导致土壤酸化和减产。十字花科、豆科作物以及葱蒜、韭菜等都是需硫较多的作物，对施肥的反应敏感。而谷类作物则比较耐缺硫胁迫。硫肥用量的确定除了应考虑土壤、作物硫供需状况外，还要考虑到各元素间营养平衡问题，尤其是氮、硫的平衡。一些试验表明，只有在氮/硫比接近 7 时，氮、硫才能都得到有效的利用。当然，这一比值应随不同土壤氮、硫基础含量不同而作相应调整。

（二）选择适宜的硫肥品种

硫酸铵、硫酸钾及金属微量元素的硫酸盐中的硫酸根都是易于被作物吸收利用的硫形态。普钙中的石膏肥效要慢些。施用硫酸盐肥料的同时不应忽视由此带入的其他元素的平衡问题。施用硫黄虽然元素单纯，但须经微生物转化后才能有效，其肥效与土壤环境条件及肥料本身的细度有密切关系，而且其后效也比硫酸盐肥料大得多，甚至可以隔年施用。

（三）确定合理的施硫时期

硫肥的施用时间也直接影响着硫肥效果的好坏。在温带地区，硫酸盐类等可溶性硫肥春季使用效果比秋季好。在热带、亚热带地区则宜夏季施用。硫肥一般可以作基肥，于播种或移栽前耕地时施入，通过耕耙使之与土壤混合。根外喷施硫肥仅可作为补硫的辅助性措施。使用微溶或不溶于水的石膏或硫黄的悬液进行沾根处理是经济用硫的有效方法。

第十四节　土壤有效硅

一般作物不会缺硅（Si），但个别作物却对硅敏感，如水稻、果树等。硅主要存在地壳中，自然界中硅的主要来源是含硅矿物。土壤中的硅主要是以硅酸盐的形式存在。

施用硅肥后，可使植物表皮细胞硅质化，茎秆挺立，增强叶片的光合作用。硅化细胞还可增加细胞壁的厚度，形成一个坚固的保护壳，病菌难以入侵；病虫害一旦为害即遭抵制。作物吸收硅肥后，导管刚性加强，有防止倒伏和促进根系生长的作用，是维持植物正常生命的一个重要组成部分。

此外，缺硅会使瓜果畸形，色泽灰暗，糖度减少，口感变差，影响商品性。增施硅肥则能大大提高这些性状。从植物生理学上的解释是：植物在硅肥的调节下，能抑制作物对氮肥的过量吸收，相应地促进了同化产物向多糖物质转化的结果。所以，农业中既要保证高产，又要保证优质，这就要施用硅肥。但由于硅的性质稳定，会在土壤中以化合物的形态被固定，移动性差，所以，我们就要以施用硅肥的方法来补充，这在肥料应用日益减少的现在显得更为必要。

一、土壤有效硅含量及其差异

通过对阿克苏地区耕层土壤样品有效硅含量测定结果分析，阿克苏地区耕层土壤有效硅平均值为 85. 46mg/kg，平均含量以沙雅县含量最高，为 230. 75mg/kg，其次分别为拜城县 155. 84mg/kg、乌什县 98. 94mg/kg、库车市 60. 55mg/kg、柯坪县 58. 20mg/kg、阿克苏市 57. 64mg/kg、温宿县 55. 36mg/kg 和阿瓦提县 39. 19mg/kg，新和县含量最低，为 31. 49mg/kg。

阿克苏地区土壤有效硅平均变异系数为 86. 90%，最小值出现在拜城县，为 25. 58%；

最大值出现在乌什县，为 83. 44%。详见表 5-43。

表 5-43　阿克苏地区各县之间土壤有效硅含量差异　(mg/kg)

名称	平均值	标准差	变异系数（%）
阿克苏市	57. 64	39. 34	68. 26
温宿县	55. 36	30. 53	55. 15
库车市	60. 55	47. 97	79. 22
沙雅县	230. 75	75. 85	32. 87
新和县	31. 49	14. 48	45. 98
拜城县	155. 84	39. 87	25. 58
乌什县	98. 94	82. 56	83. 44
阿瓦提县	39. 19	13. 94	35. 57
柯坪县	58. 20	36. 63	62. 93
阿克苏地区	85. 46	74. 26	86. 90

二、土壤有效硅的分级与分布

从阿克苏区耕层土壤有效硅分级面积统计数据看，阿克苏地区耕地土壤有效硅多数在二级、三级、四级和五级，详见图 5-14、表 5-44。

（一）二级

阿克苏地区二级地面积 158. 29khm^2，占阿克苏地区总耕地面积的 23. 96%。二级地主要分布在灌淤土和潮土，分别占该土类总耕地面积的 39. 93%和 36. 33%。库车市二级地面积最大，为 51. 75khm^2，占二级地面积的 32. 69%；其次为沙雅县和新和县，分别占 25. 25%和 24. 48%。

（二）三级

阿克苏地区三级地面积 155. 64khm^2，占阿克苏地区总耕地面积的 23. 56%。三级地主要分布在潮土和灌淤土，分别占该土类总耕地面积的 37. 90%和 43. 97%。库车市三级地面积最大，为 43. 51khm^2，占三级地面积的 27. 95%；其次为沙雅县和拜城县，分别占 27. 24%和 15. 96%。

（三）四级

阿克苏地区四级地面积 200. 0khm^2，占阿克苏地区总耕地面积的 30. 27%。四级地主要分布在灌淤土和潮土，分别占该土类总耕地面积的 46. 90%和 41. 93%。阿克苏市四级地面积最大，为 63. 31khm^2，占阿克苏地区四级地面积的 31. 66%；其次为温宿县，为 24. 01%。

（四）五级

阿克苏地区五级地面积 146. 71khm^2，占阿克苏地区总耕地面积的 22. 21%。五级地主要分布在潮土和草甸土，分别占该土类总耕地面积的 33. 84%和 40. 78%。阿瓦提县五级地面积最大，为 68.83khm²，占阿克苏地区五级地面积的 46.92%；其次为阿克苏市和温宿县，分别占 22.58%和 19.69%。

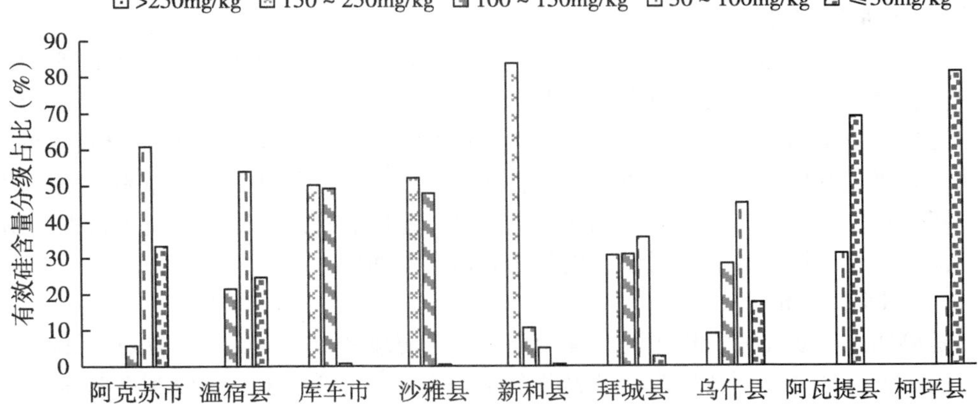

图 5-14　耕层有效硅含量在各县市的分布

表 5-44　土壤有效硅不同等级在阿克苏地区的分布

县市	含量											
	>250mg/kg		150～250mg/kg		100～150mg/kg		50～100mg/kg		≤50mg/kg		合计	
	面积（khm²）	占比（%）	面积（khm²）	占比（%）	面积（khm²）	占比（%）	面积（khm²）	占比（%）	面积（khm²）	占比（%）	面积（khm²）	占比（%）
阿克苏市	—	—	—	—	6.51	4.19	63.31	31.66	33.13	22.58	102.96	15.58
温宿县	—	—	—	—	17.05	10.95	48.03	24.01	28.89	19.69	93.97	14.22
库车市	—	—	51.75	32.69	43.51	27.95	0.68	0.34	—	—	95.94	14.52
沙雅县	—	—	39.97	25.25	42.39	27.24	0.03	0.01	—	—	82.39	12.47
新和县	—	—	38.75	24.48	5.31	3.42	0.67	0.34	0.17	0.11	44.90	6.80
拜城县	—	—	23.09	14.58	24.84	15.96	31.48	15.74	3.70	2.52	83.11	12.58
乌什县	—	—	4.73	2.99	16.03	10.30	24.59	12.30	6.89	4.70	52.24	7.91
阿瓦提县	—	—	—	—	—	—	27.11	13.55	68.83	46.92	95.93	14.52
柯坪县	—	—	—	—	—	—	4.11	2.05	5.10	3.48	9.21	1.39
总计	—	—	158.29	23.96	155.64	23.56	200.00	30.27	146.71	22.21	660.65	100

三、土壤有效硅调控

缺硅与作物种类密切相关，以水稻最为敏感，此外对果树、蔬菜也有一定效果。作物施用硅肥可以有效提高作物的抗病虫害能力，特别是对病虫害的抗性加强，针对土壤缺硅的不同类型，及作物对硅肥的需求不同，通过合理施用硅肥进行调控。

（一）根据作物种类

各种作物需硅的情况不一样，对硅肥也有不同的反应。在各种作物中，以水稻对硅肥的反应最好，其次为水果、蔬菜。

（二）根据肥料种类

硅肥主要有硅酸铵、硅酸钠、三氧化硅和含硅矿渣，可作基肥、种肥和追肥施用。

目前，硅肥的品种主要有枸溶性硅肥、水溶性硅肥两大类，枸溶性硅肥是指不溶于水而溶于酸后可以被植物吸收的硅肥；水溶性硅肥是指溶于水可以被植物直接吸收的硅肥，农作物对其吸收利用率较高，为高温化学合成，生产工艺较复杂，成本较高，但施用量较小，一般常用作叶面喷施、冲施和滴灌，也可进行基施和追施，具体用量可根据作物品种喜硅情况、当地土壤的缺硅情况以及硅肥的具体含量而定。

（三）根据土壤情况

硅是第四大矿物元素，理想的土壤调理剂，硅肥缓释长效，保证作物对硅元素的吸收达到最优水平，根据其原料生产产品养分全面、含量高、活性强、吸收利用率高。

第六章　其他指标

第一节　土壤 pH

土壤酸碱性是土壤的重要性质，是土壤一系列化学性状，特别是盐基状况的综合反映，对土壤微生物的活性、元素的溶解性及其存在形态等均具有显著影响，制约着土壤矿质元素的释放、固定、迁移及其有效性等，对土壤肥力、植物吸收养分及其生长发育均具有显著影响。

一、土壤分布情况

（一）不同县市土壤 pH 值分布

pH 分级标准以新疆维吾尔自治区耕地质量监测指标分级标准为准。阿克苏地区不同县市耕地土壤 pH 值统计分析如表 6-1 所示。在各县市中，以阿克苏市的土壤 pH 平均值最高，为 8.76，其次为沙雅县 8.53；以阿瓦提县的土壤 pH 平均值最低，为 8.07，其次为柯坪县 8.17。从 pH 分级情况来看，阿克苏地区不同县市耕地土壤 pH 平均值处于 4 级水平（8.0~8.5）。

从土壤 pH 值空间差异性来看，除乌什县外各县市变异系数均小于 5%，这说明阿克苏地区不同县市耕地土壤 pH 空间差异均不显著。其中拜城县土壤 pH 值变异系数最小，为 2.33%，而变异系数最大的为乌什县，其土壤 pH 值变异系数为 11.97%。

表 6-1　阿克苏地区不同县市土壤 pH 值统计

行政区	样点数（个）	平均值	标准差	变异系数（%）
阿克苏市	155	8.76	0.30	3.42
温宿县	141	8.48	0.30	3.52
库车市	144	8.24	0.21	2.56
沙雅县	122	8.53	0.21	2.48
新和县	67	8.38	0.25	3.01
拜城县	130	8.48	0.2	2.33
阿瓦提县	142	8.07	0.24	3.00
乌什县	79	8.28	0.99	11.97

（续表）

行政区	样点数（个）	平均值	标准差	变异系数（%）
柯坪县	14	8. 17	0. 37	4. 55
总计	994	8. 42	0. 33	3. 89

（二）不同土壤类型土壤 pH 值分布

如表 6-2 所示，就整体而言，阿克苏地区所有土壤分 10 个类型，其土壤 pH 平均值为 8. 42，其中潮土、灌淤土、沼泽土、棕漠土、林灌草甸土、龟裂土的土壤 pH 平均值均超过阿克苏地区 pH 平均值。

阿克苏地区不同土壤类型 pH 平均值大小顺序为：林灌草甸土>龟裂土>棕漠土>沼泽土>灌淤土>潮土>水稻土>草甸土>风沙土>棕钙土。而不同土壤类型 pH 变异系数大小顺序为：草甸土>潮土>水稻土>灌淤土>沼泽土>棕漠土>林灌草甸土>风沙土>棕钙土>龟裂土。除草甸土 pH 空间变异超过 4%，其他类型土壤变异系数均小于 3. 88%，龟裂土 pH 空间变异小于 2%。

表 6-2　阿克苏地区不同土壤类型 pH 值统计

土壤类型	样点数（个）	平均值	标准差	变异系数（%）
潮土	436	8. 42	0. 33	3. 93
草甸土	181	8. 39	0. 37	4. 37
灌淤土	177	8. 43	0. 32	3. 82
棕漠土	89	8. 47	0. 30	3. 52
风沙土	33	8. 34	0. 24	2. 85
水稻土	16	8. 41	0. 33	3. 88
棕钙土	21	8. 23	0. 18	2. 19
沼泽土	18	8. 46	0. 31	3. 61
林灌草甸土	16	8. 60	0. 30	3. 51
龟裂土	7	8. 58	0. 17	1. 92

二、土壤 pH 分级与变化

（一）不同县市土壤 pH 值分级的空间分布

阿克苏地区土壤 pH 为二级（7. 0~7. 5）的耕地面积共 1. 49khm^2，占阿克苏地区耕地面积的 0. 23%，分布在阿克苏市、柯坪县和库车市。其中，阿克苏市评价区 1. 10khm^2，占该评价区耕地面积的 1. 07%；柯坪县评价区 0. 16khm^2，占该评价区耕地面积的 1. 78%；库车市评价区 0. 23khm^2，占该评价区耕地面积的 0. 43%。

阿克苏地区土壤 pH 为三级（7. 5~8. 0）的耕地面积共 156. 17khm^2，占阿克苏地区耕地面积的 23. 64%，在各县市均有分布。其中，阿克苏市 69. 11khm^2，占该评价区耕地面积的 67. 12%；阿瓦提县 7. 10khm^2，占该评价区耕地面积的 7. 40%；拜城县 0. 17khm^2，占该评价区耕地面积的0.20%；柯坪县6.82khm²，占该评价区耕地面积的74.07%；库车市2.69khm²，占该评价区耕地面积的2.80%；沙雅县0.31khm²，占该评价区耕地面积的0.38%；温宿县17.44khm²，占该评价区耕地面积的18.56%；乌什县51.97khm²，占该评价区耕地面积的99.48%；新和县0.57khm²，占该评价区耕地面积的1.27%。

阿克苏地区土壤pH为四级（8.0~8.5）的耕地面积共402.41khm²，占阿克苏地区耕地面积的60.91%，在各县市均有分布。其中，阿克苏市32.76khm²，占该评价区耕地面积的31.81%；阿瓦提县86.57khm²，占该评价区耕地面积的90.24%；拜城县40.33khm²，占该评价区耕地面积的48.52%；柯坪县2.22khm²，占该评价区耕地面积的24.16%；库车市91.93khm²，占该评价区耕地面积的95.82%；沙雅县35.54khm²，占该评价区耕地面积的43.13%；温宿县76.53khm²，占该评价区耕地面积的81.44%；乌什县0.05khm²，占该评价区耕地面积的0.09%；新和县36.49khm²，占该评价区耕地面积的81.26%。

阿克苏地区土壤pH为五级（8.5~9.5）的耕地面积共100.58khm²，占阿克苏地区耕地面积的15.22%，分布在阿瓦提县、拜城县、库车市、沙雅县和新和县。其中，阿瓦提县2.26khm²，占该评价区耕地面积的2.36%；拜城县42.61khm²，占该评价区耕地面积的51.28%；库车市1.32khm²，占该评价区耕地面积的1.37%；沙雅县46.55khm²，占该评价区耕地面积的56.49%；新和县7.84khm²，占该评价区耕地面积的17.47%。

表6-3 阿克苏地区不同县市土壤pH分级面积统计

行政区	土壤pH分级面积（khm²）			
	2级（中性）（7.0~7.5）	3级（弱碱性）（7.5~8.0）	4级（弱碱性）（8.0~8.5）	5级（碱性）（8.5~9.5）
阿克苏市	1.10	69.11	32.76	—
温宿县	—	17.44	76.53	—
库车市	—	2.69	91.93	1.32
沙雅县	—	0.31	35.54	46.55
新和县	—	0.57	36.49	7.84
拜城县	—	0.17	40.33	42.61
乌什县	0.23	51.97	0.05	—
阿瓦提县	—	7.10	86.57	2.26
柯坪县	0.16	6.82	2.22	—
总计	1.49	156.17	402.41	100.58

（二）不同土壤类型pH值分级的空间分布

如表6-4所示，阿克苏地区耕地土壤类型以灌淤土、潮土和草甸土为主。其中，潮土其pH分级值以三级（7.5~8.0）、四级（8.0~8.5）弱碱性水平为主，合计面积208.45khm²，占阿克苏地区潮土面积的87.85%。第二大面积分布的土壤类型是灌淤土，pH分级值以三级、四级水平为主，合计面积87.23khm²，占阿克苏地区灌淤土面积的87.01%。草甸土为第三大面积分布的土壤类型，其pH分级值以三级、四级（8.5以上）为主，面积为117.37khm²，占阿克苏地区草甸土面积的83.58%。

从pH分级情况来看，pH在二级水平（7.0~7.5）的耕地土壤类型主要有潮土和灌淤土等，合计面积1.49khm²，占该pH等级耕地土壤面积的100%；pH呈三级性（7.5~8.0）耕地土壤类型主要有灌淤土、草甸土和潮土等，面积为110.69khm²，占该pH等级耕地土壤面积的70.88%；pH呈四级（8.0~8.5）的耕地土壤类型主要有潮土、灌淤土和草甸土等，合计面积249.98khm²，占该pH等级耕地土壤面积的62.12%；pH呈五级（8.5~9.5）的耕地土壤类型主要有潮土、草甸土、棕漠土和灌淤土等，合计面积83.1khm²，占该pH等级耕地土壤面积的82.62%。

表6-4 阿克苏地区主要土壤类型pH分级面积统计

土类	土壤pH分级面积（khm²）			
	2级（中性）(7.0~7.5)	3级（弱碱性）(7.5~8.0)	4级（弱碱性）(8.0~8.5)	5级（碱性）(8.5~9.5)
草甸土	0	33.99	83.38	23.05
潮土	1.05	61.31	147.15	27.78
灌淤土	0.44	31.25	55.98	12.58
棕漠土	0	3.95	26.42	20.74
沼泽土	—	12.1	22.34	5.13
风沙土	—	7.11	20.03	3.49
棕钙土	—	0.4	18.84	1.43
林灌草甸土	—	1.08	11.33	5.99
水稻土	—	2.1	10.42	0.01
龟裂土	—	2.57	6.22	0.36
栗钙土	—	0.34	0.29	0.02

三、土壤pH与土壤有机质及耕地质量等级

（一）土壤pH与土壤有机质

如表6-5所示，阿克苏地区耕地土壤有机质含量大于25g/kg的土壤pH分级面积为194.05khm²，占阿克苏地区耕地面积的29.37%，该土壤有机质含量等级pH分级以四级为主，占此土壤有机质含量等级土壤面积的73.95%；土壤有机质含量介于20~25g/kg的耕地面积为230.82khm²，占阿克苏地区耕地面积的34.94%，该土壤有机质含量等级pH分级以四级为主，占此土壤有机质含量等级土壤面积的71.46%；土壤有机质含量介于15~20g/kg的耕地面积为138.99khm²，占阿克苏地区耕地面积的21.04%，其中pH分级以三级、四级为主，面积分别为60.73khm²、62.83khm²，分别占此土壤有机质含量等级土壤面积的43.69%和45.20%；土壤有机质含量介于10~15g/kg的耕地面积为90.62khm²，占阿克苏地区耕地面积的13.72%，其中pH分级以三级、四级为主，面积分别为45.97khm²、28.65khm²，分别占此土壤有机质含量等级土壤面积的50.73%和31.62%；土壤有机质含量介于≤10.0g/kg的耕地面积为6.16khm²，占阿克苏地区耕地面

积的0.93%，其中pH分级以三级、四级为主，面积分别为2.70khm²、2.46khm²，分别占此土壤有机质含量等级土壤面积的43.78%和39.95%。

表6-5　阿克苏地区不同土壤有机质含量pH分级面积统计

土壤有机质含量等级（g/kg）	土壤pH分级面积（khm²）			
	2级（中性）（7.0~7.5）	3级（弱碱性）（7.5~8.0）	4级（弱碱性）（8.0~8.5）	5级（碱性）（8.5~9.5）
>25.0	0.25	19.58	143.51	30.71
20.0~25.0	0.21	27.20	164.96	38.46
15.0~20.0	0.42	60.73	62.83	15.02
10.0~15.0	0.61	45.97	28.65	15.39
≤10.0	—	2.70	2.46	1.00

（二）土壤pH与耕地质量等级

如表6-6所示，阿克苏地区高产（一、二、三等地为高产耕地，下文同）耕地合计面积221.57khm²，占阿克苏地区耕地面积的33.54%，其pH分级值以三级、四级水平为主，合计面积191.42khm²，占阿克苏地区高产耕地面积的86.39%。阿克苏地区中产（四、五、六等地为中产耕地，下文同）耕地合计面积242.24khm²，占阿克苏地区耕地面积的36.67%，其pH分级值以三级、四级水平为主，合计面积206.54khm²，占阿克苏地区中产耕地面积的85.26%。阿克苏地区低产（七、八、九、十等地为低产耕地，下文同）耕地合计面积196.83khm²，占阿克苏地区耕地面积的29.79%，其pH分级值以四级水平为主，面积145.33khm²，占阿克苏地区低产耕地面积的73.84%。

从10个等级的耕地pH分级值面积分布情况来看，阿克苏地区一等耕地pH分级值以三级、四级水平为主，面积26.49khm²，占阿克苏地区一等耕地面积的89.42%，pH分级值为二级、五级的一等耕地占阿克苏地区一等耕地面积比例分别为0.48%和10.10%；阿克苏地区二等耕地pH分级值以三级、四级水平为主，面积78.13khm²，占阿克苏地区二等耕地面积的87.19%，pH分级值为二级、五级的二等耕地占阿克苏地区二等耕地面积比例分别为0.35%和12.46%；阿克苏地区三等耕地pH分级值以三级、四级水平为主，面积86.80khm²，占阿克苏地区三等耕地面积的84.82%，pH分级值为二级、五级的三等耕地占阿克苏地区三等耕地面积比例分别为0.57%和14.61%；阿克苏地区四等耕地pH分级值以三级、四级水平为主，面积92.71khm²，占阿克苏地区四等耕地面积的84.93%，pH分级值为二级、五级的四等耕地占阿克苏地区四等耕地面积比例分别为0.23%和14.58%；阿克苏地区五等耕地pH分级值以三级、四级水平为主，面积42.08khm²，占阿克苏地区五等耕地面积的84.54%，pH分级值为二级、五级的五等耕地占阿克苏地区五等耕地面积比例分别为0.15%和15.31%；阿克苏地区六等耕地pH分级值以三级、四级水平为主，面积71.76khm²，占阿克苏地区六等耕地面积的86.14%，pH分级值为二级、五级的六等耕地占阿克苏地区六等耕地面积比例分别为0.08%和13.79%；阿克苏地区七等耕地pH分级值以四级、五级水平为主，面积62.74khm²，占阿克苏地区七等耕地面积的88.82%，pH分级值为二级、三级的六等耕地占阿克苏地区六等耕地面积比例分别为

0.05%和11.12%；阿克苏地区八等耕地pH分级值以四级、五级水平为主，面积20.12khm²，占阿克苏地区八等耕地面积的89.51%，pH分级值为二级、三级的八等耕地占阿克苏地区八等耕地面积比例为0.09%和10.40%；阿克苏地区九等耕地pH分级值以四级、五级水平为主，面积33.90khm²，占阿克苏地区九等耕地面积的91.00%，pH分级值为二级、三级的九等耕地占阿克苏地区九等耕地面积比例为0.01%和8.99%；阿克苏地区十等耕地pH分级值以四级、五级水平为主，面积64.73khm²，占阿克苏地区十等耕地面积的97.39%，pH分级值为三级的十等耕地占阿克苏地区十等耕地面积比例为2.61%。

根据表6-6，阿克苏地区pH分级值在二级水平的耕地集中在一等至四等之间，最大面积是三等耕地，面积为0.59khm²，占阿克苏地区二级水平耕地面积的39.38%。pH分级值在三级水平的耕地集中在二等和六等之间，面积最大的是三等耕地，面积为40.01khm²，占阿克苏地区三级水平耕地面积的25.62%。pH分级值在四级水平的耕地集中在二等到七等以及十等地，面积最大的是六等耕地，面积为57.18khm²，占阿克苏地区四级水平耕地面积的14.21%。pH分级值在五级水平的耕地集中在二等至七等之间，面积最大的是四等耕地，面积为16.21khm²，占阿克苏地区五级水平耕地面积的16.11%。

表6-6 阿克苏地区不同耕地质量等级pH分级面积统计

耕地质量等级	土壤pH分级面积（khm²）			
	2级（中性）（7.0~7.5）	3级（弱碱性）（7.5~8.0）	4级（弱碱性）（8.0~8.5）	5级（碱性）（8.5~9.5）
一等地	0.14	6.32	20.17	2.99
二等地	0.32	28.58	49.55	11.16
三等地	0.59	40.01	46.78	14.95
四等地	0.25	38.94	53.77	16.21
五等地	0.07	12.47	29.61	7.62
六等地	0.06	14.57	57.18	11.49
七等地	0.04	7.86	48.15	14.58
八等地	0.02	2.34	16.48	3.64
九等地	0.00	3.35	25.76	8.14
十等地	0.00	1.74	54.94	9.79

第二节 灌排能力

灌排能力包括灌溉能力和排涝能力，涉及灌排设施、灌排技术和灌排方式等。灌排能力直接影响农作物的长势和产量，对于在时间和空间降雨分布差异大的阿克苏地区耕地影响尤其明显。在降水量极少的干旱、半干旱地区，有些农业需要完全依靠灌溉才能存在；而在降水量大或者雨水过于集中的地区，健全田间排水系统则显得极为重要。

一、灌排能力分布情况

（一）不同县市灌排能力

阿克苏地区灌溉能力充分满足的耕地面积共28.86khm^2，占阿克苏地区耕地面积的4.37%，主要分布在拜城县，面积为23.96khm^2，占阿克苏地区灌溉能力充分满足耕地面积的83.02%。如表6-7所示，阿克苏市灌溉能力充分满足耕地面积共计0.80khm^2，占该评价区耕地面积的2.77%；柯坪县灌溉能力充分满足耕地面积共计0.04khm^2，占该评价区耕地面积的0.14%；库车市灌溉能力充分满足耕地面积共计1.29khm^2，占该评价区耕地面积的4.47%；沙雅县灌溉能力充分满足耕地面积共计2.26khm^2，占该评价区耕地面积的7.83%；温宿县灌溉能力充分满足耕地面积共计0.28khm^2，占该评价区耕地面积的0.97%；乌什县灌溉能力充分满足耕地面积共计0.03khm^2，占该评价区耕地面积的0.10%；新和县灌溉能力充分满足耕地面积共计0.19khm^2，占该评价区耕地面积的0.66%。

阿克苏地区灌溉能力满足的耕地面积共232.66khm^2，占阿克苏地区耕地面积的35.22%，分布最多的是阿克苏市和沙雅县，面积均为55.55khm^2，占阿克苏地区灌溉能力满足耕地面积的23.88%。如表6-7所示，阿瓦提县灌溉能力满足耕地面积共计8.78khm^2，占该评价区耕地面积的3.77%；柯坪县灌溉能力满足耕地面积共计3.45khm^2，占该评价区耕地面积的1.48%；库车市灌溉能力满足耕地面积共计11.04khm^2，占该评价区耕地面积的4.75%；温宿县灌溉能力满足耕地面积共计25.14khm^2，占该评价区耕地面积的10.81%；乌什县灌溉能力满足耕地面积共计45.45khm^2，占该评价区耕地面积的19.53%；新和县灌溉能力满足耕地面积共计0.67khm^2，占该评价区耕地面积的0.29%。

阿克苏地区灌溉能力基本满足的耕地面积共214.43khm^2，占阿克苏地区耕地面积的32.46%，主要分布在阿克苏市和新和县，面积分别为46.58khm^2、44.03khm^2，占阿克苏地区灌溉能力基本满足耕地面积的21.72%和20.53%。如表6-7所示，阿瓦提县灌溉能力基本满足耕地面积共计39.98khm^2，占该评价区耕地面积的18.64%；拜城县灌溉能力基本满足耕地面积共计32.12khm^2，占该评价区耕地面积的14.98%；柯坪县灌溉能力基本满足耕地面积共计2.68khm^2，占该评价区耕地面积的1.25%；库车市灌溉能力基本满足耕地面积共计11.21khm^2，占该评价区耕地面积的5.23%；沙雅县灌溉能力基本满足耕地面积共计22.33khm^2，占该评价区耕地面积的10.41%；温宿县灌溉能力基本满足耕地面积共计14.25khm^2，占该评价区耕地面积的6.65%；乌什县灌溉能力基本满足耕地面积共计1.26khm^2，占该评价区耕地面积的0.59%。

阿克苏地区灌溉能力不满足的耕地面积共184.69khm^2，占阿克苏地区耕地面积的27.96%，库车市分布最多，面积72.40khm^2，占阿克苏地区灌溉能力不满足耕地面积的39.20%。如表6-7所示，阿克苏市灌溉能力不满足耕地面积共计0.03khm^2，占该评价区耕地面积的0.02%；阿瓦提县灌溉能力不满足耕地面积共计47.17khm^2，占该评价区耕地面积的25.54%；柯坪县灌溉能力不满足耕地面积共计3.03khm^2，占该评价区耕地面积的1.64%；沙雅县灌溉能力不满足耕地面积共计2.26khm^2，占该评价区耕地面积的1.22%；温宿县灌溉能力不满足耕地面积共计54.31khm^2，占该评价区耕地面积的29.41%；乌什县灌溉能力不满足耕地面积共计 5.50khm^2，占该评价区耕地面积的 2.98%。

（二）不同县市排水能力

阿克苏地区排水能力充分满足的耕地面积共 80.38khm^2，占阿克苏地区耕地面积的 12.1%，主要分布在拜城县、沙雅县，面积分别为 31.89khm^2 和 19.13khm^2，占阿克苏地区排水能力充分满足耕地面积的 39.67%、23.80%。如表 6-7 所示，阿克苏市排水能力充分满足耕地面积共计 1.08khm^2，占该评价区耕地面积的 1.34%；阿瓦提县排水能力充分满足耕地面积共计 9.22khm^2，占该评价区耕地面积的 11.47%；柯坪县排水能力充分满足耕地面积共计 0.67khm^2，占该评价区耕地面积的 0.83%；库车市排水能力充分满足耕地面积共计 2.80khm^2，占该评价区耕地面积的 3.48%；温宿县排水能力充分满足耕地面积共计 14.08khm^2，占该评价区耕地面积的 17.52%；乌什县排水能力充分满足耕地面积共计 0.16khm^2，占该评价区耕地面积的 0.20%；新和县排水能力充分满足耕地面积共计 1.35khm^2，占该评价区耕地面积的 1.68%。

阿克苏地区排水能力满足的耕地面积共 362.92khm^2，占阿克苏地区耕地面积的 54.93%，分布最多的是阿克苏市，面积 99.19khm^2，占阿克苏地区排水能力满足耕地面积的 27.33%。如表 6-7 所示，阿瓦提县排水能力满足耕地面积共计 31.03khm^2，占该评价区耕地面积的 8.55%；拜城县排水能力满足耕地面积共计 3.95khm^2，占该评价区耕地面积的 1.09%；柯坪县排水能力满足耕地面积共计 4.28khm^2，占该评价区耕地面积的 1.18%；库车市排水能力满足耕地面积共计 54.63khm^2，占该评价区耕地面积的 15.05%；沙雅县排水能力满足耕地面积共计 57.17khm^2，占该评价区耕地面积的 15.75%；温宿县排水能力满足耕地面积共计 61.72khm^2，占该评价区耕地面积的 17.01%；乌什县排水能力满足耕地面积共计 50.26khm^2，占该评价区耕地面积的 13.85%；新和县排水能力满足耕地面积共计 0.67khm^2，占该评价区耕地面积的 0.18%。

阿克苏地区排水能力基本满足的耕地面积共 99.11khm^2，占阿克苏地区耕地面积的 15.00%，主要分布在阿瓦提县和新和县，面积分别为 30.53khm^2、42.87khm^2，占阿克苏地区排水能力基本满足耕地面积的 30.80%和 43.25%。如表 6-7 所示，阿克苏市排水能力基本满足耕地面积共计 0.65khm^2，占该评价区耕地面积的 0.66%；拜城县排水能力基本满足耕地面积共计 7.27khm^2，占该评价区耕地面积的 7.34%；柯坪县排水能力基本满足耕地面积共计 2.06khm^2，占该评价区耕地面积的 2.08%；库车市排水能力基本满足耕地面积共计 9.31khm^2，占该评价区耕地面积的 9.39%；沙雅县排水能力基本满足耕地面积共计 5.12khm^2，占该评价区耕地面积的 5.17%；温宿县排水能力基本满足耕地面积共计 0.18khm^2，占该评价区耕地面积的 0.18%；乌什县排水能力基本满足耕地面积共计 1.12khm^2，占该评价区耕地面积的 1.13%。

阿克苏地区排水能力不满足的耕地面积共 118.21khm^2，占阿克苏地区耕地面积的 17.89%，拜城县分布最多，面积 40.00khm^2，占阿克苏地区排水能力不满足耕地面积的 33.84%。如表 6-7 所示，阿克苏市排水能力不满足耕地面积共计 2.04khm^2，占该评价区耕地面积的 1.73%；阿瓦提县排水能力不满足耕地面积共计 25.15khm^2，占该评价区耕地面积的 21.28%；柯坪县排水能力不满足耕地面积共计 2.20khm^2，占该评价区耕地面积的 1.86%；库车市排水能力不满足耕地面积共计 29.19khm^2，占该评价区耕地面积的 24.69%；沙雅县排水能力不满足耕地面积共计 0.96khm^2，占该评价区耕地面积的

0.81%；温宿县排水能力不满足耕地面积共计 17.98khm²，占该评价区耕地面积的 15.21%；乌什县排水能力不满足耕地面积共计 0.69khm²，占该评价区耕地面积的 0.58%。

表 6-7 阿克苏地区不同县乡耕地灌排能力面积分布 (khm²)

行政区	不同灌溉能力面积				不同排水能力面积			
	充分满足	满足	基本满足	不满足	充分满足	满足	基本满足	不满足
总计	28.86	232.66	214.43	184.69	80.38	362.92	99.11	118.21
阿克苏市	0.80	55.55	46.58	0.03	1.08	99.19	0.65	2.04
温宿县	0.28	25.14	14.25	54.31	14.08	61.72	0.18	17.98
库车市	1.29	11.04	11.21	72.40	2.80	54.63	9.31	29.19
沙雅县	2.26	55.55	22.33	2.26	19.13	57.17	5.12	0.96
新和县	0.19	0.67	44.03	—	1.35	0.67	42.87	—
拜城县	23.96	27.03	32.12	—	31.89	3.95	7.27	40.00
乌什县	0.03	45.45	1.26	5.50	0.16	50.26	1.12	0.69
阿瓦提县	—	8.78	39.98	47.17	9.22	31.03	30.53	25.15
柯坪县	0.04	3.45	2.68	3.03	0.67	4.28	2.06	2.2

二、耕地主要土壤类型灌排能力

由表 6-8 可以得到，阿克苏地区灌溉能力处于充分满足水平的耕地面积最大为草甸土，面积为 20.32khm²，占草甸土面积的 14.57%；另外还有部分土类灌溉能力处于充分满足水平，如潮土、风沙土、灌淤土、龟裂土、栗钙土、林灌草甸土、水稻土、沼泽土、棕钙土、棕漠土等，分别占各自土类面积的 7.19%、10.64%、11.71%、18.25%、0.63%、21.59%、8.85%、12.36%、30.24%、30.03%。

阿克苏地区灌溉能力处于满足水平的耕地面积最大为潮土，面积为 141.92khm²，占潮土面积的 59.81%；另外还有部分土类灌溉能力处于满足水平，如草甸土、风沙土、灌淤土、龟裂土、栗钙土、林灌草甸土、水稻土、沼泽土、棕钙土、棕漠土等，分别占各自土类面积的 43.28%、59.22%、59.73%、65.90%、33.54%、55.25%、64.19%、65.13%、10.64%、22.22%。

阿克苏地区灌溉能力处于基本满足水平的耕地面积最大为潮土，面积为 36.52khm²，占潮土面积的 15.39%；另外还有部分土类灌溉能力处于基本满足水平，如草甸土、风沙土、灌淤土、龟裂土、林灌草甸土、水稻土、沼泽土、棕钙土、棕漠土等，分别占各自土类面积的 21.76%、18.09%、10.49%、6.01%、20.39%、11.80%、10.72%、6.87%、9.33%。

阿克苏地区灌溉能力处于不满足水平的耕地面积最大为潮土，面积为 41.76khm²，占潮土面积的 17.60%；另外还有部分土类灌溉能力处于不满足水平，如草甸土、风沙土、灌淤土、龟裂土、栗钙土、林灌草甸土、水稻土、沼泽土、棕钙土、棕漠土等，分别占各自土类面积的 20. 39%、12. 05%、18. 07%、9. 84%、65. 82%、2. 77%、15. 15%、11. 80%、52. 25%、38. 42%。

阿克苏地区排水能力处于充分满足水平的耕地面积最大为草甸土，面积为 17. 83khm²，占草甸土面积的 12. 79%；另外还有部分土类排水能力处于充分满足水平，如潮土、风沙土、灌淤土、龟裂土、栗钙土、林灌草甸土、沼泽土、棕钙土、棕漠土等，分别占各自土类面积的 1. 64%、0. 98%、5. 88%、6. 01%、0. 63%、1. 14%、3. 89%、21. 48%、19. 31%。

阿克苏地区排水能力处于满足水平的耕地面积最大为潮土，面积为 71. 52khm²，占潮土面积的 30. 14%；另外还有部分土类排水能力处于满足水平，如草甸土、风沙土、灌淤土、龟裂土、栗钙土、林灌草甸土、水稻土、沼泽土、棕钙土、棕漠土等，分别占各自土类面积的 30. 29%、42. 15%、41. 07%、48. 31%、37. 97%、49. 59%、33. 01%、38. 74%、40. 49%、30. 83%。

阿克苏地区排水能力处于基本满足水平的耕地面积最大为潮土，面积为 70. 21khm²，占潮土面积的 29. 59%；另外还有部分土类排水能力处于基本满足水平，如草甸土、风沙土、灌淤土、龟裂土、栗钙土、林灌草甸土、水稻土、沼泽土、棕钙土、棕漠土等，分别占各自土类面积的 40. 84%、28. 04%、25. 69%、36. 28%、0. 63%、41. 27%、22. 25%、33. 16%、36. 04%、34. 74%。

阿克苏地区排水能力处于不满足水平的耕地面积最大为潮土，面积为 91. 65khm²，占潮土面积的 38. 63%；另外还有部分土类排水能力处于不满足水平，如草甸土、风沙土、灌淤土、龟裂土、栗钙土、林灌草甸土、水稻土、沼泽土、棕钙土、棕漠土等，分别占各自土类面积的 16. 09%、28. 83%、27. 36%、9. 40%、60. 76%、7. 99%、44. 74%、24. 21%、1. 98%、15. 12%。

表 6-8　阿克苏地区耕地主要土壤类型灌排能力面积分布　（khm²）

土类	不同灌溉能力面积				不同排水能力面积			
	充分满足	满足	基本满足	不满足	充分满足	满足	基本满足	不满足
草甸土	20. 32	60. 36	30. 35	28. 43	17. 83	42. 24	56. 95	22. 44
潮土	17. 07	141. 92	36. 52	41. 76	3. 90	71. 52	70. 21	91. 64
风沙土	3. 26	18. 14	5. 54	3. 69	0. 30	12. 91	8. 59	8. 83
灌淤土	11. 74	59. 89	10. 52	18. 12	5. 90	41. 18	25. 76	27. 43
龟裂土	1. 67	6. 03	0. 55	0. 90	0. 55	4. 42	3. 32	0. 86
栗钙土	0. 01	0. 53	—	1. 04	0. 01	0. 60	0. 01	0. 96
林灌草甸土	3. 97	10. 16	3. 75	0. 51	0. 21	9. 12	7. 59	1. 47
水稻土	1. 11	8. 05	1. 48	1. 90	—	4. 14	2. 79	5. 61
沼泽土	4. 89	25. 77	4. 24	4. 67	1. 54	15. 33	13. 12	9. 58
棕钙土	6. 25	2. 20	1. 42	10. 80	4. 44	8. 37	7. 45	0. 41
棕漠土	15. 35	11. 36	4. 77	19. 64	9. 87	15. 76	17. 76	7. 73

三、灌排能力与地形部位

从耕地所处地形部位来看，阿克苏地区 80.03%的耕地分布在平原中阶和平原低阶，合计面积 528.71khm^2，说明阿克苏地区耕地半数以上分布于低海拔的平原地区，耕作条件相对理想。

所占阿克苏地区面积从大到小依次是平原中阶、平原低阶、平原高阶、沙漠边缘和山地坡下，其面积依次为 372.45khm^2、156.26khm^2、92.75khm^2、32.59khm^2 和 6.60khm^2，所占比例依次为 56.38%、23.65%、14.04%、4.93%和 1.00%。

从耕地灌溉能力的满足程度来看，灌溉能力处于充分满足状态的耕地主要分布在平原中阶，面积 36.36khm^2，占该状态耕地面积的 45.22%；灌溉能力处于满足状态的耕地主要分布在平原中阶，合计面积 223.72khm^2，占该状态耕地面积的 61.64%；灌溉能力处于基本满足状态的耕地主要分布在平原中阶，合计面积 57.68khm^2，占该状态耕地面积的 57.28%；灌溉能力处于不满足状态的耕地主要分布在平原中阶，合计面积 55.59khm^2，占该状态耕地面积的 47.02%。

从地形部位上看，平原高阶耕地灌溉能力主要处于满足状态，其灌溉能力处于充分满足、满足、基本满足、不满足状态耕地面积占该地形部位面积比例分别为 23.48%、33.40%、15.24%、27.88%；平原中阶耕地灌溉能力主要处于满足状态，其灌溉能力处于充分满足、满足、基本满足、不满足状态耕地面积占该地形部位面积比例分别为 9.76%、60.07%、15.24%、14.93%；平原低阶耕地灌溉能力主要处于满足状态，其灌溉能力处于充分满足、满足、基本满足、不满足状态耕地面积占该地形部位面积比例分别为 10.87%、61.49%、12.68%、14.96%；沙漠边缘耕地灌溉能力主要处于基本满足和不满足状态，其灌溉能力处于充分满足、满足、基本满足、不满足状态耕地面积占该地形部位面积比例分别为 11.78%、27.36%、24.42%、36.44%；山地坡下耕地灌溉能力主要处于不满足状态，其灌溉能力处于充分满足、满足、基本满足、不满足状态耕地面积占该地形部位面积比例分别为 21.67%、48.79%、6.52%、23.03%。

从耕地排水能力的满足程度来看，排水能力处于充分满足状态的耕地主要分布在平原高阶，面积 12.34khm^2，占该状态耕地面积的 42.77%；排水能力处于满足状态的耕地主要分布在平原中阶，合计面积 118.95khm^2，占该状态耕地面积的 51.13%；排水能力处于基本满足状态的耕地主要分布在平原中阶，合计面积 115.49khm^2，占该状态耕地面积的 53.86%；排水能力处于不满足状态的耕地主要分布在平原中阶，合计面积 127.21khm^2，占该状态耕地面积的 68.88%。

从地形部位上看，平原高阶耕地排水能力主要处于满足状态，其排水能力处于充分满足、满足、基本满足、不满足状态耕地面积占该地形部位面积比例分别为 13.31%、40.26%、38.99%、7.44%；平原中阶耕地排水能力主要处于不满足状态，其排水能力处于充分满足、满足、基本满足、不满足状态耕地面积占该地形部位面积比例分别为 2.90%、31.94%、31.01%、34.15%；平原低阶耕地排水能力主要处于满足状态，其排水能力处于充分满足、满足、基本满足、不满足状态耕地面积占该地形部位面积比例分别为 3.52%、41.78%、31.43%、23.27%；沙漠边缘耕地排水能力主要处于不满足状态，其排水能力处于满足、基本满足、不满足状态耕地面积占该地形部位面积比例分别为

22.18%、36.21%、41.61%；山地坡下耕地排水能力主要处于满足状态，其排水能力处于充分满足、满足、基本满足、不满足状态耕地面积占该地形部位面积比例分别为3.19%、58.42%、28.38%、10.02%。

表 6-9　阿克苏地区不同地形部位耕地灌排能力面积分布　(khm^2)

地形部位	不同灌溉能力面积				不同排水能力面积			
	充分满足	满足	基本满足	不满足	充分满足	满足	基本满足	不满足
山地坡下	1.43	3.22	0.43	1.52	0.21	3.85	1.87	0.66
平原高阶	21.78	30.98	14.14	25.86	12.34	37.34	36.16	6.90
平原中阶	36.36	223.72	56.78	55.59	10.80	118.95	115.49	127.21
平原低阶	16.99	96.09	19.81	23.37	5.50	65.29	49.11	36.36
沙漠边缘	3.84	8.92	7.96	11.88	—	7.23	11.80	13.56

第三节　有效土层厚度

一、有效土层厚度分布情况

阿克苏地区不同县市来看，以温宿县的有效土层厚度平均值最高，为138.4cm，其下依次是拜城县、新和县、库车市、乌什县、沙雅县，平均在96.6~107.8cm；阿克苏市、柯坪县的平均有效土层厚度较小，为87.0cm、76.3cm（图6-1）。

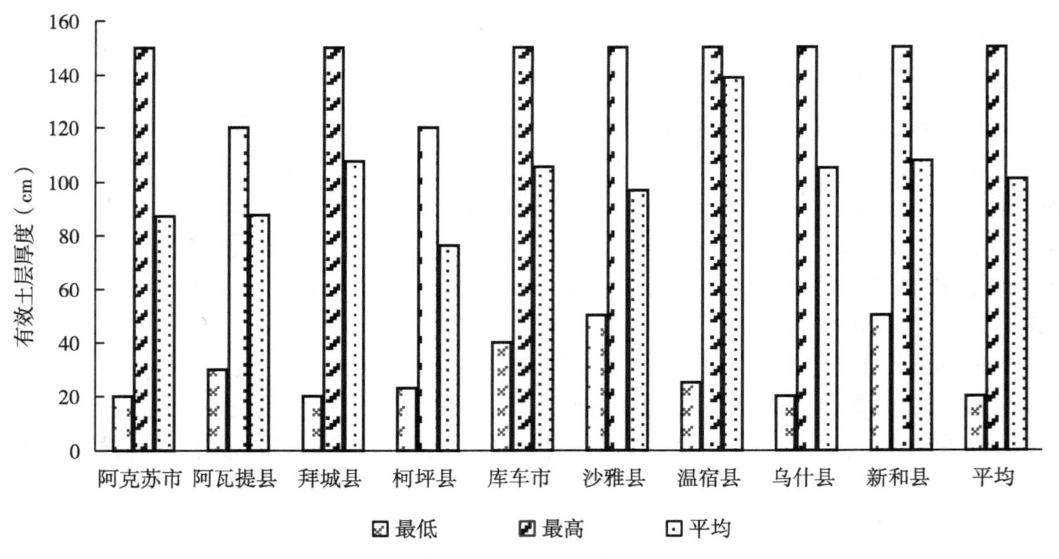

图 6-1　阿克苏地区不同县市耕地有效土层厚度

二、土壤有效土层厚度分级

阿克苏地区有效土层厚度大于100cm的耕地面积共220.90khm^2，占阿克苏地区耕地面积的33.44%，在各县市均有分布。其中，阿克苏市评价区0.83khm^2，占该评价区耕地面积的0.81%；拜城县评价区18.41khm^2，占该评价区耕地面积的22.15%；柯坪县评价区0.20khm^2，占该评价区耕地面积的2.17%；库车市评价区75.05khm^2，占该评价区耕地面积的78.22%；沙雅县评价区7.91khm^2，占该评价区耕地面积的9.60%；温宿县评价区76.95khm^2，占该评价区耕地面积的81.89%；乌什县评价区34.01khm^2，占该评价区耕地面积的65.10%；新和县评价区7.53khm^2，占该评价区耕地面积的16.77%。

阿克苏地区有效土层厚度在60~100cm的耕地面积共392.74khm^2，占阿克苏地区耕地面积的59.45%。其中，阿克苏市评价区87.09khm^2，占该评价区耕地面积的84.59%；阿瓦提县评价区80.55khm^2，占该评价区耕地面积的83.97%；拜城县评价区63.15khm^2，占该评价区耕地面积的75.98%；柯坪县评价区4.88khm^2，占该评价区耕地面积的52.93%；库车市评价区20.39khm^2，占该评价区耕地面积的21.25%；沙雅县评价区73.94khm^2，占该评价区耕地面积的89.73%；温宿县评价区12.65khm^2，占该评价区耕地面积的13.46%；乌什县评价区12.73khm^2，占该评价区耕地面积的24.37%；新和县评价区37.36khm^2，占该评价区耕地面积的83.21%。

阿克苏地区有效土层厚度在30~60cm的耕地面积共41.52khm^2，占阿克苏地区耕地面积的6.28%。其中，阿克苏市评价区14.82khm^2，占该评价区耕地面积的14.39%；阿瓦提县评价区15.35khm^2，占该评价区耕地面积的16.00%；拜城县评价区1.50khm^2，占该评价区耕地面积的1.80%；柯坪县评价区4.06khm^2，占该评价区耕地面积的44.30%；库车市评价区0.51khm^2，占该评价区耕地面积的0.53%；沙雅县评价区0.55khm^2，占该评价区耕地面积的0.67%；温宿县评价区4.00khm^2，占该评价区耕地面积的4.26%；乌什县评价区0.72khm^2，占该评价区耕地面积的1.38%；温宿县评价区4.00khm^2，占该评价区耕地面积的4.26%；新和县评价区0.01khm^2，占该评价区耕地面积的0.02%。

阿克苏地区有效土层厚度在<30cm的耕地面积共5.48khm^2，占阿克苏地区耕地面积的0.83%。其中，阿克苏市评价区0.22khm^2，占该评价区耕地面积的0.21%；拜城县评价区0.05khm^2，占该评价区耕地面积的0.06%；柯坪县评价区0.08khm^2，占该评价区耕地面积的0.87%；温宿县评价区0.37khm^2，占该评价区耕地面积的0.39%；乌什县评价区4.78khm^2，占该评价区耕地面积的9.15%。

表6-11　阿克苏地区不同县市土壤有效土层厚度分级面积统计

行政区	土壤有效土层厚度分级面积（khm^2）			
	>100cm	60~100cm	30~60cm	<30cm
总计	220.90	392.74	41.52	5.48
阿克苏市	0.83	87.09	14.82	0.22
温宿县	76.95	12.65	4.00	0.37
库车市	75.04	20.39	0.51	—

（续表）

行政区	土壤有效土层厚度分级面积（khm^2）			
	>100cm	60~100cm	30~60cm	<30cm
沙雅县	7.91	73.94	0.55	—
新和县	7.53	37.36	0.01	—
拜城县	18.41	63.15	1.50	0.05
乌什县	34.01	12.73	0.72	4.78
阿瓦提县	0.03	80.55	15.35	—
柯坪县	0.20	4.88	4.06	0.08

三、耕地主要土壤类型有效土层厚度

如表6-12所示，阿克苏地区有效土层厚度大于100cm的耕地土壤类型主要有潮土和灌淤土，合计面积145.34khm^2，占阿克苏地区在该厚度耕地面积的65.79%；阿克苏地区有效土层厚度在60~100cm的耕地土壤类型主要有潮土、草甸土、灌淤土、棕漠土和沼泽土等，合计面积323.89khm^2，占阿克苏地区在该厚度耕地面积的82.41%；阿克苏地区有效土层厚度在30~60cm的耕地土壤类型主要有潮土、草甸土和灌淤土，面积28.94khm^2，占阿克苏地区在该厚度耕地面积的69.70%；阿克苏地区有效土层厚度在小于30cm的耕地土壤类型主要为潮土和灌淤土，合计面积4.37khm^2，占阿克苏地区在该厚度耕地面积的79.74%。

表6-12　阿克苏地区耕地主要土壤类型有效土层厚度面积分布

土类	土壤有效土层厚度分级面积（khm^2）			
	30.00cm	30~60cm	60~100cm	100.00cm
草甸土	0.16	11.15	105.42	22.76
潮土	2.36	15.88	121.65	97.39
风沙土	0.00	1.53	19.08	10.01
灌淤土	2.01	4.45	45.85	47.95
龟裂土	0.00	1.42	7.33	0.40
栗钙土	0.00	0.00	0.61	0.97
林灌草甸土	0.00	1.06	16.65	0.69
水稻土	0.00	1.18	6.48	4.87
沼泽土	0.22	2.78	22.05	14.52
棕钙土	0.00	1.03	14.76	4.88
棕漠土	0.74	1.05	32.87	16.46
总计	5.48	41.52	392.74	220.90

四、有效土层厚度与地形部位

从土壤有效土层厚度分级来看，有效土层厚度大于100cm的耕地主要分布在平原中阶和平原低阶，合计面积191.56khm²，占该状态耕地面积的86.72%；有效土层厚度在60~100cm的耕地主要分布在平原中阶和平原低阶，合计面积302.56khm²，占该状态耕地面积的77.04%；有效土层厚度在30~60cm的耕地主要分布在平原中阶、平原低阶和平原高阶，合计面积37.56khm²，占该状态耕地面积的90.46%；有效土层厚度在小于30cm的耕地主要分布在平原高阶、平原中阶和平原低阶，合计面积5.32khm²，占该状态耕地面积的97.08%。

从地形部位上看，平原低阶有效土层厚度主要在60~100cm和大于100cm，其大于100cm、60~100cm、30~60cm和小于30cm有效土层厚度的耕地面积占该地形部位面积比例分别为27.71%、66.90%、4.89%、0.00%；平原高阶有效土层厚度主要在60~100cm和大于100cm，其大于100cm、60~100cm、30~60cm和小于30cm有效土层厚度的耕地面积占该地形部位面积比例分别为22.46%、68.40%、7.63%、1.51%；平原中阶有效土层厚度主要在60~100cm和大于100cm，其大于100cm、60~100cm、30~60cm和小于30cm有效土层厚度的耕地面积占该地形部位面积比例分别为39.81%、53.17%、6.18%、0.84%；沙漠边缘有效土层厚度在60~100cm和大于100cm，其大于100cm、60~100cm、30~60cm有效土层厚度的耕地面积占该地形部位面积比例分别为21.01%、70.32%、8.67%；山地坡下有效土层厚度主要在60~100cm，其大于100cm、60~100cm、30~60cm和小于30cm有效土层厚度的耕地面积占该地形部位面积比例分别为25.24%、57.99%、14.33%、2.45%。

表6-13 阿克苏地区不同县市土壤有效土层厚度分级面积统计

地形部位	土壤有效土层厚度分级面积（khm²）			
	30.00cm	30~60cm	60~100cm	100.00cm
山地坡下	0.16	0.94	3.82	1.66
平原高阶	1.40	7.07	63.44	20.83
平原中阶	3.14	23.03	198.02	148.26
平原低阶	0.78	7.64	104.54	43.30
沙漠边缘	0.00	2.83	22.92	6.85
总计	5.48	41.52	392.74	220.90

第四节 剖面土体构型

一、剖面土体构型分布情况

阿克苏地区薄层型耕地面积共15.78khm²，占阿克苏地区耕地面积的2.39%，主要分布在乌什县，占阿克苏地区薄层型耕地面积的41.20%。如表6-14所示，阿克苏市评价区薄层型耕地面积共计0.26khm²，占该评价区耕地面积的0.25%；拜城县评价区薄层型耕地面积共计1.65khm²，占该评价区耕地面积的1.99%；柯坪县评价区薄层型耕地面积共计0.03khm²，占该评价区耕地面积的0.33%；库车市评价区薄层型耕地面积共计0.02khm²，占该评价区耕地面积的0.02%；温宿县评价区薄层型耕地面积共计6.68khm²，占该评价区耕地面积的7.11%；乌什县评价区薄层型耕地面积共计7.13khm²，占该评价区耕地面积的13.65%。

阿克苏地区海绵型耕地面积共416.23khm²，占阿克苏地区耕地面积的63.00%，主要分布在阿克苏市、阿瓦提县、拜城县、库车市、沙雅县、温宿县等评价区，占阿克苏地区海绵型耕地面积的12.65%、15.62%、12.04%、13.14%、14.61%、14.22%。如表6-14所示，阿克苏市评价区海绵型耕地面积共计52.67khm²，占该评价区耕地面积的51.15%；阿瓦提县评价区海绵型耕地面积共计65.03khm²，占该评价区耕地面积的67.78%；拜城县评价区海绵型耕地面积共计50.13khm²，占该评价区耕地面积的60.32%；柯坪县评价区海绵型耕地面积共计3.04khm²，占该评价区耕地面积的33.04%；库车市评价区海绵型耕地面积共计54.69khm²，占该评价区耕地面积的57.01%；沙雅县评价区海绵型耕地面积共计60.79khm²，占该评价区耕地面积的73.79%；温宿县评价区海绵型耕地面积共计59.19khm²，占该评价区耕地面积的62.99%；乌什县评价区海绵型耕地面积共计33.13khm²，占该评价区耕地面积的63.43%；新和县评价区海绵型耕地面积共计37.55khm²，占该评价区耕地面积的83.62%。

阿克苏地区夹层型耕地面积共31.46khm²，占阿克苏地区耕地面积的4.76%，主要分布在拜城县，占阿克苏地区夹层型耕地面积的34.08%。如表6-14所示，阿克苏市评价区夹层型耕地面积共计0.02khm²，占该评价区耕地面积的0.02%；拜城县评价区夹层型耕地面积共计10.72khm²，占该评价区耕地面积的12.90%；柯坪县评价区夹层型耕地面积共计0.64khm²，占该评价区耕地面积的6.90%；库车市评价区夹层型耕地面积共计7.33khm²，占该评价区耕地面积的7.64%；沙雅县评价区夹层型耕地面积共计8.15khm²，占该评价区耕地面积的9.89%；温宿县评价区夹层型耕地面积共计2.97khm²，占该评价区耕地面积的3.16%；乌什县评价区夹层型耕地面积共计0.13khm²，占该评价区耕地面积的0.26%；新和县评价区夹层型耕地面积共计1.50khm²，占该评价区耕地面积的3.33%。

阿克苏地区紧实型耕地面积共15.75khm²，占阿克苏地区耕地面积的2.38%，主要分布在温宿县，占阿克苏地区紧实型耕地面积的58.61%。如表6-14所示，阿克苏市评价区紧实型耕地面积共计5.37khm²，占该评价区耕地面积的5.21%；阿瓦提县评价区紧实型耕地面积共计0.30khm²，占该评价区耕地面积的0.31%；柯坪县评价区紧实型耕地面积共计0.10khm²，占该评价区耕地面积的1.10%；库车市评价区紧实型耕地面积共计0.38khm²，占该评价区耕地面积的0.40%；沙雅县评价区紧实型耕地面积共计0.03khm²，占该评价区耕地面积的0.03%；温宿县评价区紧实型耕地面积共计9.23khm²，占该评价区耕地面积的9.82%；乌什县评价区紧实型耕地面积共计0.34khm²，占该评价区耕地面积的0.64%。

阿克苏地区上紧下松型耕地面积共计112.03khm²，占阿克苏地区耕地面积的16.96%，主要分布在阿克苏市，占阿克苏地区上紧下松型耕地面积的33.91%。如表6-14所示，阿克苏市评价区上紧下松型耕地面积共计38.00khm²，占该评价区耕地面积的36.90%；阿瓦提县评价区上紧下松型耕地面积共计2.03khm²，占该评价区耕地面积的2.11%；拜城县评价区上紧下松型耕地面积共计17.29khm²，占该评价区耕地面积的20.80%；柯坪县评价区上紧下松型耕地面积共计1.57khm²，占该评价区耕地面积的17.09%；库车市评价区上紧下松型耕地面积共计23.36khm²，占该评价区耕地面积的24.35%；沙雅县评价区上紧下松型耕地面积共计7.31khm²，占该评价区耕地面积的8.88%；温宿县评价区上紧下松型耕地面积共计7.10khm²，占该评价区耕地面积的7.56%；乌什县评价区上紧下松型耕地面积共计10.55khm²，占该评价区耕地面积的20.21%；新和县评价区上紧下松型耕地面积共计4.82khm²，占该评价区耕地面积的10.74%。

阿克苏地区上松下紧型耕地面积共计32.86khm²，占阿克苏地区耕地面积的4.97%，主要分布在阿瓦提县，占阿克苏地区上松下紧耕地面积的67.98%。如表6-14所示，阿瓦提县评价区上松下紧型耕地面积共计22.34khm²，占该评价区耕地面积的23.29%；拜城县评价区上松下紧型耕地面积共计3.32khm²，占该评价区耕地面积的3.99%；柯坪县评价区上松下紧型耕地面积共计3.48khm²，占该评价区耕地面积的37.74%；库车市评价区上松下紧型耕地面积共计0.09khm²，占该评价区耕地面积的0.10%；温宿县评价区上松下紧型耕地面积共计2.85khm²，占该评价区耕地面积的3.04%；乌什县评价区上松下紧型耕地面积共计0.79khm²，占该评价区耕地面积的1.51%。

阿克苏地区松散型耕地面积共36.54khm²，占阿克苏地区耕地面积的5.53%，主要分布在库车市，占阿克苏地区松散型耕地面积的27.52%。如表6-14所示，阿克苏市评价区松散型耕地面积共计6.65khm²，占该评价区耕地面积的6.46%；阿瓦提县评价区松散型耕地面积共计6.24khm²，占该评价区耕地面积的6.50%；柯坪县评价区松散型耕地面积共计0.35khm²，占该评价区耕地面积的3.80%；库车市评价区松散型耕地面积共计10.06khm²，占该评价区耕地面积的10.48%；沙雅县评价区松散型耕地面积共计6.10khm²，占该评价区耕地面积的7.41%；温宿县评价区松散型耕地面积共计5.94khm²，占该评价区耕地面积的6.32%；乌什县评价区松散型耕地面积共计0.16khm²，占该评价区耕地面积的0.31%；新和县评价区松散型耕地面积共计1.04khm²，占该评价区耕地面积的2.31%。

表6-14　阿克苏地区不同县乡耕地剖面土体构型面积分布

行政区	不同质地剖面土体构型面积（khm²）						
	薄层型	海绵型	夹层型	紧实型	上紧下松型	上松下紧型	松散型
总计	15.78	416.23	31.46	15.75	112.03	32.86	36.54
阿克苏市	0.26	52.67	0.02	5.37	38.00	—	6.65
温宿县	6.68	59.19	2.97	9.23	7.10	2.85	5.94
库车市	0.02	54.69	7.33	0.38	23.36	0.09	10.06
沙雅县	—	60.79	8.15	0.03	7.31	—	6.10
新和县	—	37.55	1.50	—	4.82	—	1.04

（续表）

行政区	不同质地剖面土体构型面积（khm^2）						
	薄层型	海绵型	夹层型	紧实型	上紧下松型	上松下紧型	松散型
拜城县	1.65	50.13	10.72	—	17.29	3.32	—
乌什县	7.13	33.13	0.13	0.34	10.55	0.79	0.16
阿瓦提县	—	65.03	—	0.30	2.03	22.34	6.24
柯坪县	0.03	3.04	0.64	0.10	1.57	3.48	0.35

二、耕地主要土壤类型剖面土体构型

阿克苏地区耕层剖面土体构型为薄层型的面积最大土类为灌淤土，面积为5.98khm^2，占薄层型面积的37.91%；另外还有部分剖面土体构型为薄层型，如草甸土、潮土、风沙土、水稻土、沼泽土、棕钙土、棕漠土等，分别占薄层型面积的13.13%、25.53%、1.10%、37.91%、1.85%、9.27%、1.52%、9.68%。

阿克苏地区耕层剖面土体构型为海绵型的面积最大土类为潮土，面积为153.07khm^2，占海绵型面积的36.78%；另外还有部分剖面土体构型为海绵型，如草甸土、潮土、风沙土、灌淤土、龟裂土、栗钙土、林灌草甸土、水稻土、沼泽土、棕钙土、棕漠土等，分别占海绵型面积的22.03%、36.78%、3.43%、14.25%、1.71%、0.13%、3.12%、1.93%、6.32%、3.10%、7.18%。

阿克苏地区耕层剖面土体构型为夹层型的面积最大土类为潮土，面积为8.06khm^2，占夹层型面积的25.64%；另外还有部分剖面土体构型为夹层型，如草甸土、潮土、风沙土、灌淤土、龟裂土、栗钙土、林灌草甸土、水稻土、沼泽土、棕钙土、棕漠土等，分别占夹层型面积的17.06%、25.64%、2.13%、21.65%、3.27%、1.12%、3.27%、0.09%、2.37%、4.69%、17.61%。

阿克苏地区耕层剖面土体构型为紧实型的面积最大土类为潮土，面积为7.63khm^2，占紧实型面积的48.46%；另外还有部分剖面土体构型为紧实型，如草甸土、潮土、风沙土、灌淤土、龟裂土、水稻土、沼泽土、棕钙土、棕漠土等，分别占紧实型面积的18.58%、48.46%、1.88%、14.32%、0.16%、4.86%、6.21%、0.65%、4.89%。

阿克苏地区耕层剖面土体构型为上紧下松型的面积最大土类为潮土，面积为40.47khm^2，占上紧下松型面积的36.12%；另外还有部分剖面土体构型为上紧下松型，如草甸土、潮土、风沙土、灌淤土、龟裂土、栗钙土、林灌草甸土、水稻土、沼泽土、棕钙土、棕漠土等，分别占上紧下松型面积的17.05%、36.12%、3.15%、17.61%、0.28%、0.49%、1.14%、2.00%、7.66%、4.56%、9.93%。

阿克苏地区耕层剖面土体构型为上松下紧型的面积最大土类为潮土，面积为11.07khm^2，占上松下紧型面积的33.69%；另外还有部分剖面土体构型为上松下紧型，如草甸土、潮土、风沙土、灌淤土、龟裂土、林灌草甸土、水稻土、沼泽土、棕钙土、棕漠土等，分别占上松下紧型面积的31.03%、33.69%、6.49%、7.43%、1.47%、6.61%、2.56%、3.38%、2.44%、4.88%。

阿克苏地区耕层剖面土体构型为松散型的面积最大土类为潮土，面积为 12.94khm²，占松散型面积的 35.42%；另外还有部分剖面土体构型为松散型，如草甸土、潮土、风沙土、灌淤土、龟裂土、栗钙土、林灌草甸土、水稻土、沼泽土、棕钙土、棕漠土等，分别占松散型面积的 22.17%、35.42%、25.29%、10.17%、0.52%、2.53%、0.95%、1.11%、0.09%、1.75%。详见表 6-15。

表 6-15　阿克苏地区耕地主要土壤类型剖面土体构型面积分布

土类	不同剖面土体构型面积（khm²）						
	薄层型	海绵型	夹层型	紧实型	上紧下松型	上松下紧型	松散型
草甸土	2.07	91.71	5.37	2.91	19.10	10.20	8.10
潮土	4.03	153.07	8.06	7.63	40.47	11.07	12.94
风沙土	0.17	14.26	0.98	0.32	3.53	2.13	9.24
灌淤土	5.98	59.32	6.83	2.25	19.73	2.44	3.72
龟裂土	—	7.10	1.03	0.03	0.32	0.48	0.19
栗钙土	—	0.64	0.39	—	0.55	—	—
林灌草甸土	—	12.99	1.02	—	1.28	2.17	0.93
水稻土	0.29	8.02	0.03	0.77	2.24	0.84	0.35
沼泽土	1.46	26.29	0.75	0.98	8.58	1.11	0.40
棕钙土	0.24	12.92	1.47	0.10	5.10	0.80	0.04
棕漠土	1.53	29.90	5.54	0.77	11.14	1.60	0.64

第五节　耕层质地

一、耕层质地分布情况

阿克苏地区黏土耕地面积共计 18.33khm²，占阿克苏地区耕地面积的 2.77%，主要分布在温宿县，面积 9.23khm²，占阿克苏地区黏土耕地面积的 50.35%。如表 6-16 所示，阿克苏市评价区黏土耕地面积共计 5.37khm²，占该评价区耕地面积的 5.22%；阿瓦提县评价区黏土耕地面积共计 0.30khm²，占该评价区耕地面积的 0.31%；柯坪县评价区黏土耕地面积共计 0.10khm²，占该评价区耕地面积的 1.08%；库车市评价区黏土耕地面积共计 2.53khm²，占该评价区耕地面积的 2.64%；沙雅县评价区黏土耕地面积共计 0.46khm²，占该评价区耕地面积的 0.56%；温宿县评价区黏土耕地面积共计 9.23khm²，占该评价区耕地面积的 9.82%；乌什县评价区黏土耕地面积共计 0.34khm²，占该评价区耕地面积的 0.65%。

阿克苏地区轻壤耕地面积共计 141.32khm²，占阿克苏地区耕地面积的 21.39%，主要分布在阿瓦提县，面积 63.18khm²，占阿克苏地区轻壤耕地面积的 44.71%。如表 6-16 所示，阿克苏市评价区轻壤耕地面积共计 1. 37khm^2，占该评价区耕地面积的 1. 33%；阿瓦提县评价区轻壤耕地面积共计 63. 18khm^2，占该评价区耕地面积的 65. 86%；拜城县评价区轻壤耕地面积共计 1. 89khm^2，占该评价区耕地面积的 2. 27%；柯坪县评价区轻壤耕地面积共计 1. 63khm^2，占该评价区耕地面积的 17. 68%；库车市评价区轻壤耕地面积共计 1. 06khm^2，占该评价区耕地面积的 1. 10%；沙雅县评价区轻壤耕地面积共计 2. 62khm^2，占该评价区耕地面积的 3. 18%；温宿县评价区轻壤耕地面积共计 0. 09khm^2，占该评价区耕地面积的 0. 10%；乌什县评价区轻壤耕地面积共计 41. 66khm^2，占该评价区耕地面积的 79. 73%；新和县评价区轻壤耕地面积共计 27. 82khm^2，占该评价区耕地面积的 61. 96%。

阿克苏地区砂壤耕地面积共 119. 51khm^2，占阿克苏地区耕地面积的 18. 09%，分布最多的是阿瓦提县评价区，面积 27. 65khm^2，占阿克苏地区砂壤耕地面积的 23. 14%。阿克苏市评价区砂壤耕地面积共计 14. 35khm^2，占该评价区耕地面积的 13. 94%；阿瓦提县评价区砂壤耕地面积共计 27. 65khm^2，占该评价区耕地面积的 28. 82%；拜城县评价区砂壤耕地面积共计 21. 07khm^2，占该评价区耕地面积的 25. 35%。柯坪县评价区砂壤耕地面积共计 4. 45khm^2，占该评价区耕地面积的 48. 26%；库车市评价区砂壤耕地面积共计 22. 97khm^2，占该评价区耕地面积的 23. 94%；沙雅县评价区砂壤耕地面积共计 2. 92khm^2，占该评价区耕地面积的 3. 54%；温宿县评价区砂壤耕地面积共计 10. 60khm^2，占该评价区耕地面积的 11. 28%；乌什县评价区砂壤耕地面积共计 9. 06khm^2，占该评价区耕地面积的 17. 34%；新和县评价区砂壤耕地面积共计 6. 43khm^2，占该评价区耕地面积 14. 32%。

阿克苏地区砂土耕地面积共计 28. 57khm^2，占阿克苏地区耕地面积的 4. 32%，分布面积最多的是温宿县评价区，面积 5. 65khm^2，占阿克苏地区砂土耕地面积的 19. 78%。阿克苏市评价区砂土耕地面积共计 4. 80khm^2，占该评价区耕地面积的 4. 66%；阿瓦提县评价区砂土耕地面积共计 2. 50khm^2，占该评价区耕地面积的 2. 61%；拜城县评价区砂土耕地面积共计 4. 73khm^2，占该评价区耕地面积的 5. 69%。柯坪县评价区砂土耕地面积共计 0. 30khm^2，占该评价区耕地面积的 3. 25%；库车市评价区砂土耕地面积共计 3. 95khm^2，占该评价区耕地面积的 4. 12%；沙雅县评价区砂土耕地面积共计 5. 58khm^2，占该评价区耕地面积的 6. 77%；温宿县评价区砂土耕地面积共计 5. 65khm^2，占该评价区耕地面积的 6. 01%；乌什县评价区砂土耕地面积共计 0. 15khm^2，占该评价区耕地面积的 0. 29%；新和县评价区砂土耕地面积共计 0. 90khm^2，占该评价区耕地面积的 2. 00%。

阿克苏地区中壤耕地面积共计 275. 89khm^2，占阿克苏地区耕地面积的 41. 76%，主要分布在库车市评价区，面积 64. 78khm^2，占阿克苏地区中壤耕地面积的 23. 48%。如表 6-16 所示，阿克苏市评价区中壤耕地面积共计 48. 05khm^2，占该评价区耕地面积的 46. 66%；阿瓦提县评价区中壤耕地面积共计 1. 60khm^2，占该评价区耕地面积的 1. 67%；拜城县评价区中壤耕地面积共计 30. 94khm^2，占该评价区耕地面积的 37. 23%。柯坪县评价区中壤耕地面积共计 1. 46khm^2，占该评价区耕地面积的 15. 84%；库车市评价区中壤耕地面积共计 64. 78khm^2，占该评价区耕地面积的 67. 52%；沙雅县评价区中壤耕地面积共计 54. 05khm^2，占该评价区耕地面积的 65. 61%；温宿县评价区中壤耕地面积共计 64. 38khm^2，占该评价区耕地面积的 68. 52%；乌什县评价区中壤耕地面积共计 0. 97khm^2，占该评价区耕地面积的 1. 86%；新和县评价区中壤耕地面积共计 9. 66khm^2，占该评价区耕地面积的 21. 51%。

阿克苏地区重壤耕地面积共计 77.05khm^2，占阿克苏地区耕地面积的 11.66%，主要分布在阿克苏市评价区，面积 29.03khm^2，占阿克苏地区重壤耕地面积的 37.68%。如表 6-16 所示，阿克苏市评价区重壤耕地面积共计 29.03khm^2，占该评价区耕地面积的 28.19%；阿瓦提县评价区重壤耕地面积共计 0.70khm^2，占该评价区耕地面积的 0.73%；拜城县评价区重壤耕地面积共计 24.48khm^2，占该评价区耕地面积的 29.45%；柯坪县评价区重壤耕地面积共计 1.28khm^2，占该评价区耕地面积的 13.88%；库车市评价区重壤耕地面积共计 0.65khm^2，占该评价区耕地面积的 0.68%；沙雅县评价区重壤耕地面积共计 16.75khm^2，占该评价区耕地面积的 20.33%；温宿县评价区重壤耕地面积共计 4.01khm^2，占该评价区耕地面积的 4.27%；乌什县评价区重壤耕地面积共计 0.07khm^2，占该评价区耕地面积的 0.13%；新和县评价区重壤耕地面积共计 0.09khm^2，占该评价区耕地面积的 0.20%。

表 6-16　阿克苏地区不同县乡耕地耕层质地面积统计

行政区	不同耕层质地面积（khm^2）					
	砂土	砂壤	轻壤	中壤	重壤	黏土
总计	28.57	119.51	141.31	275.89	77.05	18.33
阿克苏市	4.80	14.35	1.37	48.05	29.03	5.37
温宿县	5.65	10.60	0.09	64.38	4.01	9.23
库车市	3.95	22.97	1.06	64.78	0.65	2.53
沙雅县	5.58	2.92	2.62	54.05	16.75	0.46
新和县	0.90	6.43	27.82	9.66	0.09	—
拜城县	4.73	21.07	1.89	30.94	24.48	
乌什县	0.15	9.06	41.66	0.97	0.07	0.34
阿瓦提县	2.50	27.65	63.18	1.60	0.70	0.30
柯坪县	0.30	4.45	1.63	1.46	1.28	0.10

二、耕地主要土壤类型耕层质地

阿克苏地区耕层质地为黏土的耕地面积最大为潮土，面积为 8.09khm^2，占黏土面积的 44.17%；另外还有部分土类质地为黏土，如草甸土、风沙土、灌淤土、龟裂土、水稻土、沼泽土、棕钙土、棕漠土等，分别占黏土面积的 16.90%、19.85%、2.02%、0.11%、4.20%、5.34%、0.55%、6.92%。

阿克苏地区耕层质地为轻壤的耕地面积最大为潮土，面积为 64.38khm^2，占轻壤面积的 45.56%；另外还有部分土类质地为轻壤，如草甸土、风沙土、灌淤土、龟裂土、林灌草甸土、水稻土、沼泽土、棕钙土、棕漠土等，分别占轻壤面积的 26.01%、14.61%、2.09%、0.64%、1.31%、2.01%、6.07%、0.01%、1.68%。

阿克苏地区耕层质地为砂壤的耕地面积最大为潮土，面积为 36.91khm^2，占砂壤面积的 30.88%；另外还有部分土类质地为砂壤，如草甸土、风沙土、灌淤土、龟裂土、栗钙土、林灌草甸土、水稻土、沼泽土、棕钙土、棕漠土等，分别占砂壤面积的 17.76%、17.86%、5.95%、0.84%、0.78%、2.58%、2.32%、5.36%、4.83%、10.85%。

阿克苏地区耕层质地为砂土的耕地面积最大为潮土，面积为 9.40khm²，占砂土面积的 32.90%；另外还有部分土类质地为砂土，草甸土、风沙土、灌淤土、龟裂土、林灌草甸土、水稻土、沼泽土、棕钙土、棕漠土等，分别占砂土面积的 19.29%、10.29%、20.30%、0.67%、1.82%、1.12%、2.03%、3.78%、7.81%。

阿克苏地区耕层质地为中壤的耕地面积最大为潮土，面积为 95.15khm²，占中壤面积的 34.49%；另外还有部分土类质地为中壤，如草甸土、风沙土、灌淤土、龟裂土、栗钙土、林灌草甸土、水稻土、沼泽土、棕钙土、棕漠土等，分别占中壤面积的 119.73%、15.88%、4.60%、1.67%、0.23%、3.98%、1.99%、7.07%、2.68%、7.69%。

阿克苏地区耕层质地为重壤的耕地面积最大为潮土，面积为 23.34khm²，占重壤面积的 30.29%；另外还有部分土类质地为重壤，如草甸土、风沙土、灌淤土、龟裂土、栗钙土、林灌草甸土、水稻土、沼泽土、棕钙土、棕漠土等，分别占重壤面积的 23.92%、10.25%、2.21%、3.15%、0.01%、2.56%、0.47%、4.58%、8.19%、14.37%。详见表 6-17。

表 6-17 阿克苏地区耕地主要土壤类型耕层质地面积分布

土类	不同耕层质地面积（khm²）					
	砂土	砂壤	轻壤	中壤	重壤	黏土
潮土	9.40	36.91	64.38	95.15	23.34	8.09
草甸土	5.51	21.22	36.76	54.44	18.43	3.10
灌淤土	2.94	21.34	20.64	43.81	7.90	3.64
风沙土	5.80	7.11	2.96	12.69	1.70	0.37
龟裂土	0.19	1.00	0.91	4.60	2.43	0.02
栗钙土	—	0.93	—	0.64	0.01	—
林灌草甸土	0.52	3.08	1.85	10.97	1.97	—
水稻土	0.32	2.77	2.84	5.48	0.36	0.77
沼泽土	0.58	6.40	8.58	19.50	3.53	0.98
棕钙土	1.08	5.77	0.02	7.39	6.31	0.10
棕漠土	2.23	12.97	2.37	21.21	11.07	1.27
总计	28.57	119.51	141.31	275.89	77.05	18.33

三、耕层质地与地形部位

从土壤不同耕层质地来看，黏土耕地分布在平原中阶和平原低阶，合计面积 18.43khm²，占该质地耕地面积的 83.52%；轻壤耕地主要分布在平原中阶，面积 99.85khm²，占该质地耕地面积的 75.72%；砂壤耕地主要分布在平原高阶、平原中阶和平原低阶，合计面积 99.29khm²，占该质地耕地面积的 83.29%；砂土耕地主要分布在平原中阶和平原低阶以及沙漠边缘，合计面积 21.30khm²，占该质地耕地面积的 88.23%；中壤耕地主要分布在平原中阶和平原低阶，合计面积 244.18khm²，占该质地耕地面积的 85.48%；重壤耕地主要分布在平原高阶、平原中阶和平原低阶，合计面积 74.86khm²，占该质地耕地面积的 96.30%。

从地形部位上看，平原低阶主要为中壤，其黏土、轻壤、砂壤、砂土、中壤、重壤耕层质地面积占该地形部位面积比例分别为3.77%、12.47%、17.87%、4.42%、40.96%、20.50%；平原高阶主要为砂壤和中壤，其黏土、轻壤、砂壤、砂土、中壤、重壤耕层质地面积占该地形部位面积比例分别为3.60%、9.22%、26.44%、3.06%、40.10%、17.57%；平原中阶主要为轻壤和中壤，其黏土、轻壤、砂壤、砂土、中壤、重壤耕层质地面积占该地形部位面积比例分别为3.37%、26.81%、12.58%、1.75%、48.38%、7.12%；沙漠边缘主要为砂壤，其轻壤、砂壤、砂土、中壤、重壤耕层质地面积占该地形部位面积比例分别为12.19%、49.98%、24.12%、4.88%、8.82%；山地坡下主要为砂壤和中壤，其黏土、砂壤、中壤耕层质地面积占该地形部位面积比例分别为4.45%、54.94%、40.61%。详见表6-18。

表6-18 阿克苏地区耕地不同地形部位耕层质地面积分布

地形部位	土壤不同耕层质地面积（khm^2）					
	砂土	砂壤	轻壤	中壤	重壤	黏土
山地坡下	0.03	3.10	0.11	3.13	0.13	0.10
平原高阶	3.73	24.70	9.51	36.72	16.97	1.11
平原中阶	14.48	58.65	97.56	154.53	34.20	13.02
平原低阶	8.20	22.73	23.49	72.63	25.14	4.08
沙漠边缘	2.12	10.32	10.63	8.88	0.62	0.01
总计	28.57	119.51	141.31	275.89	77.05	18.33

四、耕层质地与土壤主要养分

不同耕层质地的土壤有机质的变动范围是15.5~21.2g/kg，全氮的变动范围是0.70~1.13g/kg，碱解氮的变动范围54.9~73.4mg/kg，有效磷的变动范围是22.0~35.6mg/kg，速效钾的变动范围是103~168mg/kg，缓效钾的变动范围是460~1 004mg/kg。详见表6-19。

表6-19 阿克苏地区土壤耕层质地养分统计

耕层质地	养分					
	有机质（g/kg）	全氮（g/kg）	碱解氮（mg/kg）	有效磷（mg/kg）	速效钾（mg/kg）	缓效钾（mg/kg）
砂土	16.6	0.70	54.9	35.6	168	983
砂壤	16.5	0.78	61.9	29.3	135	958
轻壤	18.7	0.90	60.4	23.2	142	1 004
中壤	16.7	0.84	64.3	26.2	150	932
重壤	15.5	0.90	71.2	22.0	153	742
黏土	21.2	1.13	73.4	22.4	103	460

（一）耕层质地与有机质

阿克苏地区土壤质地有机质以黏土最高，平均 21.2g/kg，其次分别是轻壤 18.7g/kg、砂土 16.6g/kg、砂壤 16.5g/kg、中壤 15.7g/kg，重壤最低，为 15.5g/kg。阿克苏地区土壤质地有机质变异系数中，最高为砂土 68.24%，最低为黏土 24.28%。详见表 6-20。

表 6-20　阿克苏地区不同质地土壤有机质含量统计

耕层质地	面积（khm^2）	平均值（g/kg）	标准偏差（g/kg）	变异系数（%）
砂土	28.57	16.6	11.3	68.24
砂壤	119.51	16.5	8.11	49.20
轻壤	141.31	18.7	9.08	48.63
中壤	275.89	15.7	6.34	40.29
重壤	77.05	15.5	5.52	35.70
黏土	18.33	21.2	5.13	24.28

（二）耕层质地与全氮

阿克苏地区土壤质地全氮以黏土最高，平均 1.13g/kg，其次分别是重壤和轻壤都为 0.90g/kg，中壤 0.84g/kg、砂壤 0.78g/kg，砂土最低，为 0.70g/kg。阿克苏地区土壤质地全氮变异系数中，最高为砂土 42.71%，最低为黏土 26.49%。详见表 6-21。

表 6-21　阿克苏地区不同质地土壤全氮含量统计

耕层质地	面积（khm^2）	平均值（g/kg）	标准偏差（g/kg）	变异系数（%）
砂土	28.57	0.70	0.30	42.71
砂壤	119.51	0.78	0.32	40.57
轻壤	141.31	0.90	0.33	36.12
中壤	275.89	0.84	0.31	37.37
重壤	77.05	0.90	0.34	37.12
黏土	18.33	1.13	0.30	26.49

（三）耕层质地与碱解氮

阿克苏地区土壤质地碱解氮以黏土最高，平均 73.4mg/kg，其次分别是重壤 71.2mg/kg、中壤 64.3mg/kg、砂壤 61.9mg/kg、轻壤 60.4mg/kg，砂土最低，为 54.9mg/kg。阿克苏地区土壤质地碱解氮变异系数中，最高为砂壤 69.91%，最低为黏土 15.65%。详见表 6-22。

表 6-22　阿克苏地区不同质地土壤碱解氮含量统计

耕层质地	面积（khm^2）	平均值（mg/kg）	标准偏差（mg/kg）	变异系数（%）
砂土	28.57	54.9	30.4	55.43
砂壤	119.51	61.9	43.3	69.91
轻壤	141.31	60.4	29.1	48.21

（续表）

耕层质地	面积（khm^2）	平均值（mg/kg）	标准偏差（mg/kg）	变异系数（%）
中壤	275.89	64.3	32.0	49.85
重壤	77.05	71.2	36.1	50.63
黏土	18.33	73.4	11.5	15.65

（四）耕层质地与有效磷

阿克苏地区土壤质地有效磷以砂土最高，平均 35.6mg/kg，其次分别是砂壤 29.3mg/kg、中壤 26.2mg/kg、轻壤 23.2mg/kg、黏土 22.4mg/kg，最低为重壤 22.0mg/kg。阿克苏地区土壤质地有效磷变异系数中，最高为重壤 103.40%，最低为轻壤 60.93%。详见表 6-23。

表 6-23　阿克苏地区不同质地土壤有效磷含量统计

耕层质地	面积（khm^2）	平均值（mg/kg）	标准偏差（mg/kg）	变异系数（%）
砂土	28.57	35.6	23.8	66.77
砂壤	119.51	29.3	18.8	64.07
轻壤	141.31	23.2	14.2	60.93
中壤	275.89	26.2	19.1	72.85
重壤	77.05	22.0	22.7	103.4
黏土	18.33	22.4	18.6	82.68

（五）耕层质地与速效钾

阿克苏地区土壤质地速效钾以砂土最高，平均 168mg/kg，其次分别是重壤 153mg/kg、中壤 150mg/kg、轻壤 142mg/kg、，砂壤 135mg/kg，黏土最低，为 10mg/kg。阿克苏地区土壤质地速效钾变异系数中，最高为砂土 88.19%，最低为重壤 42.66%。详见表 6-24。

表 6-24　阿克苏地区不同质地土壤速效钾含量统计

耕层质地	面积（khm^2）	平均值（mg/kg）	标准偏差（mg/kg）	变异系数（%）
砂土	28.57	168	148	88.19
砂壤	119.51	135	70	52.15
轻壤	141.31	142	68	47.64
中壤	275.89	150	76	50.82
重壤	77.05	153	65	42.66
黏土	18.33	103	57	55.39

（六）耕层质地与缓效钾

阿克苏地区土壤质地缓效钾以轻壤最高，平均 1 004mg/kg。其次分别是砂土 983mg/kg，砂壤 958mg/kg、中壤 932mg/kg、重壤 742mg/kg，黏土最低，为 460mg/kg。阿克苏地区土壤质地缓效钾变异系数中，最高为中壤 40.32%，最低为黏土 5.33%。详见

表 6-25。

表 6-25　阿克苏地区不同质地土壤缓效钾含量统计

耕层质地	面积（khm^2）	平均值（mg/kg）	标准偏差（mg/kg）	变异系数（%）
砂土	28. 57	983	269	27. 39
砂壤	119. 51	958	30	32. 18
轻壤	141. 31	1 004	330	32. 83
中壤	275. 89	932	376	40. 32
重壤	77. 05	742	271	36. 48
黏土	18. 33	460	25	5. 33

五、耕层质地调控

（一）砂土质地调控

砂土抗旱能力弱，易漏水漏肥，因此土壤养分少，土温变化较快，加之缺少黏粒和有机质，故保肥性能弱，速效肥料易随雨水和灌溉水流失，而且施用速效肥料的肥效猛而不长效。但砂土的通气透水性较好，易于耕种。因此，在利用管理上，要注意选择耐旱作物品种，保证水源，及时灌溉，注意保墒；施肥时，砂土上要强调增施有机肥，适时追肥，并掌握少量多次的原则。

（二）黏土质地调控

黏土土壤养分丰富，而且有机质含量较高，因此，大多土壤养分不易被雨水和灌溉水淋失，保肥性能好。但由于遇雨或灌溉时，水分在土体中难以下渗而导致排水困难，影响农作物根系的生长，阻碍了根系对土壤养分的吸收。对此类土壤，在生产上要注意开沟排水，降低地下水位，以避免或减轻涝害，并选择在适宜的土壤含水条件下精耕细作，以改善土壤结构性和耕性，以促进土壤养分的释放。

（三）壤土质地调控

壤土兼有砂土和黏土的优点，以粗粉粒占优势，缺乏有机质，汀板性强，不利于幼苗扎根和发育。但上层土壤质地稍轻，有利于通气，而下层质地稍重（黏），有利于持水，壤土是一种较理想的土壤，其耕性优良，适种的农作物种类多。

（四）黏壤土质地调控

黏壤土是黏性较重的土壤，土性较黏重，保水、保肥性能较强，但不易耕作，生产上采取秋翻和短期免耕土壤来达到土壤活性。

第六节　障碍因素

一、障碍因素分类分布

制约阿克苏地区耕地质量障碍因素有盐碱、瘠薄、沙化、障碍层次、干旱灌溉型及复合型等。详见表 6-26。

阿克苏地区无障碍因素耕地面积总计 139.77khm^2，在阿克苏市分布最广，面积为 76.22khm^2，其次为拜城县，面积为 31.25khm^2；干旱灌溉型共计 10.82khm^2，在拜城县分布最广，面积为 4.98khm^2，其次为新和县和阿瓦提县，面积分别为 2.22khm^2 和 1.64khm^2；瘠薄型分布在阿克苏市和拜城县，其面积分别为 0.18khm^2 和 0.11khm^2；沙化型共计 8.22khm^2，在阿克苏市分布最广，面积为 5.82khm^2，其次为拜城县，面积分别为 2.30khm^2；沙化 & 障碍层次型共计 9.15khm^2，在拜城县分布最广，面积为 8.56khm^2，其次为沙雅县，面积为 0.59khm^2；盐碱型共计 98.48khm^2，在沙雅县分布最广，面积为 56.54khm^2，其次为拜城县和阿克苏市，面积分别为 19.94khm^2 和 10.50khm^2；盐碱 & 干旱灌溉型面积为 277.64khm^2，在阿瓦提县分布最广，面积为 83.51khm^2，其次为库车市，面积为 79.13khm^2；盐碱 & 障碍层次共计 25.13khm^2，在拜城县分布最广，面积为 7.31khm^2，其次为阿克苏市，面积为 6.16khm^2；障碍层次共计 1.51khm^2，分布在拜城县；其他类型共计 89.64khm^2，在乌什县分布最广，面积为 17.98khm^2，其次为温宿县，面积为 17.82khm^2。

表 6-26　阿克苏地区各县市耕地障碍因素面积分布

县市	不同障碍因素面积（khm^2）									
	无	盐碱	障碍层次	干旱灌溉型	瘠薄	沙化	沙化 & 障碍层次	盐碱 & 干旱灌溉型	盐碱 & 障碍层次	其他
阿克苏市	76.22	10.50	—	1.20	0.18	5.82	—	0.55	6.16	2.33
温宿县	1.20	4.29	—	0.34	—	0.09	—	65.52	4.71	17.82
库车市	—	2.95	—	0.03	—	—	—	79.13	1.14	12.69
沙雅县	2.10	56.54	—	0.26	—	—	0.59	3.19	3.75	15.96
新和县	0.04	1.20	—	2.22	—	—	—	34.28	0.07	7.09
拜城县	31.25	19.94	1.51	4.98	0.11	2.30	8.56	—	7.31	7.15
乌什县	27.75	—	—	0.15	—	—	—	6.36	—	17.98
阿瓦提县	1.21	1.54		1.64		0.01		83.51	0.43	7.59
柯坪县	—	1.52	—	—	—	—	—	5.10	1.56	1.03

二、障碍因素调控措施

（一）盐碱地改良措施

盐碱地改良须以“水、盐、肥”为中心，贯彻统一规划，综合治理；因地制宜，远近结合；利用与改良相结合的原则。

1. 统一规划综合治理

“盐随水来，盐随水去”，控制与调节土壤中的水盐运动，是防治土壤盐渍化的关键。因此，首先要解决好水的问题，必须从一个流域着手，统一规划，合理布局，满足上、中、下游的需要。

盐分对作物的危害包括盐害、物理化学危害、营养供求失调等方面，从解决盐分危害这个主要矛盾出发，必须采取综合措施。任何单项措施，一般也只能解决某一个具体矛盾，不可能同时解决排水、洗盐、培肥诸多矛盾。例如，排水（沟排、井排、暗管排、扬排）也只能解决切断盐源，防止和控制地下水位升高；洗盐只能脱盐和压盐；农林措施只能巩固脱盐效果，恢复地力，防止土壤返盐等。实践证明，上述的诸多措施，必须相互配合，综合应用，环环相扣，才能奏效，更能提高改良效果。如精耕细作，增强地面覆盖，可减弱返盐速度，降低临界深度，竖井与明沟相结合，更能发挥排水效果；有完善的灌排系统，才能提高种稻洗盐的效果；增施有机肥料可壮苗抗盐，培育耐盐品种，提高作物保苗率，降低洗盐标准。

2. 因地制宜远近结合

要因地制宜地制订治理方案，才能收到事半功倍的效果。例如，是否需要排水设施，要因地下水位高低而异；条田建设过宽不利于脱盐，易发生盐斑，条田过窄，机耕效率低；排水沟的深度、密度、灌排渠布置方式（并列式或相间式）等都各有其利弊，都要结合当地情况，进行合理规划。对不同程度盐渍化也应区别处理。重盐化土壤首先冲洗淋盐，深沟排水，降低地下水位。轻盐化土壤可深浅沟相组合，井灌井排，浅、密、通来控制地下水位；平整土地，多施有机肥料，加强淋盐、抑盐。次生盐化地区，可采取井、渠结合，以井代渠，减少地下水的补给，加强农林措施，防止返盐。低洼下潮水盐无出路的地区，可采取扬排与渠排相结合。受盐分威胁的地区，应加强灌溉管理，进行渠道防渗，加强地面覆盖，防止返盐。苏打盐化地区生物措施配合施石膏进行化学改良。

3. 除盐培肥高产稳产

改良利用盐渍化土壤要与提高土壤肥力相结合，因为除盐就是为了充分发挥土壤的潜在肥力，但是在洗盐过程中，不可避免地伴随有土壤养分的淋失过程。同时，培肥主要依靠农牧结合，合理种植，牧草田轮作，多种绿肥，精耕细作，相互配合，环环相扣，巩固土壤脱盐效果，防止重新返盐，保证作物丰收。

盐碱地改良是一个较为复杂的综合治理系统工程，包括水利工程措施、农业技术措施、生物措施、化学改良等综合治理方法，要针对实际情况准确合理使用每一项措施来改良治理盐碱地。

（二）贫瘠土壤培肥地力的措施

以“改、培、保、控”为重点推进耕地质量建设，通过作物秸秆还田，施用有机肥等措施改善过砂或过黏土壤的不良性质，促进土壤中团粒结构的形成，提高土壤的保蓄性和通透性。

1. 广辟肥源，培肥地力

阿克苏地区土壤肥力属低水平，应该加紧培肥地力，首先必须稳固持续地增加有机肥投入。采用间套作复插绿肥、秸秆还田等多种方式提升土壤肥力。

2. 有机、无机相结合是高产优质栽培的保证

农业生产中在增加有机肥、提高土壤肥力的同时，还应该合理地投入化学肥料。有机、无机肥料相结合，一直是科学施肥所倡导的施肥原则，可以对种植的作物生长起到缓急相济、互补长短、缓解氮磷钾比例失调等功效。虽然实施难度比较大，但仍要宣传和坚持这一原则。

3. 重视测土配方施肥技术的推广应用

测土配方施肥技术目的就是解决当前施肥工作中存在的盲目施肥、肥料利用率低、生产效益不高等实际问题。测土配方平衡施肥绝不仅仅是指氮、磷、钾三种大量元素之间的平衡，作物生长所必需的中量元素和微量元素之间都必须有均衡供应，任何一种营养元素的缺乏和过剩，都会限制作物产量及品质的提高。阿克苏地区在农业生产中，要充分保证氮肥，合理配施磷肥、钾肥和锌、锰等微量元素，才能保证作物高产高效生产的需要。

4. 有针对性地施用微量元素肥料

微量元素肥料同大量元素氮磷钾肥料有着同等重要、不可替代的重要性，因此，微量元素肥料虽然作物需要量少，但如果缺乏，仍会成为作物高产的限制因素。调查区微量元素含量不均衡，在生产中可适量补施，以消除高产障碍因素。

5. 粮豆间作或间套作绿肥

利用豆科作物固氮，同粮食作物间作或套作，并利用残枝落叶和根茬还田可增加土壤有机质和氮素。由于豆科作物耐阴，间套种植效果好。核桃间套种植的绿肥饲草作物减少地表裸露和地面蒸腾，改善果林生态环境，提高土壤肥力。

（三）土壤质地的调节措施

土壤质地是土壤比较稳定的物理性质，与土壤肥力密切相关。但是在人为干预条件下，土壤质地是可以改变的。不合理耕种和滥砍滥伐森林可造成水土流失而改变土壤质地。过砂过黏土壤可通过客土或增施有机肥改善土壤结构而提高土壤肥力。针对阿克苏地区实际特提出以下措施供参考。

1. 因土种植

因土种植是扬长避短通过种植适宜的作物，充分发挥不同质地土壤的生产潜力。农谚有：“砂地棉花、土地麦”“砂土棉花，胶土瓜，石子地里种芝麻”等等，说明根据作物土宜特性种植能收到增产的效果。一般认为：薯类、花生、西瓜、棉花、豆类、杏等较适宜于砂质土壤。小麦、玉米、水稻、高粱、苹果等较适宜于黏质土壤。

2. 因土施肥

砂质土、漏砂型土壤保水保肥力差，在施肥时应做到“少吃多餐”，多次施肥，及时保证作物各生育时期对水肥的需求。砂质土往往氮、磷、钾都缺乏，在施肥时应注意氮磷钾配合施用。黏质土保水保肥力强，但供肥性能差，为此应重视有机肥的施用和秸秆还田措施，改善土壤结构，增加土壤生产力。施肥时应注意采用“重基肥，追氮肥，补微肥，多次叶面肥”的施肥方法，提高肥料利用率。

3. 生物改良

一是种苜蓿、玉米等牧草饲料作物，发展农区畜牧业，增加有机肥，实行过腹还田。二是种植油葵、草木樨等绿肥作物翻压还田和推广作物秸秆粉碎翻压还田。通过长期施用有机肥和种植绿肥，秸秆还田等措施在一定程度上是可以改善土壤不良的质地。

（四）干旱灌溉型耕地的调节措施

由于干旱灌溉型耕地土壤保水保肥力差、季节性缺水等问题引起，应大力加强农田基础设施建设，加强渠道防渗、管道输水、滴灌、喷灌等节水技术应用。培肥地力，形成良好的土壤结构，改善土壤保水性。改进耕作制度，种植耐寒品种；因地制宜实行农林牧相结合的生态产业结构，植树造林，改善农业生态环境，增强抗旱能力。

第七节　农田林网化程度

农田林网具有涵养水源、保持水土、防风固沙、调节气候等功能，是农村生态建设的一项重要组成部分。近年来，由于农村电网、道路、防渗渠的改造建设施工，致使一部分林带消失；一些林带因管护措施跟不上，导致死亡、滥伐以及正常采伐后更新不及时，造成农田防护林面积减少；一些新开发的土地大部分属于边缘乡场、荒漠地带，水土条件差，林网大部分都未配套；林业工作重点放在营造绿洲外围大型基干林和经济林上，对农田防护林建设和管理有所放松等原因，使农田林网化程度趋于下降。一个以农田防护林、大型防风固沙基干林带和天然荒漠林为主体，多林种、多带式、乔灌草、网片带相结合的绿洲综合防护林体系在阿克苏地区已初步形成。但是，一些地方新开垦的耕地林网配套没有及时跟上，老林带更新改造工作没有全面开展。造成了林网化程度减低，气候、土壤、植被及微生物的修复逐渐变差。因此，建立完善的农田防护林进而建设高标准农田势在必行。

一、阿克苏地区农田林网化现状

本次阿克苏地区耕地质量汇总评价农田林网化程度分为高、中、低三种。其中林网化程度高的面积为366.23khm^2，占阿克苏地区耕地面积的55.44%；林网化程度中的面积为110.91khm^2，占阿克苏地区耕地面积的16.79%；林网化程度低的面积为183.50khm^2，占阿克苏地区耕地面积的27.78%。

阿克苏市农田防护林林网化程度高的面积为55.30khm^2，占阿克苏市耕地面积的53.71%；林网化程度中的面积为22.08khm^2，占阿克苏市耕地面积的21.45%；林网化程度低的面积为25.57khm^2，占阿克苏市耕地面积的24.83%。阿瓦提县农田防护林林网化程度高的面积为46.85khm^2，占阿瓦提县耕地面积的48.84%；林网化程度中的面积为12.99khm^2，占阿瓦提县耕地面积的13.54%；林网化程度低的面积为36.10khm^2，占阿瓦提县耕地面积的37.63%。拜城县农田防护林林网化程度高的面积为34.54khm^2，占拜城县耕地面积的41.56%；林网化程度中的面积为18.31khm^2，占拜城县耕地面积的22.03%；林网化程度低的面积为30.26khm^2，占拜城县耕地面积的36.41%。柯坪县农田防护林林网化程度高的面积为2.55khm^2，占柯坪县耕地面积的27.70%；林网化程度中的面积为2.74khm^2，占柯坪县耕地面积的29.75%；林网化程度低的面积为3.92khm^2，占柯坪县耕地面积的42.56%。库车市农田防护林林网化程度高的面积为63.98khm^2，占库车市耕地面积的66.66%；林网化程度中的面积为11.14khm^2，占库车市耕地面积的11.61%；林网化程度低的面积为20.82khm^2，占库车市耕地面积的21.70%。沙雅县农田防护林林网化程度高的面积为31.42khm^2，占沙雅县耕地面积的38.14%；林网化程度中的面积为17.33khm^2，占沙雅县耕地面积的21.03%；林网化程度低的面积为33.65khm^2，占沙雅县耕地面积的40.84%。温宿县农田防护林林网化程度高的面积为70.31khm^2，占温宿县耕地面积的74.82%；林网化程度中的面积为13.80khm^2，占温宿县耕地面积的

14.69%；林网化程度低的面积为9.86khm²，占温宿县耕地面积的10.49%。乌什县农田防护林林网化程度高的面积为49.40khm²，占乌什县耕地面积的94.56%；林网化程度中的面积为2.84khm²，占乌什县耕地面积的5.44%；新和县农田防护林林网化程度高的面积为11.89khm²，占新和县耕地面积的26.48%；林网化程度中的面积为9.67khm²，占新和县耕地面积的21.54%；林网化程度低的面积为23.33khm²，占新和县耕地面积的51.96%。详见表6-27。

表6-27 阿克苏地区农田防护林建设情况统计 （khm²）

县市	农田林网化程度						合计
	高	比例（%）	中	比例（%）	低	比例（%）	
阿克苏市	55.30	53.71	22.08	21.45	25.57	24.83	102.96
温宿县	70.31	74.82	13.80	14.69	9.86	10.49	93.97
库车市	63.98	66.66	11.14	11.62	20.82	21.70	95.94
沙雅县	31.42	38.14	17.33	21.03	33.65	40.84	82.39
新和县	11.89	26.48	9.67	21.54	23.33	51.96	44.90
拜城县	34.54	41.56	18.31	22.03	30.26	36.41	83.11
乌什县	49.40	94.56	2.84	544.00	—	—	52.24
阿瓦提县	46.85	48.84	12.99	13.54	36.10	37.63	95.93
柯坪县	2.55	27.70	2.74	29.75	3.92	42.56	9.21
总计	366.23	55.44	110.91	16.79	183.50	27.78	660.65

二、有关措施

（一）加大对农田林网化的资金扶持力度

地方政府配套资金难以到位，对林业项目的实施造成一定的影响。各级政府应将林业生态建设项目纳入财政预算，确保林业生态建设项目的资金落实到位，保证林业各个项目的顺利实施。

（二）多部门统筹合作做好林网化的规划设计

林业部门要对当地的防护林基本情况做个详细调查，并结合农田林网化建设的新要求新特点，进一步完善修订农田防护林建设规划，做到因地制宜，统筹兼顾，运用新技术，采取新措施，建立更高水平的农田生态系统，逐渐形成相对完善的农区内部农田防护林体系和农区周边外围生态防护林体系。尤其在建设农田林网、农林间作形成高标准农田的建设中，应建立以植树造林为主的生态防护林，针对不同的生态区域采用远距离种植乔木、近距离种植灌木的种植方式，采取疏透型结构推进农田林网化。农田林网设计规划本着适地适树，统一安排、因害设防、综合利用的原则，充分发挥林网的作用，做到农林兼顾，协调发展。

（三）做好防护林建设的宣传工作

通过广播、电视等媒介对林业相关的政策、法律法规进行深入广泛的宣传，提高广大人民群众对防护林重要性的认识，使他们认识到没有防护林就没有良好的生活环境，就没有农牧业的稳产丰收。

（四）加强技术服务工作

在防护林的建设过程中，要严格按照植树造林的相关技术要求进行操作，确保植树造林的质量。林业技术人员要做好技术指导工作，同时做好苗木的检疫工作，防止带疫苗木或不合格苗木入地定植，影响建设质量。技术人员也要督促广大造林户做好后期灌水、除草、病虫害防治等工作，防止重栽轻管的现象发生，确保造林质量。

（五）进一步完善防护林的经营体制

要借集体权制度改革的机会，加快林权制度改革的步伐，完善林权制度，使集体林业资源的产权、经营权、收益权和处置权进一步明确。对于个人的防护林，在检查验收合格后，要及时发放林权证，放活经营权，提高林农经营的积极性。

（六）加大新建耕地的林网化程度

严格按照《防沙治沙若干规定》中新垦农田防护林带面积不小于耕地面积的12%。对于以前耕地已经完成林网化的，要加大补植补造和更新的力度，完善防护林体系，提高防护效益。对新开垦的耕地要有林业、土管、农业及水利等部门统一规划，做到开发与造林同步进行，在确保农田林网化工作顺利完成的同时，改善了当地生产和生活条件，促进经济的发展。

第八节　土壤盐渍化程度分析

土地盐碱化的原因是土壤和地下水盐分过高，在强烈的地表蒸发情况下，土壤盐分通过毛细管作用上升并集聚于土壤表层，使农作物生长发育受到抑制。其形成的实质是各种易溶性盐类在土壤剖面水平方向与垂直方向的重新分配。土壤盐碱地不仅涉及农业、土地、水资源问题，还涉及典型的生态环境问题。

一、阿克苏地区盐渍化分布及面积

阿克苏地区土壤盐渍化分级统计见表6－28。阿克苏地区盐渍化面积共计437.92khm²，占阿克苏地区面积的66.29%，轻度盐渍化、中度盐渍化、重度盐渍化和盐土的面积分别为343.84khm²、85.89khm²、8.01khm²和0.19khm²。

阿克苏市盐渍化程度主要集中在轻度盐渍化和中度盐渍化，其盐渍化面积共计60.20khm²，占全市耕地面积的58.46%。阿瓦提县盐渍化程度主要集中在轻度盐渍化和中度盐渍化，其盐渍化面积共计88.92khm²，占全县耕地面积的92.69%。拜城县盐渍化程度主要集中在轻度盐渍化，其盐渍化面积共计34.87khm²，占全市耕地面积的41.96%。柯坪县盐渍化程度主要集中在轻度盐渍化，其盐渍化面积共计7.85khm²，占全县耕地面积的85.32%。库车市盐渍化程度主要集中在轻度盐渍化，其盐渍化面积共计91.45khm²，占全市耕地面积的95.32%。沙雅县盐渍化程度主要集中在轻度盐渍化和中度盐渍化，其盐渍化面积共计79.11khm²，占全县耕地面积的96.02%。温宿县盐渍化程度主要集中在轻度盐渍化和中度盐渍化，其盐渍化面积共计 31. 39khm²，占全县耕地面积的 33. 40%。乌什县盐渍化程度为轻度盐渍化和中度盐渍化，其盐渍化面积共计 1. 79khm²，占全县耕地面积的 3. 42%。新和县盐渍化程度主要集中在轻度盐渍化，其盐渍化面积共计 42. 34khm²，占全县耕地面积的 94. 30%。

表 6-28　阿克苏地区土壤盐渍化分级统计　(khm²)

县市	盐渍化程度					合计	盐渍化面积	盐渍化面积占比（%）
	无	轻度	中度	重度	盐土			
	≤2. 5g/kg	2. 5~6. 0g/kg	6. 0~12. 0g/kg	12. 0~20. 0g/kg	>20. 0g/kg			
阿克苏市	42. 76	37. 05	17. 93	5. 22	—	102. 96	60. 20	58. 46
温宿县	62. 58	28. 27	2. 91	0. 21	—	93. 97	31. 39	33. 40
库车市	4. 49	85. 83	5. 63	—	—	95. 94	91. 45	95. 32
沙雅县	3. 28	76. 03	3. 08	—	—	82. 39	79. 11	96. 02
新和县	2. 56	40. 96	1. 38	—	—	44. 90	42. 34	94. 30
拜城县	48. 24	30. 74	4. 13	—	—	83. 11	34. 87	41. 96
乌什县	50. 45	1. 76	0. 03	—	—	52. 24	1. 79	3. 42
阿瓦提县	7. 01	38. 78	48. 29	1. 85	—	95. 93	88. 92	92. 69
柯坪县	1. 35	4. 42	2. 52	0. 73	0. 19	9. 21	7. 85	85. 32
总计	222. 72	343. 84	85. 89	8. 01	0. 19	660. 65	437. 92	66. 29

注：盐分单位为 g/kg。

二、土壤盐分含量及其空间差异

通过对阿克苏地区 994 个耕层土壤样品盐分含量测定结果分析，阿克苏地区耕层土壤盐分平均值为 3. 5g/kg，标准差为 3. 8g/kg。平均含量以柯坪县含量最高，为 6. 7g/kg，其次分别为阿瓦提县 5. 4g/kg、沙雅县 4. 8g/kg、新和县 4. 3g/kg、阿克苏市 3. 8g/kg、库车市 3. 7g/kg、温宿县 2. 6g/kg、拜城县 2. 3g/kg，乌什县含量最低，为 1. 4g/kg。

阿克苏地区土壤盐分平均变异系数为 107. 58%，最大值出现在阿克苏市，为 120. 16%；最小值出现在沙雅县，为 57. 09%。详见表 6-29。

表 6-29　阿克苏地区各县之间土壤盐分含量差异　(g/kg)

县市名称	点位数	平均值	标准差	变异系数（%）
阿克苏市	155	3. 8	4. 53	120. 16
温宿县	141	2. 6	2. 94	111. 36
库车市	144	3. 7	4. 39	119. 14
沙雅县	122	4. 8	2. 74	57. 09
新和县	67	4. 3	4. 84	113. 46
拜城县	130	2. 3	1. 38	59. 21

（续表）

县市名称	点位数	平均值	标准差	变异系数（%）
乌什县	79	1.4	0.98	71.28
阿瓦提县	142	5.4	4.59	85.45
柯坪县	14	6.7	6.59	98.81
阿克苏地区	994	3.5	3.79	107.58

三、土壤盐渍化类型

从县市分析数据来看，阿克苏地区主要盐化类型为氯化物硫酸盐、硫酸盐氯化物、氯化物、硫酸盐四种。详见表6-30。

表6-30　阿克苏地区各县市耕地土壤盐化类型

县市	氯化物硫酸盐	硫酸盐	硫酸盐氯化物	氯化物
阿克苏市	√	√	√	
库车市	√	√	√	√
沙雅县	√		√	
新和县	√	√	√	
拜城县	√		√	
温宿县	√	√	√	√
乌什县	√			
阿瓦提县	√	√	√	√
柯坪县	√		√	

阿克苏市的盐化类型有氯化物硫酸盐、硫酸盐、硫酸盐氯化物；阿瓦提县的盐化类型为氯化物硫酸盐、硫酸盐、硫酸盐氯化物、氯化物；拜城县的盐化类型为氯化物硫酸盐、硫酸盐氯化物；柯坪县的盐化类型有氯化物硫酸盐、硫酸盐氯化物；库车市的盐化类型为氯化物硫酸盐、硫酸盐氯化物、硫酸盐、氯化物；沙雅县的盐化类型有氯化物硫酸盐、硫酸盐氯化物；温宿县的盐化类型有氯化物硫酸盐、硫酸盐、硫酸盐氯化物、氯化物；乌什县的盐化类型有氯化物硫酸盐；新和县的盐化类型有氯化物硫酸盐、硫酸盐、硫酸盐氯化物。

四、盐渍化土壤的改良和利用

土壤盐碱化防治途径不外乎是排出土壤中过多的盐分，调节盐分在土壤剖面中的分布，防止盐分在土壤中的重新累积。目前，治理盐碱地的措施主要有物理、生物和化学三大技术措施。

物理措施包括水利改良、平整土地、客土改良、压沙改良、种稻改良等。生物措施主要有培肥土壤，增施有机肥，施行秸秆还田和种植耐盐碱植物或绿肥等。化学改良主要是施用石膏（磷石膏、亚硫酸钙等）等改良剂。施用化学改良剂、客土压碱等方法治理盐碱地，投人大，推广困难。农业及耕作措施如培肥土壤、深耕深松、地面覆盖减少土壤水分蒸发等，大面积的推广还存在一定的困难。

排出土壤中过多盐分最有效的方法仍然是排水、洗盐、压盐。洗盐通常在排水的条件下进行，若排水系统不健全，洗盐不但起不到应有的效果，反而会加重盐碱化程度。压盐是一种无排水条件下的缓解土壤盐分危害的措施，即用大定额的灌溉水将盐分压入深层或压入侧区，这样的治理技术须以大水漫灌为前提，不仅浪费了宝贵的水资源，增加土壤盐分输出量，而且容易抬高地下水位，进一步加重土壤次生盐碱化的隐性危害。实践证明，改良盐渍土是一项复杂、难度大、需时间长的工作，应视具体情况因地制宜，综合治理。

（一）水利改良措施

主推大水压盐和滴灌抑制技术。建立完善的排灌系统，使旱能灌、涝能排、灌水量适当、排水及时，是盐碱地农业利用中最基本的要求。降低地下水位是盐碱地改良的主要方法，建立排水沟体系，是降低地下水位的根本，依据地下水的深浅确定排水沟的临界水位深度。在低洼、排水不畅、地下水位浅、矿化度高、土壤含盐量重、受盐涝双重威胁的盐碱地，采用深沟排水，地下水位过浅、土质黏重的重盐碱地，修建沟渠条田，通过排水和灌水措施，排出多余的盐分，降低及控制地下水位，达到改良土壤盐渍化的目的。

（二）农业生物措施

1. 整地法

削高垫低，平整土地，可以使从降雨和灌溉过程中获得的水分均匀下渗，提高冲洗土壤中盐分的效果，也可以防止土壤斑状盐渍化，减轻盐碱危害。

2. 深耕深翻法

深耕晒垡能够切断土壤毛细管，减弱土壤水分蒸发，提高土壤活性以及肥力，增强土壤的通透性能，从而能够有效地起到控制土壤返盐的作用。盐碱地深耕深翻的时间最好是在返盐较重的春季和秋季，且深翻时间春宜迟，秋宜早，以保作物全苗，秋季耕翻尤其有利于杀死病虫卵和清除杂草。针对中下层土层存在不透水的黏板层的重度盐碱地，可采用深松到 1.2m 的机械深松设备，进行 80cm 左右条状开沟或“品”字型点状机械深松挖坑破除黏板层，机械深松完成后进行大水灌溉洗盐。

3. 推广耐盐新品种

一般块根作物耐盐能力较差，谷类作物和牧草类较强，水生作物最强。但各类作物都有一定的耐盐极限。棉花、花生、甜菜、高粱、向日葵、水稻等都是较耐盐碱作物。阿克苏地区可以引进和推广种植一些耐盐性较高经济植物，如盐生特色蔬菜（耐盐胡萝卜、耐盐黄秋葵、耐盐小豆等）、高附加值产品（植物盐的碱蓬和海蓬子）等，以提高土地的产出率，增加效益。

4. 增加有机质和合理控制化肥的施用

盐碱地的特点是低温、土贫、结构差。有机肥经过微生物的分解后，转化形成的腐殖质不仅提高了土壤的缓冲能力，还能和碳酸钠发生化学反应形成腐殖酸钠，起到降低土壤碱性的作用。形成的腐殖酸钠还可以促进作物生长，增强作物的抗盐能力。腐殖质通过刺激团粒结构的形成，增加孔度，增强透水性，使盐分淋洗更容易，进而控制土壤返盐。有机质通过分解作用产生的有机酸，不仅可以中和土壤碱性，还可以加速养分的分解，刺激迟效养分的转化，促进磷的有效利用。因此，增加有机肥料的施用可以提高土壤肥力，改良盐碱地。此外，化肥的施用增加土壤中氮磷钾，促进作物的生长，提高了作物的耐盐能力，通过施用化肥改变土壤盐分组成，抑制盐类对植物的不良影响。无机肥可增加作物产量，多出秸秆，扩大有机肥源，以无机促有机。盐碱地施用化肥时要避免施用碱性肥料，选用酸性和中性肥料较好。硫酸钾复合肥是微酸性肥料，适合在盐碱地上施用，且对盐碱地的改良有良好作用。可通过作物秸秆还田、施用有机肥等措施改善过砂或过黏土壤的不良性质，促进土壤中团粒结构的形成，提高土壤的保蓄性和通透性，抑制毛管水的强烈上升，减少土壤蒸发和地表积盐，促进淋盐和脱盐过程，同时提升土壤肥力。

（三）化学改良技术

针对盐碱重、作物出苗困难的区域，可以施用酸性的腐殖酸类改良剂，对钠、氯等有害离子有很强的吸附作用，能代换碱性土壤上的吸附性钠离子，腐殖酸本身具有两性胶体的特性，可以在耕层局部调整土壤的酸碱度，腐殖酸中的黄腐酸是一种植物调节剂，可以提高植物的耐盐能力，通过施用改良剂可以提高作物的出苗率。另外，针对碱化土壤，可以施用工业废弃物制作的石膏类改良剂，如脱硫石膏改良剂、磷石膏改良剂等，通过钙、钠离子的置换反应，来降低土壤的碱化度，改善土壤的通透性，进而改善盐碱化程度。

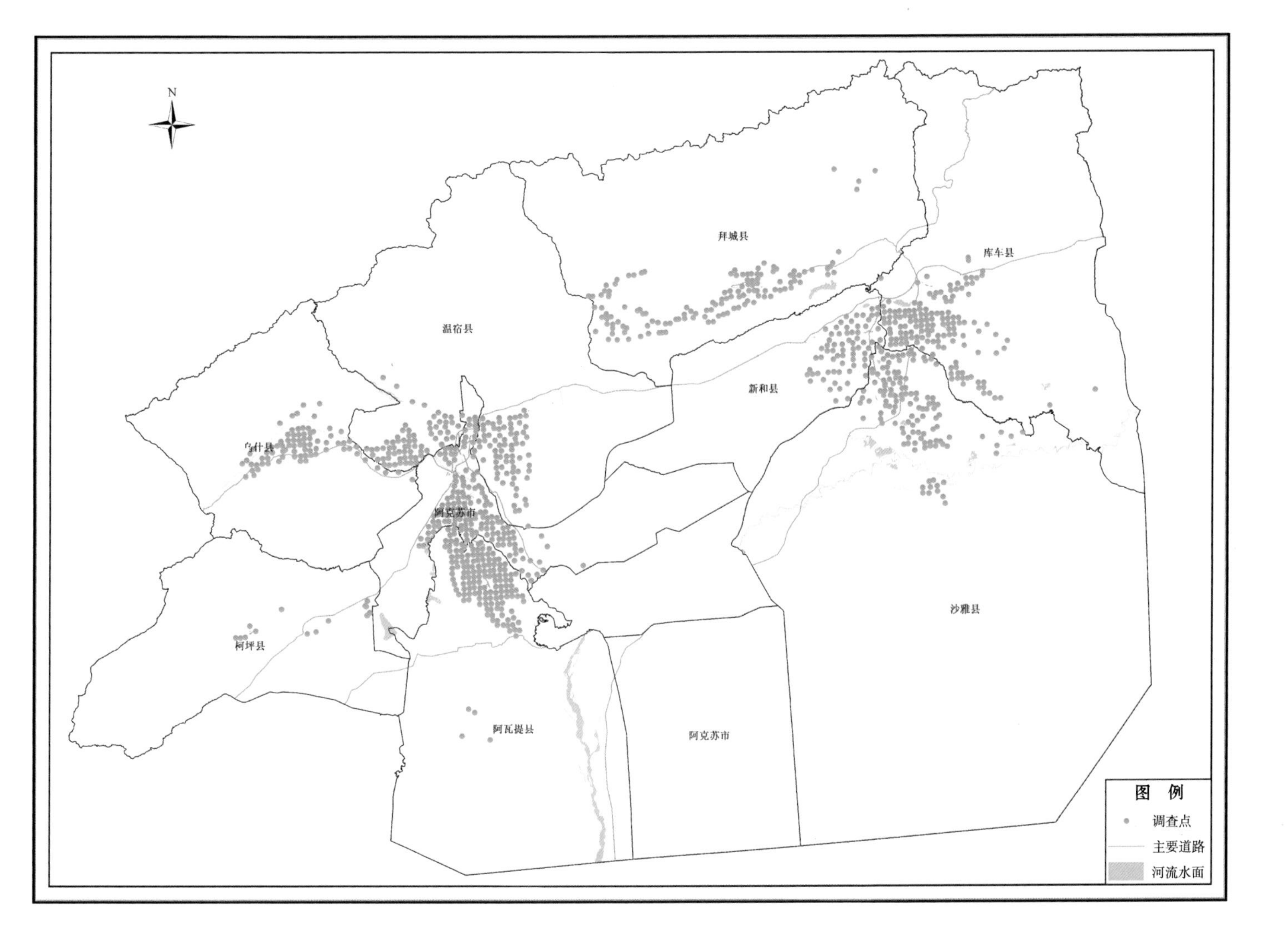

彩图3-1 阿克苏地区耕地质量调查评价点位

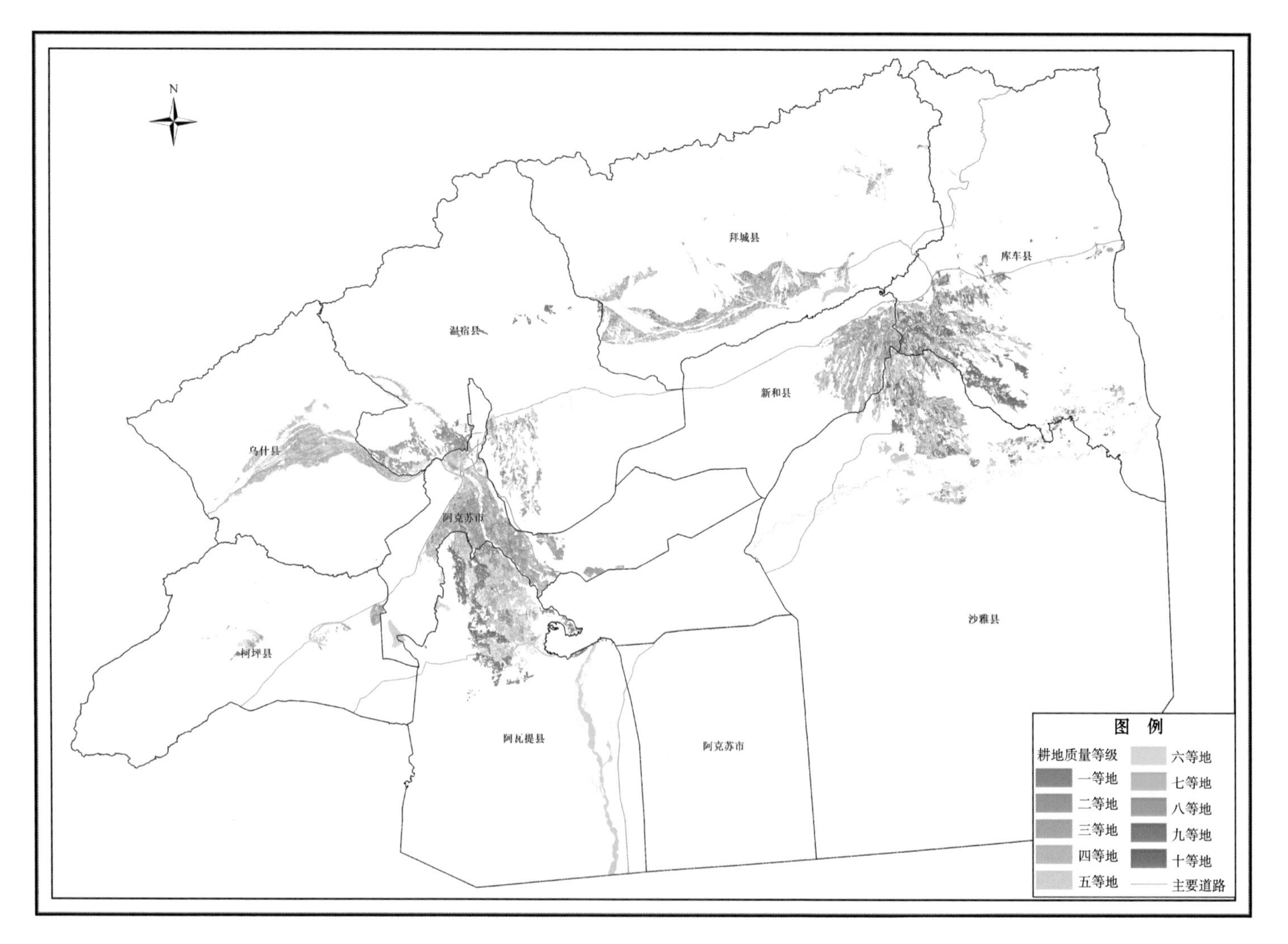

彩图3-5　阿克苏地区耕地质量等级分布